岩土工程技术创新与实践丛书

膨胀土场地基坑支护设计方法研究

康景文　郭永春　颜光辉　王　新　著

中国建筑工业出版社

图书在版编目（CIP）数据

膨胀土场地基坑支护设计方法研究/康景文等著. —北京：中国
建筑工业出版社，2019.5
岩土工程技术创新与实践丛书
ISBN 978-7-112-23385-4

Ⅰ.①膨…　Ⅱ.①康…　Ⅲ.①膨胀土-基坑-坑壁支撑-研究
Ⅳ.①TU46

中国版本图书馆 CIP 数据核字(2019)第 039223 号

　　本书通过对膨胀土基坑失效失稳案例的调查和经验总结，从基坑支护结构受
力以及边坡变形情况的实际状态出发，基于典型膨胀土基坑模型试验、湿度场理
论、工程监测结果，以现行基坑设计方法进行反分析，对膨胀土水-土理论、坡
体、膨胀土强度衰减特征、基坑坡体湿度场分布、膨胀土土压力计算理论等主要
内容进行系统研究，提出了膨胀土基坑支护设计理论和计算方法，经工程实践验
证研究形成的设计方法的可靠性和可行性，完善了膨胀土基坑支护设计理论及
方法。
　　本书可供建筑与市政基础设施等领域的设计、施工和检测技术人员使用，也
可供科研、教学和管理人员参考。

责任编辑：王　梅　杨　允　辛海丽
责任校对：王　烨

岩土工程技术创新与实践丛书
膨胀土场地基坑支护设计方法研究
康景文　郭永春　颜光辉　王　新　著

*

中国建筑工业出版社出版、发行（北京海淀三里河路9号）
各地新华书店、建筑书店经销
北京科地亚盟排版公司制版
北京圣夫亚美印刷有限公司印刷

*

开本：787×1092毫米　1/16　印张：20¼　字数：504千字
2019年5月第一版　2019年5月第一次印刷
定价：**76.00**元
ISBN 978-7-112-23385-4
（33689）

《岩土工程技术创新与实践丛书》
总　　序

　　由全国勘察设计行业科技带头人、四川省学术和技术带头人、中国建筑西南勘察设计研究院有限公司康景文教授级高级工程师主编的《岩土工程技术创新与实践丛书》即将陆续面世，我们对康总在数十年坚持不懈的思考、针对热点难点问题的研究与总结的基础上，为行业与社会的发展做出的积极奉献表示衷心的感谢！

　　该《丛书》的内容十分丰富，包括了专项岩土工程勘察、岩土工程新材料应用、复合地基、深大基坑围护与特殊岩土边坡、场地形成工程、工程抗浮治理、地基基础鉴定与纠倾加固、地下空间与轨道交通工程监测等，较全面地覆盖了岩土工程行业近 20 年来为满足社会经济的不断发展创造科技服务价值的诸多重要方面，其中部分工作成果具有显著的首创性。例如，近年我国社会经济发展对超大面积人造场地的需要日益增长，以解决其所引发的岩土工程问题为目标，以多年企业与高校联合开展的系列工程应用研究为基础，对场地形成工程的关键技术研究填补了这一领域的空白，建立起相应的工程技术体系，其在场地形成工程所创建的基本理念、系统方法和关键技术的专项研究成果是对岩土工程界及至相近建设工程项目的一项重要贡献。又如，面对城市建设中高层、超高层建筑和地下空间对地基基础性能和功能不断提高的需求，针对与之密切相关的地基处理、工程抗浮和深大基坑围护等岩土工程问题，以实际工程为依托，通过企业研发团队与高校联合开展系列课题研究，获得的软岩复合地基、膨胀土和砂卵石层等不同地质条件下深大基坑围护结构设计、地下结构抗浮治理等主要技术成果，弥补了这一领域的缺陷，建立起相应的工程技术体系，推进了工程疑难问题的切实解决，其传承与创新的工作理念、处理工程问题的系统方法和关键技术成果运用，在岩土工程的技术创新发展中具有显著的示范作用。再如，随着社会可持续发展对绿色、节能、环保等标准要求在加速提高，在工程建设中积极采用新型材料替代生产耗能且污染环境的钢材已成为岩土工程师新的重要使命，针对工程抗浮构件、基坑支护结构、既有建筑加固和公路及桥梁面层结构增强等问题解决的需求，以室内模型试验成果为依据，以实际工程原型测试成果为验证支撑，对玄武岩纤维复合筋材在岩土工程中的应用进行深入探索，建立起相应的工程应用技术方法，其技术成果是岩土工程及至土木工程领域中积极践行绿色建造、环保节能战略所取得的一个创新性进展。

　　借康景文主编邀约拟序之机，回顾和展望"岩土工程"与"岩土工程技术服务"以及其在工程建设行业中的作用和价值发挥，希望业界和全社会对"岩土工程"的认知能够随着技术的创新与实践而不断地深入和发展，以共同促进整个岩土工程技术服务行业为社会、为客户继续不断创造出新的更大的价值。

岩土工程（*geotechnical engineering*）在国际上被公认为土木工程的一个重要基础性的分支。在工程设计中，地基与基础在理念上被视为结构（工程）的一部分，然而与以钢筋混凝土和钢材为主的结构工程之间确有着巨大的差异。地质学家出身、知识广博的一代宗师太沙基，通过近 20 年坚持不懈的艰苦研究，到他不惑之年所创立的近代土力学，已经指导了我们近 100 年，其有效应力原理、固结理论等至今仍是岩土工程分析中不可或缺的重要基础。太沙基教授在归纳岩土工程师工作对象时说"不幸的是，土是天然形成而不是人造的，而土作为大自然的产品却总是复杂的，一旦当我们从钢材、混凝土转到土，理论的万能性就不存在了。天然土绝不会是均匀的，其性质因地而异，而我们对其性质的认知只是来自于少数的取样点（*Unfortunately, soils are made by nature and not by man, and the products of nature are always complex…As soon as we pass from steel and concrete to earth, the omnipotence of theory ceases to exist. Natural soil is never uniform. Its properties change from point to point while our knowledge of its properties are limited to those few spots at which the samples have been collected*）"。同时他还特别强调岩土工程师在实现工程设计质量目标时必须考虑和高度重视的动态变化风险："施工图只不过是许愿的梦想，工程师最应该担心的是未曾预测到的工作对象的条件变化。绝大多数的大坝破坏是由于施工的疏漏和粗心，而不是由于错误的设计（*The one thing an engineer should be afraid of is the development of conditions on the job which he has not anticipated. The construction drawings are no more than a wish dream. ……the great majority of dam failures were due to negligent construction and not to faulty design*）"。因此，对主要工程结构材料（包括岩土）的材料成分、几何尺寸、空间分布和工程性状加以精准的预测和充分的人为控制的程度的差异，是岩土工程师与结构工程师在思考方式、技术标准和工作方法显著不同的主要根源。作为主要的建筑材料，水泥发明至今近 195 年，混凝土发明至今近 170 年，钢材市场化也近百年，我们基本可以通过物理或化学的方法对混凝土、钢材的元素及其成分比例的改变加以改性，满足新的设计性能（能力）的需要，并进行可靠的控制；相比之下，天然形成的岩土材料，以及当今岩土工程师必须面对和处理、随机变异性更大、由人类生活或其他活动随机产生和随机堆放的材料——如场地形成、围海造地和人工岛等工程中被动使用的"岩土"（包括各类垃圾），一是材料成分和空间分布（边界）的控制难度更大，其尺度远远大于由钢筋混凝土或钢结构组成的工程结构体；二是这些非人为预设制作、组分复杂的材料存在更大的动态变异特性，会因气候条件、含水量、地下水等条件变化和场地的应力历史的不同而不同。从这个角度，岩土工程师通常需要面对和为客户承担更大的风险，需要综合运用地质学、工程地质学、水文学、水文地质学、材料力学、土力学、结构力学以及地球物理化学等多学科、跨专业的理论知识，藉助岩土工程的分析方法和所积累的地域工程实践经验，为建设开发项目提供正确、恰当的解决方案，并选用适用的检测、监测方法加以验证，以规避在多种动态变化的不确定性因素下的工程风险损失。这是岩土工程师们为客户创造的最首要和最基本的价值，并且随着建成环境的日益复杂和社会对可持续发展要求的不断强化,岩土工程师还要特别注意规避对建成环境产生次生灾害和对自然环境质量造成破坏的风险。岩土工程师这种解决问题的方法和过程,显然不同于结构工程中主要依靠的力学(数学)计算和逻辑推理,是一种具有专业性十分独特的"心智过程",太沙基将其描述为"艺术"或"技艺"(*Soil mechanics arrived at the borderline between science and art. I use the term "art" to indicate mental processes leading to satisfactory results without the assistance of step-for-step logical reasoning.*)。

岩土工程技术服务(*geotechnical engineering services* 或 *geotechnical engineering consultancy activities* 或 *geotechnical engineers*)在国际也早已被确定为标准行业划分(SIC:*Standard Industry Classification*)中的一类专业技术服务,如联合国统计署的CPC86729、美国的871119/8711038、英国的M71129。以1979年的国际化调研为基础,由当年国家计委、建设部联合主导,我国于1986年开始正式"推行'岩土工程体制'",其明确"岩土工程"应包括岩土工程勘察、岩土工程设计、岩土工程治理、岩土工程检测和岩土工程监理等与国际接轨的岩土工程技术服务内容。经过政府主管部门及行业协会30多年的不懈努力,我国市场化的岩土工程技术服务体系基本建立起来,其包括技术标准、企业资质、人员执业资格及相应的继续教育认定等,促使传统的工程勘察行业实现了服务能力和产品价值的巨大提升,"工程勘察行业"的内涵已发生了显著的变化,全行业(包括全国中央和地方的工程勘察单位、工程设计单位和科研院所)通过岩土工程技术服务体系,为社会提供了前所未有、十分广泛和更加深入的专业技术服务价值,创造了显著的经济效益、环境效益和社会效益,科技水平和解决复杂工程问题的能力获得大幅度的提升,满足了国家建设发展的时代需要。从这个角度,可以说伴随我国改革开放推行的"岩土工程体制",是传统勘察设计行业在实现"供给侧结构性改革"的最大驱动力。

《岩土工程技术创新及实践丛书》所介绍的工作成果,是按照岩土工程的工作方法,基于前瞻性的分析和关键问题及技术标准的研究所获得的体系性的工作成果,对今后的岩土工程创新与实践具有重要的指导意义和借鉴的价值。

因此,由于岩土工程的地域、材料的变异性和施工质量控制的艰巨性,希望广大同仁针对新的需要(包括环境)继续开展基于工程实践的深入研究,不断丰富和完善岩土工程的技术体系以及市场管理体系。这些成果是岩土工程工作者通过科技创新和研究服务于社会可持续发展专项新需求的一个方面,岩土工程及环境岩土工程(*geo-environmental engineering*)在很多方面应当和必将发挥越来越大的作用,在满足社会可持续发展和客户日益增长新需求的进程中使命神圣、责任重大,正如由中国工程院土木、水利与建筑工程学部与深圳市人民政府主办、23位院士出席的"2018岩土工程师论坛"的大会共识所说:"岩土工程是地下空间开发利用的基石,是保障21世纪我国资源、能源、生态安全可持续发展的重要基础领域之一;在认知岩土体继承性和岩土工程复杂多变性的基础上,新时期岩土工程师应创新理论体系、技术装备和工作方法,发展智能、生态、可持续岩土工程,服务国家战略和地区发展。"

《岩土工程技术创新与实践丛书》中的工作成果既是经过实际项目建设实践验证和考验的理论及方法的创新，也是时代背景下的岩土工程与其他科学技术的交叉融合，既为项目参与者提供基础认识，又为岩土工程领域专业人员提供研究思路、研究方法，同时也为工程建设实践提供了宝贵的经验。我相信有许多人和我一样，随着《岩土工程技术创新与实践丛书》的陆续出版，将会从中不断获得有价值的信息和收益。

中国勘察设计协会
副理事长兼工程勘察与岩土分会会长
中国土木工程学会
土力学及岩土工程分会副理事长
全国工程勘察设计大师
2018 年 12 月 28 日

序

　　我国基坑工程技术发展已有 30 多年，但基本不涉及特殊土。膨胀土在世界范围内分布极广，我国是膨胀土分布最广的国家之一，本书对膨胀土基坑进行了专门研究，这对我国及世界膨胀土基坑理论与实践具体重大意义。

　　基坑工程设计方法是工程实践的总结，1999 年发布的《建筑基坑支护技术规程》JGJ 120—1999 总结了我国前十年基坑工程的三大技术原则（"三原则"）：稳定性决定支护结构的嵌固深度、土压力理论是支护结构附加荷载的经验公式、弹性支点法是支护结构内力与变形计算的基本方法。"三原则"可称为基坑工程基本理论，一直指导着我国近 20 年来的基坑工程实践。

　　基坑工程技术"三原则"指引下的基坑工程安全等级、附加荷载计算、安全系数确定、稳定性分析方法、弹性支点法的 m 取值既独立又关联，牵一发而动全身。本书基于"三原则"，通过资料搜集和现场调查，分析了膨胀土基坑的变形或破坏模式和影响因素，基于土工试验、室内模型试验、现场模型试验、足尺寸原型试验和工程实地测试结果，对膨胀土基坑的膨胀力特征和支护结构设计方法进行了系统的研究，并通过工程实践对取得的成果进行了应用和验证。是目前对于膨胀土基坑工程的最全面研究与应用成果。

　　《膨胀土场地基坑支护设计方法研究》中的研究成果既有实际项目建设实践也有模型试验研究成果；既为项目参与者提供基础认识，又为其他特殊土基坑工程研究人员提供思路与方法，同时也为我国基坑工程实践提供了宝贵的经验。感谢我的老朋友康景文及其团队数十年坚持不懈的思考、针对热点难点问题的研究与总结，为行业与社会的发展做出的积极奉献。

中国 BIM 发展联盟理事长
住房和城乡建设部强制性条文协调委员会常务副主任
中国工程建设标准化协会副理事长
2019 年 1 月 19 日

著者序

膨胀土以其显著的吸水膨胀和失水收缩特性而得名。在世界范围内分布极广，迄今已发现存在膨胀土的国家达 40 余个。我国是膨胀土分布最广的国家之一，尤其在北京—西安—成都一线东南、杭州—广州一线西北的广大区域内分布最为普遍。

膨胀土是在自然地质过程中形成的一种多裂隙并具有显著胀缩性的地质体，黏粒成分主要由强亲水性矿物蒙脱石与伊利石组成。膨胀土吸水膨胀、失水收缩并且反复变形的性质，以及土体中杂乱分布的裂隙，对建筑物尤其是对地基、基坑以及边坡等都有严重的破坏作用，特别是所产生的变形破坏作用往往具有长期潜在的危险性。基坑工程和边坡工程中的膨胀土危害问题尤其突出，很多基坑工程和边坡工程在施工期与运行期发生过严重的滑移变形甚至破坏，为此耗费了巨大的工程费用进行综合性治理。

膨胀土问题已受到岩土工程科学工作者和岩土工程师们普遍的关注，从不同的角度、针对不同的工程问题、采用不同的途径进行了试验和理论的探索；工程实践中进行了多方面的专门性研究，力图通过不同的理论与方法来解释和论证其工程性质，并针对不同的工程问题提出了有效的预防与控制措施，获得了很多的可贵成果和成功经验。

基坑工程中的膨胀土问题，无论从其影响范围、重要性和复杂性，以及问题研究的深度和广度来说，都可说是目前岩土工程界和岩土工程师比较关注的一类问题。为此，结合基坑工程中涉及的膨胀土问题，我们针对膨胀土工程性质、膨胀机理理论以及膨胀土基坑工程设计方法等开展了系统的专题研究，并进行了基坑变形破坏的原型试验及监测。本书即系作者在这些研究成果全面系统总结分析的基础上，吸取国内外有关膨胀土工程的理论与先进技术成果，探讨和系统阐述膨胀土基坑工程设计方法的技术著作。

在膨胀力计算理论研究方面，很多研究者对膨胀土工程设计计算中膨胀荷载计算问题进行了研究并取得了一定的研究成果，但是现有膨胀力计算理论尚不能直接应用于工程实践。另外，在现行的各种技术规范中，对膨胀土勘察技术有专门规定，通过膨胀土工程性质研究为膨胀土地基基础设计与施工提供了依据，但这些规定中均未见到明确体现膨胀土基坑工程的岩土设计理论和计算方法的具体要求。现实工程中，膨胀土基坑工程主要是在一般黏性土的基础上，依据勘察报告提供的性能指标和参数结合工程经验进行设计，这也是目前成都地区乃至全国范围内的膨胀土基坑失效或支护结构"过剩"的主要原因。因此，膨胀土基坑支护结构的设计方法仍需要进行较为深入的研究。

本书通过资料搜集和现场调查，分析了膨胀土基坑的变形或破坏模式和影响因素，基于土工试验、室内模型试验、现场模型试验、足尺寸原型试验和工程测试结果，对膨胀土基坑的膨胀力特征和支护结构设计方法进行了系统的研究，并通过工程实践对取得的成果进行了运用和验证。主要特色内容包括以下方面：

（一）通过对现行技术标准规定的膨胀特性参数试验测试饱和条件下的最大膨胀潜势不能直接应用于设计计算的分析，研制了专用单轴和三轴试验装置，对膨胀土含水率连续变化的膨胀参数进行测试。在对比多种试样方法和试验装置获得的膨胀力以及膨胀率试验结果的基础上，提出了膨胀率与含水率间的拟合方程和膨胀力的简明计算方式；针对现行规范对膨胀土土-水关系曲线以及渗透系数尚缺少相关规定的现状，基于瞬时剖面法原理研制了一套非饱和渗流试验装置，对膨胀土的土-水特征曲线与非饱和渗透系数进行试验研究，得到了土-水特征曲线可呈幂函数关系方程和非饱和渗流系数可采用 VG 模型进行拟合的结论；针对现行规范中天然及饱和状态的抗剪强度测试结果不完全适用于实际基坑工程应力场分布分析的问题，通过对膨胀土抗剪强度与含水率关系的试验研究，得到了膨胀土内摩擦角、黏聚力随着含水率的增加而降低，两者关系可以采用拟合曲线进行模拟的成果。

（二）针对现行规范提供的特定地区的大气影响深度和急剧影响深度经验取值存在局限性以及不能普遍适用于不同地区的具体工程等问题，通过测试成果建立了降雨入渗深度与降雨时长、降雨强度、坡体坡度、渗透系数、裂隙深度等的关系，得到了入渗深度的多元线性回归计算模型，提出膨胀土基坑长时间暴雨工况下入渗深度的定性计算方法。

（三）针对现行规范中支护设计的膨胀力计算，根据试验指标或当地经验确定且未有明确的确定方法现状，从湿度场理论出发，结合膨胀土强度指标随含水率变化的规律，提出了实用型膨胀土弹塑性本构模型，得到了膨胀土基坑膨胀力的分布特征；针对现行的膨胀土基坑支护设计是建立在经典朗金土压力理论的基础上且对于位移需要控制变形的膨胀土基坑不适用的问题，通过极限平衡状态、非极限状态应力摩尔圆分析，推导了非极限位移条件下抗剪强度参数的确定方式，并结合微层力学分析、静力平衡、莫尔强度理论等方法提出了非极限位移条件下膨胀土基坑主动与被动土压力的计算方法。

（四）采用朗肯经典土压力理论和研究提出的膨胀土土压力理论以及考虑膨胀作用的数值模拟，分别对不同形式支护结构实际基坑工程进行计算并与现场测试结果对比分析，得到朗肯土压力理论计算变形较小，但是膨胀土土压力理论以及考虑膨胀作用的数值模拟结果与现场测试结果相近的结论。

（五）通过理论分析、数值计算、现场监测等方法，对膨胀土深基坑分层开挖对既有地铁设施结构变形控制的效果进行分析研究，得到了膨胀土基坑实际的变形值比设计值大、超出预警值但未超出设计控制限值以及地铁设施结构虽出现一定的变形但稳定状态在可控范围内等结论，表明研究成果可以达到对膨胀土基坑变形以及既有地铁设施结构变形有效控制的目标。

（六）依据研究成果，通过数值模拟的手段和工程实践，对膨胀土基坑支护结构设计开展了一系列的改进实践研究，如玄武岩纤维复合筋材岩土锚固技术、高压旋喷扩大头锚索技术和不同施工因素影响等改进设计，以及考虑裂隙性膨胀土基坑状态影响分析。通过膨胀土基坑设计改进的研究，为以后的膨胀土基坑支护设计提供了有益的参考。

参与本书编写的还有中国建筑西南勘察设计研究有限公司符征营、陈海东、代东涛、贾鹏、黎鸿、杨致远、崔同建、章学良、罗宏川、付斌桢等高级工程师、胡熠博士、纪智超工程师和钟静工程师，西南交通大学谢强教授及其研究团队。

在本书编写过程中，还得到了成都四海岩土工程有限公司廖新北总经理、岳大昌总工程师和许帆高级工程师，以及四川省川建勘察设计院刘晓东总工程师、聂浩帆高级工程师等的大力支持。

中国勘察设计协会副理事长、中国土木工程学会土力学及岩土工程分会副理事长、全国工程勘察设计大师沈小克先生和中国 BIM 发展联盟理事长、国家基坑工程技术标准奠基人黄强研究员为本书作序，是作者莫大的荣幸。

借此机会，向付出艰辛劳动的参编人员和提供基础材料及工作成果的全体同事和同行致以崇高的敬意和衷心的感谢！

著者

2018 年 12 月

目　录

第1章 绪 论

1.1 概述

近年来，随着经济建设的持续快速发展，城市建设的规模逐步向外扩展，不断辐射到传统未开发的工程区域，出现大量新的岩土工程问题。高层重型建筑物逐步出现，对基础工程深基坑的稳定性及地基基础的承载能力均提出了更高的要求。膨胀土在我国分布范围极广，云南、贵州、四川、广西、河北、河南、湖北、陕西、安徽和江苏等20多个省、市、自治区均有不同范围的分布，总面积在10万km²以上。在膨胀土地区开展工程建设，面临建筑开裂、地基变形、边坡失稳等潜在的危险，对于基坑工程来说，尤其是长大深基坑工程，膨胀土的问题则更为严重，也更难处理。2006年～2017年的十年间成都膨胀土地区就有多处基坑发生了不同程度的失稳破坏。大部分基坑出现变形过大、坡脚软化、悬臂桩倾斜、甚至整体破坏的现象；少部分基坑，由于开挖深度较大、周边环境复杂（如临近地铁），变形控制较高，在多种支护结构类型组合或复合支护结构体系围护下，支护效果较为明显，保证了膨胀土基坑工程的正常施工，但过强的支护体系导致工程材料的浪费以及造价的提高，降低了工程建设的经济性。这些工程案例引起了学者和工程师的高度关注，开展了大量的理论分析、试验研究和工程实践，并取得了不少有价值的成果和经验，内容涵盖了非饱和土理论、膨胀土的判别与分类、膨胀土的工程性质、膨胀土地区的勘察技术、防护与加固技术、建（构）筑物地基与基础处治技术、膨胀土地区生态环境保护技术等等。然而，现阶段研究的相关结论中对于膨胀土基坑失稳的原因众说纷纭，设计人员仍只是依靠工程经验进行工程设计，并没有许多理论和现场数据支持。现行的岩土工程勘察规范（如：《岩土工程勘察规范》GB 50021—2011（2009年版）、《水利水电工程地质勘察规范》GB 50487—2008、《铁路工程特殊岩土勘察规程》TB 10038—2012、《公路工程地质勘察规范》JTG C—2011等）和膨胀土地区建筑设计施工技术规范（如：《膨胀土地区建筑技术规程》GB 50112—2013、《广西膨胀土地区建筑勘察设计施工技术规程》DB45/T 396—2007、《云南省膨胀土地区建筑技术规程》DBJ53/T—83—2017等）中均未见到明确体现膨胀土设计理论和计算方法的具体要求。这也间接地导致了基坑开挖后，大量的膨胀土基坑出现不明原因的变形过大、坡脚软化、悬臂桩倾斜、甚至整体破坏的现象，严重影响了膨胀土地区的工程建设。

针对膨胀土基坑支护措施，人们在工程实践中积累了大量经验，但对各种支护措施的效果和作用机理并不完全明白。对于一个基坑，什么样的支护方案合理、经济、有效？亦缺乏理论指导。现阶段，多种多样的支护结构类型及复合支护体系，例如悬臂桩、双排桩、土钉、预应力锚索、内支撑及其不同组合形式等已经在膨胀土深基坑工程中得到了广泛应用与尝试。大量的工程实践表明，一些支护结构如悬臂桩等由于不能有效防治膨胀土边坡变形而出现工程事故，另外一些如桩锚支护、双排桩等虽然保证了膨胀土基坑工程的正常施工，但是由于对其支护效果没有清晰地认识和预判，同样会造成潜在风险和工程造价的提高。

目前，膨胀土基坑的支护设计主要是在一般黏性土的基础上，依据勘察报告提供的性能指标和参数结合工程经验进行设计，缺乏理论依据和实践支持，由此可见，对膨胀土基坑工程设计存在不足，这也是目前全国范围内的膨胀土基坑变形甚至失效或支护结构"过剩"的主要原因。工程实践亟须解决膨胀土基坑支护设计的理论支撑和技术方法，因此，开展膨胀基坑支护设计理论及设计计算方法等的研究具有必要性和工程实用价值。

工程建设中膨胀土问题，历经了几十年的研究，从早期的膨胀土试验方法的探索，到全面的膨胀土基础性研究，再到近年的以膨胀土基坑工程治理为背景的科技攻关，已较多的是在宏观方向上取得了进展。然而，随着"十三五"国家立足区域发展总体战略、"一带一路"建设的推进，全国城市工程建设发展及规模将大幅跃升，膨胀土理论和工程实践问题的解决将是岩土工程界以及城市防灾减灾等所面临的主要问题。

1.2　膨胀土的基本特性

关于膨胀土，国际上曾在 20 世纪 60、70 年代进行了一次讨论，有学者将具有吸水膨胀、失水收缩，以及对工程产生膨胀变形破坏作用的黏性土归类为膨胀土。也有学者认为，膨胀土是裂隙特别发育，并具有特定形态裂隙的黏性土，因而，将其定为"裂土"。1969 年第二届国际膨胀土会议上，首次系统讨论了有关膨胀土的定义，比较一致的认识是，膨胀土是一种矿物成分特殊，对湿度状态反应敏感，遇水膨胀变形，失水收缩开裂，并且产生较大膨胀力的黏性土。在随后多年的研究中，岩土工程师逐渐认识并归纳出膨胀土的基本特性：

1. 胀缩性

膨胀土吸水体积膨胀，使其上建筑物隆起，如膨胀受阻即产生膨胀率；失水体积收缩，造成土体开裂，并使其建筑物下沉。膨胀土的缩陷与液限含水率的收缩量称为极限胀缩潜势。膨胀土的胀缩性主要受其黏土矿物成分及含量控制，而外界的湿度变形仅仅是提供了胀缩变形的环境。土中有效蒙脱石含量越多，胀缩潜势越大，膨胀力越大。土的初始含水率越低，膨胀量和膨胀力越大。影响膨胀土胀缩性的因素有矿物成分、颗粒组成、初始含水量、压实度及附加荷重等。其中除了矿物成分和颗粒组成的内因因素影响外，初始含水量、压实度及附加荷重的外因因素影响也很大。不同地区的膨胀土由于土质、气候和生存环境等因素，所表现出的胀缩性有一定的区别，据统计，云南、河北、陕西、山西局部地区等地膨胀土的自由膨胀率偏高，其自由膨胀率平均值均大于 90%，而湖南、安徽、江苏等地的自由膨胀率平均值低于 65%，湖北、四川、贵州等地的自由膨胀率平均值为 65%~90%。此外，云南、广西膨胀土的缩限含水率明显高于其他地区。

2. 崩解性

膨胀土浸水后体积膨胀，在无侧限条件下发生吸水湿化。不同类型的膨胀土其崩解性是不一样的，强膨胀土浸入水中后，几分钟内就很快完全崩解；弱膨胀土浸入水中后，则需经过较长时间才能逐渐崩解，且有的崩解不完全。此外，膨胀土的崩解特性还与试样的起始湿度有关，一般干燥土试样崩解迅速且较安全，潮湿土试验崩解缓慢且不完全。

3. 多裂隙性

膨胀土中的裂隙，可分垂直裂隙、水平裂隙与斜交裂隙三种类型。这些裂隙将土体分割成具有一定几何形体的块体，如棱块状、短柱状等，破坏了土体的完整性。裂隙面光滑有擦痕，而且大多充填有灰白或灰绿色黏土薄膜、条状或斑块，其矿物成分主要为蒙脱石，有很强的亲水性，具有软化土体强度的显著特性。

4. 超固结性

膨胀土大多具有超固结性，天然孔隙比较小，干密度较大，初始结构强度较高。超固结膨胀土基坑开挖后，将产生土体超固结应力释放，基坑面会出现卸荷膨胀，并常在坡脚形成应力集中区和较大的塑性区，使坡体容易破坏。

5. 强度衰减性

膨胀土的抗剪强度为经典的变动强度，具有峰值强度极高、残余强度极低的特性。由于膨胀土的超固结特性，其初期强度极高，一般现场开挖都很困难。然而，由于土中蒙脱石矿物的强亲水性以及多裂隙结构，随着土受胀缩效应和风化作用的时间增加，抗剪强度将大幅度衰减。强度衰减的幅度和速度，除与土的物质组成、土的结构和状态有关外，还与风化作用特别是胀缩效应的强弱有关，这一衰减过程有的是急剧的，但也有的比较缓慢。因而，有的膨胀土边坡开挖后，很快就出现滑动变形破坏；有的边坡则要几年乃至几十年后才发生滑动。在大气风化作用带以内，由于土体湿胀干缩效应显著，抗剪强度变化比较大，经过多次湿胀干缩循环以后，黏聚力大幅度下降，而内摩擦角则变化不大。一般干湿反复循环2次～3次以后强度即趋于稳定。

6. 风化特性

膨胀土受气候因素影响，极易产生风化破坏作用，土体在风化作用下，很快会产生破裂、剥落和泥化等现象，使土体结构破坏，强度降低。按其风化程度，一般将膨胀土划分为强、中、弱三层。强风化层，位于地表或边坡表层，受大气作用与生物作用强烈，干湿效应显著，土体破裂多呈砂砾与细小鳞片状，结构联结完全丧失，厚度约为1.0m～1.5m；微风化层，位于弱风化层下，大气与生物作用已明显减弱，干湿效应亦显著，土体基本保持有规则的原始结构形体，多呈棱块状、短柱状等块体厚度为1.0m左右；弱风化层，位于地表浅层，大气与生物作用已明显减弱，但仍较强烈，干湿效应也较明显，土体割裂多呈碎块状，结构联结大部分丧失，厚度约为1.0m～1.5m。

1.3 膨胀土分布及其地质成因

1.3.1 膨胀土分布

膨胀土在世界范围内分布广泛，已发现有膨胀土的国家和地区大约有40多个，就亚洲地区而言，主要集中在北纬10°到北纬45°之间的广阔区域。在我国，膨胀土的分布主要集中在从云贵高原到华北平原之间的各大小平原之间的平原、盆地、河谷阶地、河间块地和丘陵地带，这源于我国特有的地形地质和广泛发育的水系。

我国不同的地质背景造就了不同地区膨胀土的分布特点，典型膨胀土分布地区的分布特征如下：

1. 长江流域膨胀土的分布特征

（1）膨胀土分布地域与区域地形地质条件相关，特别是地层的空间分布上表现明显。膨胀土多数零星分布，厚度也较薄。

（2）膨胀土分布与地貌密切相关，长江流域绝大多数膨胀土集中分布在Ⅰ级阶地以上、盆地及平原内部，例如成都平原、南（阳）襄（樊）盆地、汉中盆地、合肥阶地等地区，仅少数残积、坡积膨胀土分布在低山丘陵剥蚀的地貌单元。

（3）膨胀土分布与气候有关，长江流域膨胀土主要集中在半干旱温热带气候地区。

2. 黄河流域膨胀土分布

黄河以南主要分布在渠首—汝河段，并以南阳盆地最为典型和集中。黄河以北主要分布在新乡—洪县、邢台和邯郸一带。膨胀土形成类型包含了残积、坡积、冲积、湖积，并各有不同的野外特征。

3. 西北和东北地区

西北地区在陕甘宁地区，盐地、环县、内蒙古赤峰等膨胀土特别发育，有些地区甚至发现含有蒙脱石矿物特别富集。

东北地区的吉林、抚顺、图们与珲春发现有膨胀土。

4. 南部沿海

广东地区的膨胀土分布零散，主要有粤西的湛江，粤北的韶关、乐昌等地。广西境内分布较广，也比较典型，主要分布在右江、郁江、黔江等江河盆地，发现膨胀土出露的地区有南宁、隆安、田东、百色等盆地，尤以宁明盆地和桂林、柳州、来宾、贵县等地比较典型。

5. 西南地区

膨胀土分布省份包括云南、贵州、四川。

云南地区膨胀土主要分布在滇西高原的下关—保山以东、蒙自-大屯盆地和鸡街盆地；贵州境内的膨胀土大多分布在黔东南和黔西北，这与广泛分布在这一区域的泥灰岩与黏土质岩石有关，此外在黔中的一些地区的小型山间盆地与丘陵缓坡；四川地区的川西平原、川中丘陵以及涪江、岷江、嘉陵江及安宁河谷阶地，其中著名的"成都黏土"分布面积较大，属典型的膨胀土。

"成都黏土"广泛分布于成都市东北、东、东南郊以及岷江、沱江二、三级阶地上，特别是在成都洛带与龙泉驿一线以西、东郊、新都新店子以南，呈"地毯式"披覆在二、三级的各种阶地与丘陵内部的一些半封闭、封闭的洼地里，且其多为岛形状分散分布，这些土大多是直接覆盖在白垩纪产生的紫红色砂泥岩上，在其他的地方则覆盖在Q_{1+2}雅安烁石层上。具体分布见图1.1。

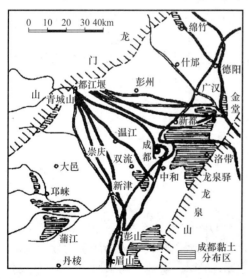

图1.1 "成都黏土"分布略图

1.3.2 膨胀土地质成因

膨胀土主要是由含有硅铝酸盐的岩石风化，经流水搬运或就地残积而成的产物。这包括沉积岩、火成岩和变质岩经日晒破碎，经流水动力搬运与分选，在重力作用下沉积而生成的流水建造膨胀土，或经风化破碎，未经搬运，在原地堆积演化发育而生成的残积成因膨胀土，或是混合型膨胀土。因而根据膨胀土形成类型，可将膨胀土分成残积成因膨胀土、河流冲积成因膨胀土、湖积成因膨胀土、冰水成因膨胀土，此外还有海相沉积膨胀土。表1.1收集了我国典型膨胀土地区的膨胀土成因类型与其母岩的关系。

我国膨胀土主要成因类型 表1.1

地区		膨胀土成因类型	母岩或物质来源	膨胀土分布地貌单元
云南	鸡街	冲积、湖积	第三纪泥岩、泥灰岩	二级阶地及残丘
	曲靖	残坡积、湖积	第三纪泥岩、泥灰岩	山间盆地及残丘
贵州	贵阳	残坡积	石灰岩风化残积物	低丘缓坡
四川	成都、南充	冲积、洪积、冰水沉积	黏土岩、泥灰岩风化物	二、三级阶地
	西昌	残积	黏土岩	低丘缓坡
广西	南宁	冲积、洪积	黏土岩、泥灰岩风化物	一、二级阶地
	宁明	残坡积	泥岩、泥灰岩风化物	盆地中波状残丘
	贵县	残坡积	石灰岩风化物	岩溶平原与阶地
广东	琼北	残坡积	第四纪玄武岩风化物	残丘、垄岗
陕西	安康、汉中	冲积、洪积	各类变质岩和火成岩风化物	盆地和阶地垄岗
湖北	襄樊、郧县枝江	冲洪积、湖积	变质岩和火成岩风化物	盆地和阶地垄岗
	荆门	残坡积	黏土岩风化物	低丘、垄岗
河南	南阳	冲积、洪积	黏土岩风化物	低丘、垄岗
	平顶山	湖积	玄武岩、泥灰岩风化物	山前缓坡
安徽	合肥	冲积、洪积	黏土岩、页岩、玄武岩风化物	二级阶地垄岗
	淮南	洪积	黏土岩风化物	山前洪积扇一级阶地
山东	临沂	冲积、湖积、冲洪积	玄武岩、凝灰岩、碳酸盐岩风化物	山前洪积扇一级阶地
	泰安	冲积、湖积、冲洪积	泥灰岩、玄武岩、泥岩	河谷平原阶地、山前缓坡
山西	太谷	湖积、冲积	泥灰岩、砂页岩	盆地内缓坡
河北	邯郸	湖积	玄武岩、泥灰岩	山前平原、丘陵岗地

1.4 膨胀土国内外研究概况

1.4.1 膨胀土力学特性的研究

1938年，美国垦务局在建造 Oregon State 一座倒吸虹的基础工程中开始注意到土体膨胀变形对工程的破坏问题。随后，工程技术人员及学者对膨胀土开展了诸多研究工作，随着研究的深入，人们认识到建筑结构物的破坏，除了结构方面的原因外，有时还有膨胀土湿胀干缩造成的原因。直到 20 世纪 90 年代，国际膨胀土会议将作为区域性研究的膨胀土纳入了非饱和土问题，人们开始应用非饱和土力学理论来研究和解决与膨胀土有关的工程问题。

从 1950 年开始，我国在成渝铁路的修建工程中，第一次在成都遇到膨胀土产生的危害问题。从 1970 年开始，我国开始有组织、有计划地在全国范围内开始大规模进行膨胀土特性的试验及理论研究工作。陆续对膨胀土进行了普查并选择了试验研究基地建立起了长期观测网络。在与基础理论研究、试验技术以及与工程建设有关的膨胀土处置措施等方面都积累了丰富的资料，取得了大量成果并编制了相关规范。到现在为止，关于膨胀土性能的研究主要集中在其判别与分类、物理力学性质与应用等三个大的方面：

1. 非膨胀土与膨胀土进行了区分并归类

为有效避免其对工程建设产生危害，给建设工程提供合理的科学依据和参数取舍。找寻对膨胀土切实可行的判别指标和判别方法。然而对膨胀土进行区分并归类的过程中，国内和国外还没有形成统一的参数指标体系。国内采用野外现场定性认识和室内岩土试验定量指标相结合的方式。用宏观结构的特征、形成黏土矿物的主要成分和土体特征指标作为对膨胀土判别的相关要素。形成的方法主要有：（1）按黏粒含量分类、自由膨胀率分类和液限分类；（2）按蒙脱石含量分类、比表面积分类与阳离子交换量分类；（3）按胀缩总率分类和最大胀缩性指标分类；（4）按膨胀土结构特征分类与力学参数分类。

2. 膨胀土的胀缩性、裂隙性与超固结性

膨胀土"三性"的认识，往往是导致膨胀土工程病害的根源。众多学者认为，裂隙性对其强度、变形、渗流等起关键作用且其产生的原因是膨胀土的高收缩性和低渗透性，并指出今后应改进裂隙量测手段和计算描述方法，建议采用超声波法、CT 法、电阻率法、理论推算法、流液法、光学图像分析法等探讨裂隙的量测手段；通过有关力学理论和土工试验，建立起裂隙萌生到发展的数学物理模型；改进对膨胀土裂隙观测的方法，确定相关裂隙量化指标，最终将成果应用在实际工程中。进而研究得出抗剪强度指标的变化范围，具体范围如下：固结排水条件下的黏聚力变化范围为 19.8kPa～25.5kPa，内摩擦角变化范围为 10°～19°；固结不排水条件下的黏聚力变化范围为 23.0kPa～35.5kPa，内摩擦角变化范围为 3°～14°；不固结不排水条件下的黏聚力变化范围为 37.0kPa～55.0kPa，内摩擦角为 0°。

3. 自由膨胀率

自由膨胀率试验要求膨胀土试样以分散的颗粒形式参与试验，既不能压密也无胶结。膨胀率的数值为试样在量筒中浸泡时的最终集合体高度。这种结果只能作为膨胀性的定性参考指标，不能直接参与膨胀计算。

4. 侧限膨胀量

分为无荷膨胀量试验和有荷膨胀量试验两种。两种试验都需要制作一定初始含水率的试样。试样可以是原状样，也可以是重塑样。测定方法采用完全浸水和侧面加水的方式。无荷膨胀量试验测定的是侧限和轴向自由膨胀情况下的膨胀量。这种结果通常也是作为判断膨胀潜势的定性指标参与到工程应用之中。有荷膨胀量则是为了测定在某一种荷载之下的膨胀变形量，这是一种可以参与到计算中的量。

5. 膨胀力

传统的膨胀力测定方法可以分为四种：①先胀后压法。即令试样先在侧限条件下轴向自由膨胀，再用压力压回原状；②约束膨胀法，即在试样浸水过程中，使试件不发生膨胀和压缩所需的力。采用容器对试件进行约束，容器对试件的约束反力即定义为膨胀压力。这一试验结果受容器刚度的影响很大，因为很小的体积膨胀就可释放很大的膨胀压力；③有荷逐级加载法。即首先对膨胀土试件施加其埋藏深度处的压力后再浸水，逐级加载办法使试样不发生膨胀；④平衡加压法。

国际岩石力学学会推荐使用第四种方法作为测定膨胀力的方法，即是唯一进入各种岩土试验规程中的平衡加压法。平衡加压法的关键在于采用不断加载的方法，压回每次产生的膨胀，使得膨胀土试样始终保持在最初的形状。这在一定程度上避免了由于膨胀过大而产生的内部结构的不可逆变化。

6. 膨胀应力-应变关系

传统的应力-应变试验，所研究的是作为应变函数的应力。在侧限条件下，使用膨胀性泥灰岩进行试验，试样浸水到饱和，所建立的关系是不包含含水率的应力-应变关系。

此后的膨胀应力-应变关系研究的试验，多半延续这种思路，即在侧限条件下，采用不同的加载方式。为了规范试验方法，1983 年国际岩石力学学会膨胀岩委员会和试验方法委员会膨胀岩工作小组提出了"关于泥质膨胀岩室内试验的建议方法"，建议使用逐级卸载法作为膨胀应力-应变关系的测定方法，即先将试样荷载加到某一数值，侧面加水，再采用逐级卸载的方式。可以看出，这种应力-应变关系并未包含含水率因素。

1.4.2　膨胀土基坑变形破坏及稳定性分析

1. 膨胀土基坑变形破坏模式

膨胀土的自然边坡影响因素复杂，边坡破坏形式多样，除了呈现浅层、逐级牵引、滞后和季节性等特点外，以往研究根据膨胀土边坡破坏特点，主要把膨胀土的失稳破坏形式分为深层滑动和浅层滑动两种，这种分类虽形象、直观，但是尚不能从破坏的力学机制出发进行分类。

目前，在解释膨胀土边坡破坏机理方面，也是很难归纳出哪种因素占主导地位。一般认为，膨胀土边坡失稳的主要原因是降雨或地下水的入渗导致土体强度降低。土体在干湿循环的作用下，土体吸水膨胀裂缝闭合，失水收缩裂隙张开，土体的强度随含水率变化，因裂隙的存在给水分的入渗提供了通道，在裂隙邻近区域形成低强度带。开挖或其他工程活动，改变了土体原有的应力状态，导致正应力降低，剪应力增加，首先在局部发生破坏，然后发展成滑坡。裂隙使土体成为不连续体，破坏了土体的完整性和均一性；另外一种观点认为，膨胀土的超固结特性使得土体剪切特征表现为应变软化，当剪应力超过土体抗剪强度后，剪切面上的抗剪强度明显降低。认为开挖或其他工程活动，首先在某一小的区域内产生剪切破坏，剪应力向四周迅速转移，导致破坏区域的不断扩大，逐渐形成渐进性破坏。

上述关于膨胀土边坡失稳机理的分析无疑都具有一定的道理。但仍有很多上述机理无法解释的现象有待从力学机制上进一步澄清。例如，裂隙性是膨胀土的主要特征之一，这里所指的裂隙，除了通常所见在膨胀土表面由于干湿循环所产生的"次生裂隙"外，更主要是指在膨胀土中普遍存在的、非胀缩变形产生的裂隙。这些裂隙或集中于某一固定层位，或分布于地层的某一条带，裂隙长度不一，裂隙的延展方向呈现一定的规律。天然状态下，这些裂隙呈闭合状态，通常"充填"有灰白或灰绿色黏土，少数裂隙无"充填"。裂隙面上的土体含水率高于两侧土体，而强度明显低于两侧土体。在膨胀土研究的很长一段时间里，人们并没有把膨胀土浅表层、大气影响深度范围内，受气候条件剧烈影响而产生的"次生裂隙"与膨胀土体形成过程中已有的"原生裂隙"严格区分开来。因此，在膨胀土的研究领域，常常将两者混为一谈，并认为所有的滑坡都源于土体强度随含水率的减小而降低。而在实际工程中，一些并未经历干湿循环的边坡和一些已有坡面防护措施的边坡也都发生了破坏。

2. 膨胀土基坑稳定性分析

目前，研究土质边坡稳定性的传统方法有极限平衡法、滑移线场法和极限分析法等。

极限平衡法是出现最早并且当前岩土工程设计软件应用最广的边坡稳定分析方法。极限平衡法是在预设滑移面上对边坡进行静力平衡计算，从而求出边坡稳定安全系数，其主要方法有：瑞典圆弧法、Bishop法、Janbu法、Sarma法、Spencer法、Morgenstern-Price法以及不平衡推力传递法等。极限平衡法建立在摩尔-库仑强度准则基础上，通过分析临界破坏状态下，计算土体自身作用下的稳定性程度，最终得到土体稳定时的安全系数。该方法在计算安全系数时通常需要假定滑移面形状（折线，圆弧等），滑体能传递应力且不变形，必须遵循由库伦定理引申出的各类准则。该方法只注重土体破坏瞬间的变形机制满足力平衡、力矩平衡即可，不关心土体变形过程，也不考虑土体内部的应力应变关系，无法考虑边坡破坏的发展过程，无法考虑变形对边坡稳定性的影响。

滑移线场法是严格满足塑性理论，但假定土体为理想塑性体，并将土体分为塑性区域和刚性区，塑性区满足静力平衡条件和莫尔-库仑准则。二者结合成的一组偏微分方程，采用特征线法求解。然而该方法求解十分有限，对于复杂的问题常常无效，而且只适用于均质土体。

极限分析法是运用塑性力学中的上、下限定理求解边坡稳定性问题。上限法又称能量法，该方法需要假设滑裂面为对数螺线或直线，然后根据虚功原理求解滑体处于极限状态时的极限荷载或稳定安全系数。下限法的理论基础是下限定理，计算过程中需要构造一个合适的静力应力分布，其解偏于安全，但是极少数情况下可以获得下限解。

随计算机技术的快速发展，现今，有限元法得到了广泛的运用。与传统方法不同，有限元法的特点是不用事先假定滑动面且对滑动的形状无要求，能够真实地反映边坡受力状态，即能考虑边坡的应力应变过程。但是有限元分析不能直接与稳定安全系数建立关系，只能算出应力、位移和塑性区大小，不能直接求得安全系数。因而该方法没有在实际中得到广泛运用。有限元强度折减法的提出弥补了有限元法的不足，该方法利用不断降低岩土抗剪强度，使边坡处达到临界平衡状态，从而建立一种类似极限平衡法的有限元法。该方法能够直接求出边坡的稳定安全系数，并且能够得到滑裂面位置。

膨胀土作为一种特殊性土，其边坡失稳的研究，不仅要像一般黏性土边坡一样，研究其自重、认为荷载、地下水作用与其抗剪强度之间的平衡关系，更要研究其特殊性对边坡稳定性的影响。

1.4.3 膨胀土基坑支护设计研究现状

《岩土工程勘察规范》GB 50021—2001（2009年版）、《水利水电工程地质勘察规范》GB 50487—2008、《铁路工程特殊岩土勘察规程》TB 10038—2012、《公路工程地质勘察规范》JTG C20—2011等规范中有专门章节论述膨胀土的初判和分级、膨胀特性等指标，通过膨胀土工程性质研究为膨胀土设计施工提供了依据。但相关工程特性参数测试结果不能直接用于支护设计计算，水理特性指标也未见相关说明。大气（急剧）影响深度采用当地经验进行取值，不能结合工程实际工况。

膨胀土地区建筑设计施工技术规范如《膨胀土地区建筑技术规程》GB 50112—2013、《广西膨胀土地区建筑勘察设计施工技术规程》DB45/T 396—2007、《云南省膨胀土地区建筑技术规范》DBJ53/T—83—2017等，对膨胀土地区工程的勘察、设计（针对地基与基础设计，即针对膨胀土地基、基础性状影响）进行了详细的描述，如下：

（1）勘察。对膨胀土的初判和分级、膨胀率、膨胀力等工程特性指标测定、大气（急剧）影响深度建议取值表均有相关规定，同时建议水平膨胀力根据试验指标或当地经验确定。

（2）设计。高度大于3m的挡土结构进行土压力计算时，应根据试验数据或当地经验确定土体膨胀后抗剪强度衰减的影响，并应计算水平膨胀力的作用；设置场地截水、排水及防渗系统。

但是，现行规范中均未见到明确体现膨胀土设计理论和计算方法的具体要求。膨胀土基坑支护设计理论是基于经典朗金土压力理论，采用饱和条件下强度参数或经验折减后的强度参数进行支护设计的，缺乏理论依据和实践支持。大量膨胀土基坑出现较大的变形破坏表明依据经验取值的支护结构设计并没有取得较为理想的支护效果。

1.5 膨胀土基坑工程问题

当下，膨胀土基坑工程呈现出基坑越挖越深，工程地质条件越来越差，基坑围护方法多，基坑工程事故多等特点。支护体系的选用原则是安全、经济、方便施工，选用支护体系要因地制宜。安全不仅指支护体系本身安全，保证基坑开挖、地下结构施工顺利，而且要保证邻近建（构）筑物和市政设施的安全和正常使用；经济性不仅是指支护体系的工程费用，同时要考虑工期、考虑挖土是否方便、考虑安全储备是否足够，应采用综合分析，确定方案是否经济合理；方便施工也应是支护体系的选用原则之一，方便施工可以降低挖土费用，而且可以节省工期、提高支护体系的可靠性。在当下膨胀土基坑工程中仍有问题需亟待解决：

1. 膨胀土强度指标确定问题

《膨胀土地区建筑技术规范》GB 50112—2013中指出，对较大荷载的建筑物地基用现场浸水载荷试验方法确定地基承载力；采用饱和三轴不排水快剪试验确定土的抗剪强度时，可按国家现行建筑地基基础规范设计中有关规定计算承载力；有大量试验资料的地区，可制订承载力表，供一般工程选用。但膨胀土是一类敏感的土类，含水量的变化，不仅能引起胀缩变形，而且使强度发生变化。

2. 膨胀土基坑膨胀力估算问题

膨胀力测试的试验方法较多，常规方法有平衡加压法、膨胀反压法、逐级卸载法等，试验结果一般用于判定膨胀土的膨胀等级。近年来，不少学者针对不同含水率条件下的膨胀力进行了大量的试验研究，比如利用改装的试验装置测量膨胀岩吸水过程侧向膨胀特性；利用自然膨胀力概念，改进了试验装置测量膨胀力随含水率变化规律，但由于试验设备的制约，采用的是"等同样"进行的试验。在目前的膨胀力测试试验研究中，采用单土样含水率连续变化的膨胀力变化过程测试技术一直是亟待解决的难题。

3. 膨胀土基坑降雨入渗影响深度确定问题

基坑降雨入渗深度的确定一直是基坑支护设计中的难题，目前在工程设计中，入渗深度的确定较为常见的处理方式是通过当地的大气影响深度进行经验取值，却忽略了具体场地因降雨强度、时长、岩土体特性的不同而入渗深度的变化，采用大气影响深度进行支护设计往往会造成支护结构的能力不足或者过于保守。现阶段对降雨入渗深度的理论计算主要采用饱和-非饱和理论计算土坡内部的水分分布，或者借用狭义的达西定律推导出的计算公式进行计算，但这种确定方法存在着计算过程复杂、参数多且难以获取，其工程应用能力差的问题，需要大量的工程实例证明。模型试验和现场试验结果能够很好地求得特定情况下的入渗深度，但其结果又难以运用到其他工程。

4. 膨胀土基坑稳定性分析问题

膨胀土基坑的破坏形式一般为渐进性浅层破坏，而目前膨胀土基坑坡稳定分析主要采用极限分析法、有限元法等，在抗剪强度参数的选取上往往采用折减法，土的本构关系也基本沿用饱和土的本构关系，不能反映膨胀土湿胀干缩特性以及膨胀力产生的独特作用，也很难全面反映降雨、裂隙、膨胀特性等因素对基坑破坏的影响，因此，尚不能正确反映膨胀土基坑失稳的特殊性。

5. 膨胀土基坑支护设计方法问题

膨胀土基坑支护设计理论是基于经典朗金土压力理论，采用饱和条件下强度参数或经验折减后的强度参数进行支护设计的，缺乏理论依据和实践支持。大量膨胀土基坑出现较大的变形破坏表明，依据经验取值的支护结构设计并没有取得较为理想的支护效果。另外，目前关于膨胀土基坑土压力分布规律的研究，主要集中于挡土墙结构，对于基坑悬臂桩支护方面的研究还比较缺少。因此有必要对膨胀土基坑土压力的计算方法及分布规律进行研究。

1.6 本章小结

当下，随着膨胀土基坑大范围出现，膨胀土基坑工程面临工程地质条件差、开挖深度大、基坑围护方法多样等问题。就目前国内外所开展的关于膨胀土的相关方面的研究，尤其是以现行试验研究为依据的膨胀土膨胀性试验规程和方法，均不能满足膨胀土基坑设计需要，没有充分考虑膨胀土强度指标变化、膨胀土基坑膨胀力估算、膨胀土基坑应力分布规律等问题，进而造成了膨胀土基坑稳定性判别、膨胀土基坑支护设计方法及变形控制在工程实践中的误差，使得在膨胀土地区开展工程建设面临基坑变形过大甚至失稳等潜在的危险。因此，膨胀土基坑支护设计的理论支撑和技术方法亟待完善，开展膨胀基坑支护理论及设计计算方法等研究具有显著的理论指导及工程实用价值。

第 2 章　膨胀土基坑事故调研分析

2.1　概述

膨胀土基坑失稳的原因即可能与膨胀土的胀缩机理有关，也可能与地层中土体裂隙的逐渐贯通有关。因此，对不同服役环境下的膨胀土基坑的变形破坏特征的归纳与总结是进一步开展基坑支护设计理论的基础。为此，对 2006 年～2017 年间成都膨胀土地区具有代表性的基坑事故进行整理分析，对基坑采用的不同类型的支护结构（如悬臂桩支护、锚拉桩支护、土钉支护等）归纳统计破坏类型，旨在获得膨胀土基坑变形破坏特征及其稳定性影响因素。

2.2　调查工点的分布特点

1. 调查工点的基本情况

通过现场调查、资料搜集、文献查阅，获得成都地区具有代表性膨胀土基坑工点资料，分类筛选后统计成表 2.1，其基坑破坏代表性照片见表 2.2。

16 处膨胀土基坑情况统计简表

表 2.1

编号	工程名称	支护措施	变形破坏概况	涉水因素
1	时代欣城	悬臂桩	边坡出现变形 坡顶面出现裂缝 悬臂桩倾斜	降雨
2	攀钢龙潭中心			降雨
3	万基极度			降雨
4	白鹤小区			降雨
5	成华东林			降雨
6	建设路 2 号地			降雨
7	锦绣东方		边坡及周边变形、开裂	降雨、污水
8	蓝光锦绣城			降雨
9	上东一号			降雨
10	成华惠民服务中心			降雨
11	雄飞·新园名园		桩间护壁面板脱落 基坑周围土体塌落	降雨
12	宇通项目			降雨
13	二重中心	桩锚支护	开挖后变形、开裂 基坑周围建筑发现裂缝	降雨
14	城市花园二期			降雨
15	天府汇中心广场	排桩＋水平内支撑	基坑壁混凝土护壁剥落	降雨
16	锦绣上城	土钉	开挖后变形、开裂	降雨

膨胀土基坑破坏形式　　　　　　　　　　　　　　　　　　表 2.2

编号	名称	破坏情况	
1	时代欣城		
		开挖后由于降雨、污水管漏水等原因悬臂桩段出现持续变形	
2	攀钢龙潭中心		
		开挖后由于降雨等原因悬臂桩段出现显著变形开裂	
3	万基极度		
		开挖后由于降雨等原因悬臂桩段出现显著变形开裂	
4	白鹤小区		
		开挖后由于降雨等原因悬臂桩段出现显著变形开裂	
5	成华东林		
		开挖后由于降雨等原因悬臂桩段出现变形开裂	

编号	名称	破坏情况
6	建设路2号地	 开挖后由于降雨等原因悬臂桩段出现变形开裂
7	锦绣东方	 开挖后由于降雨、污水等原因悬臂桩段出现变形开裂
8	蓝光锦绣城	 开挖后由于降雨等原因悬臂桩段出现变形开裂
9	上东一号	 开挖后由于降雨等原因悬臂桩段出现变形开裂
10	成华惠民服务中心	 开挖后由于降雨等原因悬臂桩段出现变形开裂

续表

编号	名称	破坏情况	
11	雄飞·新园名园		
		开挖后由于降雨等原因出现变形开裂	
12	宇通项目		
		中心土被开挖后由于降雨等原因四周土向内部溜滑	
13	二重中心		
		开挖后由于降雨等原因锚杆段出现变形开裂	
14	锦江城市花园二期		
		锚索成孔质量差，压力衰减失效，由于降雨等原因出现变形	
15	天府汇中心广场		
		开挖后由于降雨、供水管道等原因悬臂桩段出现变形开裂	

续表

编号	名称	破坏情况
16	锦绣上城	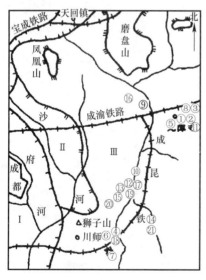
		开挖后由于降雨等原因土钉段出现变形开裂

2. 调查工点的分布特征

调查工点均在成都东部二、三级阶地上（见图 2.1），而此处正是成都膨胀土广泛分布区域（见图 2.2）。整体上，在成都市东郊、新都新店子以南、洛带、龙泉驿一线以西膨胀土广泛分布，呈"地毯式"披覆在二级及以上的各级阶地及丘陵内部一些封闭、半封闭的洼地里，甚至可见于海拔 560m 的夷平面上，且其多为岛状零星分布，多直接覆盖于白垩纪紫红色砂泥岩之上，而在另一些地方则上覆于雅安砾石层之上。其厚度也因地貌的影响而变化较大，但在垂直面上没有明显的同生断层，一般厚度 2m～7m，但在成都东郊的龙潭寺及成都理工大学一带，其厚度可达 20m 左右。

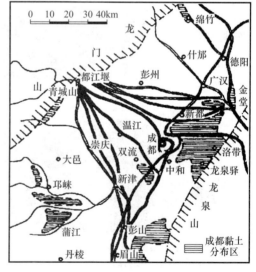

图 2.1　膨胀土基坑在成都地区的分布　　　　图 2.2　成都黏土的分布

3. 调查工点的基坑破坏情况

16 处工点支护形式主要为悬臂桩支护、桩锚支护、排桩＋水平内支撑、土钉支护四种，其中出现变形破坏主要是悬臂桩支护的基坑较多（见表 2.1、表 2.2），有 12 处，占总数的 73%，说明悬臂桩支护的直立膨胀土基坑出现变形破坏是典型类型，具有一定的普遍性；桩锚支护次之，占此次调查总数的 13%；排桩＋水平内支撑、土钉支护破坏各占7%。上述比例可能和膨胀土地区支护主要采用的形式有关，亦与悬臂桩支护设计方法有关。不同支护形式破坏所占比例见图 2.3。

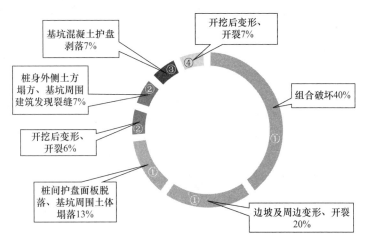

基坑混凝土护盘剥落7%

开挖后变形、开裂7%

桩身外侧土方塌方、基坑周围建筑发现裂缝7%

组合破坏40%

开挖后变形、开裂6%

桩间护盘面板脱落、基坑周围土体塌落13%

边坡及周边变形、开裂20%

图 2.3　不同支护形式基坑破坏形式

①—悬臂桩支护；②—桩锚支护；③—排桩＋水平内支撑；④—土钉支护

经统计初步发现，16 处基坑产生变形破坏的诱因主要是在基坑开挖后涉水因素（降雨入渗、污水渗漏、绿化带渗水）出现基坑产生变形破坏，可能与遇水诱发膨胀土的膨胀力作用关联。

2.3　悬臂桩支护膨胀土基坑事故剖析

2.3.1　工程概况

表 2.1 中 4 号案例"白鹤小区"位于十洪大道白鹤村 5 组。该项目 6 号楼（见图 2.4）场地自基坑开挖至预应力桩基施工完毕过程中，其东侧基坑发生较大的位移变形。除基坑坡顶及东侧的中学运动场出现裂缝现象外，6 号楼西侧负 2 层纯地下室的护壁桩（基坑第 4 排护壁桩）及 6 号楼主楼管桩基础部分桩同样出现断桩现象。

根据工程建设需要，6 号楼场地整个地形现状构成了 3 级边坡。西侧纯地下室负 2 层底板与其东侧边坡坡顶中学运动场的最大高差达 20.2m；主楼负 1 层地下室底板与其东侧边坡坡顶中学运动场的高差 14.4m；主楼正负零标高 526.50m 与其东侧边坡坡顶中学运动场的高差 10.7m。

据现场地质调查和勘察查明，6 号楼边坡沿线岩土层主要由第四系全新统人工填土（Q_4^{ml}）、第四系中、下更新统冰水沉积层（Q_{2-1}^{fgl}），下伏白垩系中统灌口组（K_2g）组成。各层岩土的构成和特征分述如下：

成都市洪河中学

图 2.4　白鹤小区 6 号楼位置图

（1）第四系全新统人工填土（Q_4^{ml}）

素填土①：稍湿—很湿，软塑—硬塑状，以黏性土、风化泥岩岩屑为主，含少量植物根须及个别卵石和建渣，该层在坡顶普遍分布。层厚 0.50m～8.00m。

（2）第四系中更新统冰水沉积层（Q_{2-1}^{fgl}）

黏土②：可塑—硬塑，干强度高，韧性高，网状裂隙较发育，坡顶区域局部分布，层厚 0.80m～1.80m。

含卵石黏土③$_1$：可塑—硬塑，干强度高，韧性高，该层以黏土为主，少量钙质结核和卵砾石、漂石，卵砾石粒径多在 1cm～8cm，该层局部网状裂隙发育，边坡坡面与坡顶场地普遍分布。层厚 0.50m～7.50m。

含卵石黏土③$_2$：软塑，干强度高，韧性高，该层以黏土为主，卵砾石粒径多在 1cm～8cm，该层局部网状裂隙发育，该层主要分布与边坡坡面以及坡顶靠近边坡一侧。层厚 1.50m～7.00m。

（3）白垩系中统灌口组（K_2g）

泥岩④：紫红—砖红色，泥状结构，薄层—巨厚层构造，局部夹薄层泥质粉砂岩。测得其产状在 297°～320°∠7°～30°，边坡范围的泥岩产状集中在 300°∠20°根据其风化程度，将其划分为 3 个亚层：全风化泥岩、强风化泥岩、中风化泥岩。

2.3.2 基坑支护设计方案

由于该场地工程地质条件十分复杂，降雨和其他因素的影响，基坑及附近边坡在工程施工不同时期均出现变形。针对基坑及附近边坡整体的持续变形，先后设置和实施了四排支挡桩（为方便后文描述，已实施的各排支挡桩编号沿用图 2.5 所示）。具体实施过程如下：

第 1 排桩为学校运动场堡坎外侧边坡支护（加固）桩，桩长 11m，桩径 1.5m，桩间距 2.5m，加固运动场堡坎；

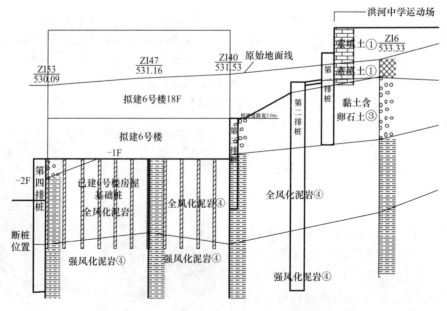

图 2.5 6 号楼边坡及基坑支护桩（抗滑桩）分布示意图（单位：m）

第 2 排抗滑桩，桩长 25m，桩径 1.8m，桩间距 2.5m，按抗滑桩设计；

第 3 排支护桩，桩长 11m，桩径 1.2m，桩间距 2.5m，支护 6 号楼基坑；

第 4 排支护桩，桩长 16.2m，桩径 1.8m，桩间距 3.0m，支护 6 号楼西侧地下室基坑和 6 号楼地基基础。

通过实施了上述支挡结构的设置，虽边坡整体、中学运动场地表变形有所减缓，但 6 号楼基坑及基坑变形仍未得到完全控制，致使 6 号楼地下室及主体部分无法按计划正常施工。

2.3.3　基坑变形破坏特征及评价

调查期间，对基坑采取了场地周边环境调查，走访该工程建设过程的部分参与者和目击者，对建设方提供的资料进行整理分析等工作。将基坑变形破坏现状的情况总结如下。

1. 桩间土垮塌破坏

调查期间，整个 6 号楼东侧边坡，自学校运动场的堡坎、第 1 排桩和冠梁、第 2 排抗滑桩和冠梁，目测未见有明显的变形以及结构上的变化特征。

位于 6 号楼边坡南段的第 1 排和第 2 排支挡桩之间，有小坑积水并不断流出现象，调查显示为 5 号楼东侧的排桩挡墙施工排水以及上部填土的极少上层滞水渗出影响。当施工排水停止，该水坑抽走后未见及时汇积。但是第 2 排桩与第 3 排桩之间，以及第 3 排桩的桩间土基本已垮塌。第 3 排桩桩间土支护体系失效，支护桩出现倾斜。破坏情况见图 2.6。

2. 基坑坡顶及后缘地表裂缝贯通破坏

在对 6 号楼东侧边坡坡顶堡坎及后缘 40m 范围调查中发现，运动场的混凝土地坪有明显开裂现象。而北侧的素土地坪未见有明显拉裂、隆起或者其他变形特征。调查结果见表 2.3。

图 2.6　6 号楼东侧基坑垮塌变形体破坏现状

坡顶地坪变形特征调查成果统计表　　　　　　　　　　　　表 2.3

调查位置	竖向拉张裂缝编号	距堡坎外缘距离（m）	裂缝最大宽度（mm）	裂缝地表连续情况
基坑后缘南段	NL01	2.3	4	地表混凝土面贯通
	NL02	14.0	12	地表混凝土面贯通
	NL03	18.4	8	地表混凝土面贯通
	NL04	22.4	6	地表混凝土面未见贯通
	NL05	27.9	5	地表混凝土面未见贯通
	NL06	33.5	3	地表混凝土面未见贯通
	NL07	36.3	3	地表混凝土面未见贯通
基坑后缘北段	BL01	7.5	2	地表混凝土面贯通
	BL02	14.5	2	地表混凝土面贯通
	BL03	22.9	3	地表混凝土面有延伸，1.5m 处尖灭

调查位置	竖向拉张裂缝编号	距堡坎外缘距离（m）	裂缝最大宽度（mm）	裂缝地表连续情况
基坑后缘北段	BL04	26.8	3	地表混凝土面有延伸，1.5m处尖灭
	BL05	30.0	1	地表混凝土面未见贯通
	BL06	36.0	1	地表混凝土面未见贯通

据介绍，现调查的结果为坡顶近20m范围的地坪沉降量已超过20cm后经重新修补后的现状，见图2.7。

图2.7 坡顶竖向拉张裂缝调查情况

图2.8 6号楼主楼范围变形现状

3. 主楼垫层、砖胎膜、挡土墙等结构剪切裂缝破坏

根据地面调查，6号楼主楼垫层、砖胎膜、挡土墙等分布有多处裂缝情况，裂缝多呈水平和斜向，具有剪切裂缝的特征。局部表层混凝土面或砖砌物发生位移，如图2.8所示。

2.3.4 基坑变形破坏原因分析

1. 工程地质条件原因

（1）场地在地貌上受苏码头背斜控制，岩层倾向与边坡倾向小角度斜角，且岩层倾角20°，小于边坡近直立坡面，属于不利结构面。极易形成顺层滑动面。

（2）边坡上部，特别是坡肩超载，增大填土下滑推力，并造成土体产生拉张裂隙，使得土体边坡形成破裂面和汇水渠道加剧破坏。

（3）膨胀土受到湿胀干缩的作用，在自重荷载作用下，岩土体内因网状裂隙发育程度不同和团状粉土土体分布不均匀等因素，造成岩土体内含水量的变化不均匀，引起土体的不均匀胀缩，产生大幅度的横向波浪状变形。边坡部分的岩土体压实不够，特别是膨胀土较厚区域，在未对边坡进行水防护或者水防护失效时，因岩土体具有高胀缩性遇水膨胀，从而容易造成边坡的滑坡和坍塌破坏。

2. 水的因素

边坡坡面和坡体岩土体浸水后，岩土体的不利结构面在水的浸泡下，其力学性质降低，加剧边坡失稳。由此可以解释，出现的滑塌、崩塌、拉裂变形等现象多发生在降雨

（暴雨工况）过后。特别是强降雨的大量降水入渗，岩（土）体抗剪强度降低，甚至部分岩体节理裂隙内的胶结物随水流失，裂隙中充填有"润滑剂"作用的水体，加剧工程力学性质降低。因此，水对边坡破坏的诱发作用明显。

3. 施工原因

坡脚开挖形成岩土体临空面，基坑开挖对边坡稳定有一定影响。

4. 地震的影响

汶川"5.12"地震对该边坡破坏有着直接影响。该基坑在施工过程中，恰逢汶川"5.12"地震，特别是多次余震的作用下，场区内的岩土体结构被破坏，增加岩土体结构破碎或松散的程度，同时在地震多种振荡波的组合下，造成岩土体在外力作用下抬升、推移，对边坡破坏造成直接的诱发作用。

2.4　桩锚支护膨胀土基坑事故剖析

2.4.1　工程概况

14 号案例"锦江城市花园二期"场地位于三圣乡，海棠路西侧，由 6 栋 34 层（高 98.9m～100.4m）的高层建筑组成，二层地下室，局部为一层，采用框架结构，主楼部分采用预应力管桩基础，纯地下室部分采用独立柱基。由于场地高差，基坑开挖深度 5m～19m。开挖基坑如图 2.9 所示。

该项目在施工过程中，发现部分施工段中间部分护壁桩桩顶冠梁与土体间产生裂缝，裂缝宽度为 10mm～15mm，距基坑边 6m 左右位置产生裂缝，在 −7m 和 −12m 左右出现剪出口，发生基坑开挖后坡体产生变形、开裂，桩身外侧土方轻微塌方且基坑周围建筑发现裂缝。

经勘察揭露，上覆土层由第四系全新统人工填土层（Q_4^{ml}）、第四系上更新统冲洪积层（Q_3^{al+pl}）组成，下卧白垩系灌口组泥岩（K_2g），场地地基岩土自上而下为：

图 2.9　锦江城市花园二期开挖基坑

（1）素填土：松散；以黏性土为主，含少量建筑垃圾、卵石。

（2）黏土：可塑，无摇振反应，其间夹有少量灰白色黏性土条带，裂隙发育，主要矿物成分为伊利石。该层在场地内分布较广。

（3）含卵石粉质黏土：可塑，无摇振反应，卵石含量约 5%～30% 且不均匀，该层在场地普遍分布。

（4）白垩系灌口组泥岩：泥质结构，局部为砂质泥岩，厚层状构造，为软岩，按照其风化程度及工程力学性质划分为 3 个亚层：全风化泥岩、强风化泥岩、中等风化泥岩。

场地内地下水为上层滞水和基岩裂隙水，受大气降水补给控制。根据勘察中间资料初见水位为 1.80m～2.50m，无稳定地下水水位。

2.4.2 基坑支护设计方案

由于本工程场地较大，基坑设计和施工过程均较复杂，因此，仅对开挖深度较大且变形过程较复杂的西北段进行分析。该段基坑开挖深度为 13m，基坑顶距基坑开挖线 6m 外为人工边坡，坡比为 1∶1.5 左右，高 6m。经过对比分析，对基坑采用人工挖孔桩＋锚杆进行支护，桩间采用网喷混凝土支护。挖孔桩桩长 18m，嵌固段 5m，桩径 1m，桩间距 2.5m，在地面以下 5m 位置设计一排钢筋锚杆，长 15m，锚筋采用 φ32 HRB335 级钢筋，锚杆设在桩间，间距 2.5m。桩顶设置连系梁，连系梁宽 1m，高 0.5m。连系梁和桩芯混凝土强度等级均为 C25。桩顶地面以上边坡采用网喷混凝土封闭，支护剖面见图 2.10。

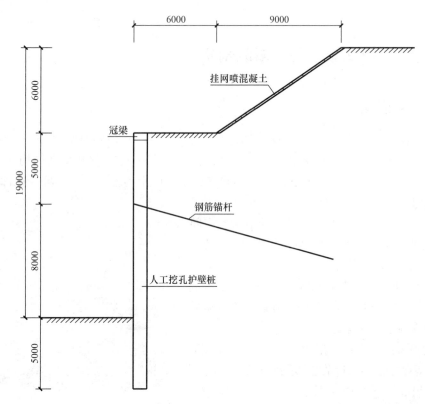

图 2.10　人工挖孔桩＋锚杆支护示意图（单位：mm）

2.4.3 基坑变形破坏特征及评价

基坑支护于 2007 年 10 月 22 日开始施工人工挖孔桩，至 2008 年 1 月 10 日冠梁浇筑完成。同年 3 月 3 日，该面开始进行土方开挖。基坑开挖分四个阶段开挖，开挖过程中基坑出现了不同程度的变形破坏现象，并针对不同的变形破坏情况进行及时的整治处理。但在新的支护形式增加后，基坑变形破坏迹象仍较为明显。具体为：

1. 护壁桩桩顶冠梁与土体间产生裂缝破坏

该种破坏形式出现在基坑开挖的第一阶段，该阶段土层分两层开挖，第一次开挖高度约 3.5m，第二次开挖至地面以下 5.5m 左右，为赶施工进度，在距护壁桩 4m 外基坑中部继续向下开挖，坡度约为 1∶0.3，直至基底。

该阶段基坑中间部分护壁桩桩顶冠梁与土体间产生裂缝，裂缝宽度 10mm～15mm。且随着时间的增加基坑变形范围加大，大部分支护桩桩后均出现开裂，侧向水平位移继续增大，基坑位移量超过警戒值，水平位移总量达到了 47mm，距基坑边 6m 左右位置产生裂缝，在－7m 和－12m 左右出现剪出口，－7m 处剪出口上盘剪出量 10mm 左右，－12m 处剪出口上盘剪出量 30mm 左右，见图 2.11。

在开挖过程中开始施工锚杆，锚杆施工时，基坑顶变形持续增加，锚杆停止施工后，变形停止。说明，锚杆施工对基坑的稳定性有显著影响。

2. 基坑坡顶发生位移明显，且护壁面渗水破坏

该种破坏形式出现在基坑开挖的第三、第四阶段，该阶段基坑已开挖至设计深度，且由于基坑施工处于特殊时期即"汶川地震期间"，使得基坑坡顶产生较明显位移，并伴有桩间土体挤出；同时，由于连续暴雨，基坑发生破坏显著。

2008 年 5 月 12 日，汶川特大地震，地震后 2 天，通过变形监测，基坑北侧三个已设监测点的变形分别从 109mm 增加到 167mm（变形量 58mm）、从 110mm 增加到 149mm（变形量 39mm）、从 66mm 增加到 115mm（变形量 39mm），变形均较为显著。经过 1 个月的间歇性持续暴雨，基坑再次发生变形，且变形持续增加，变形情况如图 2.12 所示。

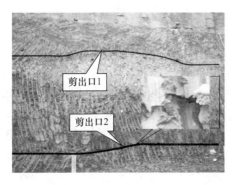

图 2.11　土体剪出口示意图

图 2.12　护壁面渗水破坏

2.4.4　基坑变形破坏原因分析

1. 工程地质条件原因

上部土体多为杂填土，土体含水较多，下部土体为膨胀土，遇水后土体软化，力学指标降低，使桩侧压力增大。

同时，基坑地层顶面有不利于基坑稳定的倾向，黏土与含卵石黏土界面向基坑内倾角约 10°，强风化基岩面向基坑内倾角约 1°～2°。

2. 施工原因

基坑开挖时未按原预定施工组织设计进行施工。按原施工组织方案，基坑开挖至锚杆标高下 0.5m 时，应将土方开挖施工暂定，进行锚杆施工，待锚杆张拉锁定后，方能进行下层土方开挖。但在实际开挖时，并未按此程序施工，土方开挖到 5m 后，锚杆未施工，仅在桩前预留 4m 土体，就进行下层土方开挖，且开挖放坡坡率仅 1∶0.3 左右，桩前土体在桩顶标高下 7m 和 12m 分别出现土体剪出，足以证明由于开挖后桩前土体失稳，土体向前移动，而锚杆尚未施工，护壁桩成为悬臂桩，抗倾覆不足，因此桩顶向前倾斜，造成基坑顶面开裂。

施工锚杆采用潜孔钻机＋麻花钻杆成孔，成孔过程中挠动土体。为验证基坑变形是否是因为锚杆施工挠动引起，专门做了观测，锚杆成孔停止施工几小时后，基坑变形停止，再次施工，基坑再次变形。经分析，由于锚杆施工采用压缩空气，压缩空气进入锚孔后，由于麻花钻杆和钻渣对空气的阻力，空气进入土体裂隙，致使膨胀土的裂隙面贯通，从而降低土体的抗剪强度。

3. 水的原因

由于高边坡顶部有 2m～3m 杂填土，下雨后，土体容易含水，降雨停止后，仍然下渗。黏土虽透水非常差，但还是会渗水，边坡后电缆沟的水会下渗到边坡内。地下水随开挖深度增加，基坑发生变形，地下水位渗流通道逐渐形成，形成渗水通道，水顺裂缝下渗，对土软化，形成滑移面。桩前土体受水浸泡后，土体软化，根据现场实测，土体软化深度 0.3m～0.5m，相当于基坑加深 0.5m，而桩的嵌固段减少 0.5m。

4. 地震影响

基坑第二次较大变形的主要原因是地震影响，地震结束后，基坑很快趋于稳定。成都位于"5.12"汶川地震的东南面，距震中约 70km，龙门山断裂带走向 N30°～E40°，而本段基坑走向刚好与龙门山断裂带平行，地震波对基坑围护结构施加水平推力，造成基坑稳定性降低，变形大。

5. 岩土体设计参数取值问题

场地黏土为膨胀土，大部分为弱膨胀潜势，局部为中膨胀潜势，膨胀力平均值为 56.5kPa，收缩系数平均值为 0.44，50kPa 下的膨胀率平均值为 1.13。但是土体的抗剪强度与土体含水量关系明显（两者关系参见图 2.13）。经初步分析，在其他条件不变的情况下，黏土的黏聚力与其含水量近似呈线性变化，当土体含水量增加 1%，其黏聚力降低约 6.1kPa；同样，土体内摩擦角与土体含水量也呈近似线性关系，当土体含水量增加 1%，其内摩擦角约降低约 0.54°。含水量与黏聚力的关系远比含水量与内摩擦角的关系密切。

而该基坑设计时，并未考虑含水量对土体强度的影响。

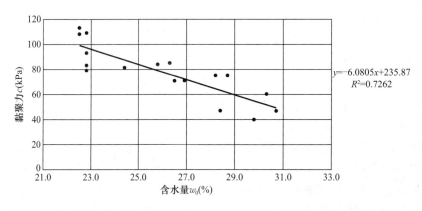

图 2.13　含水率对膨胀土抗剪强度影响（一）

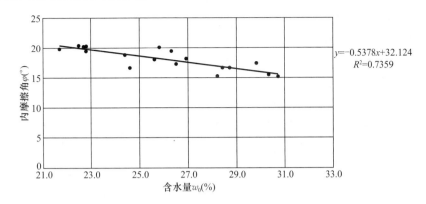

图 2.13　含水率对膨胀土抗剪强度影响（二）

2.5　土钉支护膨胀土基坑事故剖析

2.5.1　工程概况

16 号案例"蓝光上城"位于保和乡胜利村，紧邻东三环四段。主要包括 2 栋共 4 个单元 21F～32F 高层住宅（栋号分别为 17 号楼、18 号楼）及多层商业裙房，均设二层地下室，高层住宅拟采用框架-剪力墙结构，筏板、桩筏基础；多层商业裙房及纯地下室拟采用框架结构，独立基础。该基坑开挖深 9m～10m，基坑周边均为道路和空地。

根据场地岩土工程勘察资料，场地地层主要由第四系人工堆积（Q_4^{ml}）填土、第四系下更新统冰水堆积（Q_2^{fgl}）的黏土、含卵石粉质黏土及白垩系上统灌口组（K_{2g}）泥岩等组成，地层自上而下分别为：

素填土（Q_1^{ml}）：灰黄色、黄褐色、灰黑色，松散，湿—很湿，主要由近期堆积的黏性土组成，在场地内普遍分布，层厚 0.90m～3.20m。

黏土（Q_2^{fgl}）：褐黄色、黄色、紫红色，硬塑，湿—稍湿，主要由黏粒组成，含较多铁锰质结核和钙质结核，裂隙较发育，裂隙间充填灰白色高岭土条斑、氧化物红色条斑。摇振反应无，有光泽，干强度高，韧性高。本层底部（与强风化泥岩交界处）地段呈紫红色，含有少量卵石，含量约 5%～25%，在场地内普遍分布，层厚 5.90m～10.70m。

含卵石粉质黏土（Q_2^{fgl}）：褐黄色—紫红色，硬塑，湿，主要由黏粒和粉粒组成，局部充填物为中细砂。卵石成分主要为花岗岩、砂岩等，大部分卵石呈强风化、全风化。卵石大多不接触，呈游离状。卵石粒径一般为 2cm～8cm。个别可达 25cm 以上，卵石含量约占 5%～40%。该层揭露厚度 1.40m～6.80m。

泥岩（K_{2g}）：棕红色—紫红色，湿—稍湿，泥质胶结，薄—中厚层状构造，泥质结构，裂隙较发育。根据其风化程度可为两个亚层：

强风化泥岩：该层上部呈硬塑黏土状，组织结构大部分破坏，含较多黏土质矿物；下部夹中风化泥岩薄层，风化裂隙很发育，岩芯较破碎，见风遇水极易软化；

中风化泥岩：组织结构部分破坏，风化裂隙发育，节理面附近风化成土状，岩芯呈短柱状和长柱状，局部夹强风化薄层。

2.5.2 基坑支护设计方案

基坑深 9.15m，工程安全等级为一级。基坑顶部附加荷载按 $100kN/m^2$，考虑东、南、西侧支护采用钢管桩与土钉墙复合支护，放坡坡比 1：0.3，设七排土钉，排距和列距均为 1.5m，土钉采用钻孔土钉，孔径 130mm，杆体采用 ϕ25 Ⅱ级钢筋，长 4.5m～12m，钢管桩采用预成孔，深 12m，孔径 150mm，内置 ϕ89 钢管，间距 75cm。如图 2.14 所示。

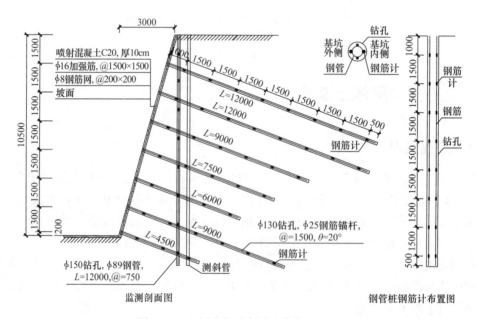

图 2.14　土钉支护示意图（单位：mm）

基坑支护于 2009 年 12 月完成施工，之后开始基坑开挖。基坑开挖分两次完成：第一次开挖时间 2009 年 12 月至 2010 年 3 月，开挖深度约 3m，同时施工北侧（2010 年 3 月）；第二次开挖时间 2011 年 3 月至 2011 年 5 月，东侧挖至 6.15m 深，南、西、北侧挖至 9.15m 深（设计坑深）。2012 年 3 月基础竣工验收。

2.5.3 基坑变形破坏特征及评价

2011 年 3 月基坑开挖到设计标高。5 月份多雨（小雨—大雨），5 月 16 日起连续 3 天小雨后，基坑北侧、西侧、南侧均出现不同程度的裂缝。坡面变形监测显示，坡面变形不断加大（北侧）。通过现场调查，基坑周边变形情况主要为地面局部出现微裂缝、坡面塌空破坏。

基坑南侧：2011 年 5 月 16 日起，地面局部出现微裂缝，未贯通，坡面中部出现塌空现象，喷射 C20 混凝土被坍塌流塑土体脱落（图 2.15）。

基坑西侧：2011 年 5 月 14 日起，出现微裂缝，5 月 15 日起裂缝增多，裂缝宽度变大、变长，出现多条平行于基坑边的贯通缝。裂缝宽度为 5mm～15mm，延伸长 20m。

(a)　　　　　　　　　　　　　　　　(b)

图 2.15　剖面塌空破坏图

2.5.4　基坑变形破坏原因分析

1. 地质条件原因

基坑坡体主要由膨胀性黏土组成，遇水后极易产生局部滑坡、坍塌，且膨胀后会产生胀力，降低坡体稳定性，增加支护桩的荷载，致使坡体及支护桩产生较大变形。

2. 水的原因

变形前较长时间降雨侵入基坑坡体，土体膨胀，诱发了基坑坡面产生裂缝及坍塌。

3. 设计问题

① 通过反算分析，工点膨胀土力学指标遇水后大幅度降低。勘察报告提供的力学指标（综合内摩擦角 φ）为 $49.6°$，遇水后，通过反分析得到的力学指标为 $33.7°\sim38.7°$，局部地段 $45°$，为勘察报告提供指标的 0.7 倍～0.9 倍。支护设计时对膨胀力、膨胀土指标遇水骤降未重视是造成事故的重要原因。

② 原基坑支护中对截排水措施的重视不够，也是造成基坑变形的重要原因。基坑东侧为建设单位项目部驻地，较宽，因此对基坑顶外延约 30m 的地面全部采用 C20 混凝土硬化，厚 15cm。这次事故中，该侧基坑坡体未产生明显异常变形。而其他 3 侧基坑顶，除西侧对基坑顶外延地面 5m 封闭硬化外，北侧、南侧均只对外延 2m 的地面进行硬化，此 3 侧基坑均产生了严重的坍塌变形。坑顶地面封闭宽度越宽，封闭程度越好，变形迹象越弱。这与"成建安监发〔2011〕22 号"文件第三条的要求（1 倍深度范围内硬化）相吻合。产生坍空现象的南侧、西侧均伴有地下水渗出，土体近饱和，宽约 3m。北侧也有水渗出现象。表明，土体的地下水未来得及疏导，使土体在水浸泡下产生软化、膨胀，导致变形。

2.6　膨胀土基坑变形破坏特点及其影响因素

2.6.1　不同支护形式膨胀土基坑变形破坏特点

1. 悬臂桩支护膨胀土基坑变形破坏特点

悬臂桩支护是坡高 5m～10m 膨胀土基坑的主要支护形式。大规模的现场调查结果表明，悬臂桩支护膨胀土基坑变形破坏的模式主要包括两种类型，倾覆破坏与桩间土挤出破坏。

（1）倾覆破坏

倾覆破坏中，基坑顶面产生弧形拉裂，并沿着基坑坡面走向延伸、下沉，形成台阶性破坏。边坡变形破坏时，悬臂桩多呈大角度朝向坑内的转动倾斜。破坏过程具有"坡顶面变形开裂沉降"→"坡面外鼓"→"坡脚软化"→"冠梁拉裂"→"整体变形破坏"的几个阶段性特征，如图 2.16 所示。

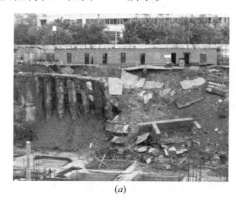

（a）　　　　　　　　　　　　　　　　　　（b）

图 2.16　悬臂桩支护破坏特征

（a）倾覆破坏 1；（b）倾覆破坏 2

按照现有悬臂桩设计规范，设计时按照一般黏性土设计，由于没有考虑膨胀力的作用，作用在悬臂桩上的侧向土压力偏低，导致桩身锚固深度不足，进而出现整体偏移所致。悬臂桩支护膨胀土基坑的破坏多是在开挖一段时间后，由于集中降雨或涉水管道渗漏等因素诱发。由于基坑支护措施是临时性工程，其防水保湿措施没有得到足够的重视，现场硬化路面、坡面喷护措施对膨胀土的水敏性危害估计不足。

基坑变形后采用填土反压进行临时补救效果明显，充分说明了填土反压在支护基坑稳定性的有效性。

（2）桩间土挤出破坏

当基坑桩体较为稳定时，边坡的破坏以桩间土挤出破坏为主，边坡外部呈现较为明显的浅层塌滑破坏，如图 2.17 所示。

2. 桩锚支护膨胀土基坑变形破坏特点

桩锚（锚索）支护是坡高 10m 以上膨胀土基坑的主要支护形式，现场调查表明，桩锚支护膨胀土边坡的破坏变形模式同样为倾覆破坏及桩间土挤出破坏形式两种（见图 2.18），其

图 2.17　基坑桩间土挤出破坏特征　　　　图 2.18　桩锚基坑破坏模式

中倾覆破坏过程中伴随着锚索的失效，破坏过程表现为"坡顶开裂沉降"→"坡面外鼓"→"坡脚软化"→"锚索失效"→"冠梁拉裂"→"破坏变形的渐进式"破坏模式。

3. 土钉支护膨胀土基坑变形破坏特点

土钉支护是坡高 5m 以下膨胀土基坑的主要支护形式，坡面采用喷混凝土挂网的方式进行防护。土钉支护边坡的破坏同样较为普遍，一般破坏特征如图 2.19 所示。经调研分析可得，土钉支护的膨胀土边坡破坏模式存在顶部拉裂、坡脚剪出、浅层滑动的塌滑特征。

(a)　　　　　　　　　　　　　　　　(b)

图 2.19　土钉支护破坏特征

(a) 顶部拉裂；(b) 坡脚拱起

2.6.2　膨胀土基坑变形破坏类型

在基坑工程建设，突出的影响因素是场地条件限制，不能大面积放坡开挖，决定了基坑多为陡立侧壁；其次是城市地下管网的无规律分布，尤其是污水、输水管道和输热管道等对基坑变形破坏产生重要影响。通过对膨胀土基坑事故的调研，总结出膨胀土基坑的变形破坏形式大体可以划分为浅层破坏、整体滑移破坏、基坑外围强变形破坏三种类型。其中，发生破坏较多的膨胀土基坑是以悬臂桩支护最为普遍，其诱因主要是基坑开挖后，降雨入渗、地表或管线渗漏，部分场地是因为施工扰动尤以潜孔锤锚索成孔所致。

(1) 坡表、坡顶浅层破坏。基坑表层土体反复胀缩、结构逐渐破坏、强度逐步衰减的结果，其变化深度多在 1m～2m，由于下部土体受到约束，变形位移表部大，向下逐步减小，局部迁就结构面，导致土体从基坑表层崩解塌落，如图 2.20 所示，外在表现包括基坑出现变形、悬臂桩倾斜、桩间护壁面板脱落。

(2) 水平变形范围大，易产生整体滑移破坏（图 2.21）。已有的一些实体工程失稳案例表明，膨胀土的最大水平变形范围约为基坑深度的 3 倍，远远大于普通土质深基坑的影响范围；而膨胀土深基坑易产生整体滑移破坏，主要的破坏模式为圆弧形滑移，且产生的整体滑移破坏的时间段，大部分基坑在出现外侧滑移面后后缘贯通缝一周左右即能产生整体滑移的现象。

(3) 膨胀土深基坑顶部存在强变形区域。基坑变形迹象调查发现，基坑坡体上部存在强变形区域，该区域变形较其他地段变形严重，地表有大量的土体膨胀拉裂、沉降裂缝，

(a)　　　　　　　　　　　(b)

图 2.20　膨胀土坡顶浅层破坏（时代欣城）

图 2.21　膨胀土基坑整体滑移现象
（二重中心）

桩间土普遍鼓胀、塌陷、钢筋网破坏。据了解，该强变形范围竖向约为 0.5 倍基坑深度，水平向约为 0.7 倍基坑深度，在大气影响深度（3m）范围内，变形尤为严重。如图 2.22 所示。

2.6.3　膨胀土基坑稳定性影响因素

由于膨胀土基坑稳定问题的重要性和复杂性，国内外研究者对其一直非常重视，开展了很多的研究工作。目前通常的认识是：膨胀土中的裂隙、微裂隙的存在是边坡失稳的主要原因，裂隙不仅破坏土的结构性和均一性，还加速了水分的入渗，长大裂隙甚至可引起局部水压力作用，干湿循环进一步导致裂隙发育，降低土体强度；另外，超固结性引起边坡开挖卸荷膨胀和应变软化，剪应力增大，土体强度降低，最终导致滑坡发生。在稳定性分析中以抗剪强度的降低来综合反映上述因素的作用，提出了为数不少的"强度理论"。无疑，对于某些存在明显地质结构面的滑坡而言，裂隙的确是控制滑坡的主要因素。然而，自然界也有很多实例表明，膨胀土边坡可以在很缓的坡比下仍然发生滑坡破坏，或者在大气影响带内发生浅层滑坡。对于这些情况，为了模拟出最终滑动的结果，研究者只能人为在边坡表层设置一定深度的裂隙网，并补充很多假定条

(a)　　　　　　　　　　　(b)

图 2.22　膨胀土基坑顶部强变形区（蓝光锦绣城）

件，如裂隙底部存在渗水薄层，或考虑裂隙内的静水压力作用，采取降低土强度的方法来计算极限平衡安全系数。但是这样反演出的强度指标降低较多，远小于其残余强度，说明这些设置和假定的准确性还有待商榷。

归结起来，影响膨胀土边坡变形破坏因素一般包括 3 个主要因素（工程地质因素、气候水文因素、设计因素）和 2 个次要因素（施工因素、地震因素）。

1. 工程地质因素

膨胀性黏土自身特性是变形的根本原因。基坑坡体主要由膨胀性黏土组成，具吸水膨胀、失水收缩、土体遇水后力学指标会骤降，坡体自稳能力弱，极易产生局部坍塌、整体滑移；且因为遇水膨胀，侧壁会产生巨大的水平向膨胀力，增加支护结构的荷载，导致基坑变形。可以细分为：

（1）膨胀土的成因：不同成因的膨胀土意味着沉积环境的差异，在一定程度上决定着膨胀土的物质成分和力学性质，对基坑的稳定起着重要的作用。

（2）膨胀土的物质组成：膨胀土的黏土矿物成分、化学成分和颗粒组成以及微观结构等，从微观结构上影响着土体的变形和强度特性，从而对基坑稳定产生影响。

（3）膨胀性黏土裂隙发育，黏土中发育有大量裂隙，地表水下渗存储于裂隙中，在长期的渗漏或降雨影响下，黏土中的裂隙充满水，特别是反复胀缩影响下，土中裂隙不断增多，含水量不断增加，使土体强度降低并产生膨胀力。

2. 气候水文条件因素

降雨或管道渗漏是基坑事故变形的诱发因素。产生事故有较长时间的间断降雨或长期的管道渗漏，雨水侵入基坑坡体，土体的力学指标骤降，产生额外的膨胀力，破坏了坡体的力学平衡，诱发了基坑事故的发生。如"蓝光上城"案例，在基坑失稳前 3 天连续降雨，雨水侵入基坑坡体，土体膨胀，诱发了基坑坡面产生裂缝及坍塌。

3. 设计因素

基坑设计时，并未考虑含水率对膨胀土体强度的影响。膨胀土抗剪强度遇水后骤降、产生水平膨胀力是膨胀土深基坑事故产生的重要原因。由于膨胀土的膨胀力较复杂，规范中未明确如何确定，只是由设计单位凭工程经验考验，对黏聚力、内摩擦角值进行折减后计算，未考虑水平膨胀力。实际上，膨胀土力学指标遇水后有较大幅度的降低，同时还会产生较大的水平向膨胀力，膨胀力为土压力的 0.63 倍~3.94 倍，基坑支挡结构承受的实际水平荷载为设计值的 1.63 倍~4.94 倍，大大超出了支护结构的承载范围（相关统计数据参见表 2.4）。如果设计中未考虑上述因素，支护后的某些基坑发生破坏也就不足为奇。

膨胀土深基坑水平膨胀力统计表　　　　　　　　　表 2.4

项目	基坑深（m）	计算坑壁土压力（kN/m）	反算膨胀力（kPa）	膨胀力/计算土压力（%）
基坑 1	9.15	141.8	130	394%
基坑 2	18.0	580.2	150	181%
基坑 3	14.0	883.2	80	63.4%

4. 其他因素

有地震因素、基坑开挖、场地平整等。这类活动往往破坏了地层的原有结构，改变了边界条件，使已经稳定的基坑发生新的失稳。

2.7 本章小结

对部分失稳的膨胀土基坑调查统计表明，膨胀土基坑所涉的主要支护类型中失稳破坏大体可以划分为浅层破坏、整体滑移破坏、深基坑外围强变形破坏3种类型。其中悬臂桩支护破坏占总数的73%，说明悬臂桩支护的直立膨胀土基坑出现变形破坏是典型类型，具有一定的普遍性；桩锚支护次之，占调查总数的13%；排桩＋水平内支撑、土钉支护破坏各占7%。上述分析结果显示，一方面与膨胀土地区基坑支护主要采用的形式有关，另一方面，也是更主要的是与支护结构的设计方法有关。不同支护类型破坏的影响因素主要有基坑的土质特性、涉水因素、设计考虑不足等。而更为本质或深层次的解释是：膨胀土中的裂隙、微裂隙的存在是边坡失稳的主要原因；另外，超固结性引起边坡开挖卸荷膨胀和应变软化，剪应力增大，土体强度降低，最终导致基坑滑移发生。但是，究竟是何种因素所致，仍无明确定论。当下，膨胀土基坑的支护设计是在一般黏性土的基础上，依据勘察报告提供的性能指标和参数结合工程经验进行设计，这也是目前全国范围内的膨胀土基坑失效亟待解决的问题。

第3章　现行支护设计方法及膨胀土基坑适用性研究

3.1　概述

膨胀土基坑失稳的现象错综复杂，有些基坑在开挖过程中失稳，有些基坑在施工后期失稳。失稳主要由三个因素控制：工程地质因素、气候水文因素、设计因素。其中现行设计方法对膨胀土基坑适用性的缺陷是主因，膨胀土基坑支护设计是基于经典郎肯土压力理论，采用饱和条件下强度参数或经验折减后的强度参数进行支护设计的，缺乏理论依据和实践支持，工程实践表明依据经验取值的支护结构设计并没有取得较为理想的支护效果。主要是因为膨胀土抗剪强度遇水后骤降，据文献"成都东郊膨胀土强度与含水量关系的试验研究"和现场调查可知，膨胀土含水量增加进入软塑阶段后，黏聚力下降约 56.3%，摩擦角下降约 61.5%；多次浸水后黏聚力下降达 75%，摩擦角下降约 88%；文献"成都地区某膨胀土深基坑支护事故分析"一文中，根据膨胀土浸水强度变化，采用综合内摩擦角进行核算，发现遇水后基坑侧壁土体综合内摩擦角为原设计的 0.7 倍；而膨胀土的水平膨胀力则直接在设计中被忽略。本章在获悉膨胀土基坑的破坏特征、膨胀土的影响因素基础上，针对悬臂桩、锚拉、土钉等几种支护结构的设计和施工要点进行说明，进一步评述现行膨胀土基坑支护设计方法存在的问题。

3.2　现行基坑支护设计思路和原则

现行膨胀土基坑支护设计方法沿用《建筑边坡工程技术规范》GB 50330—2013、《建筑基坑支护技术规程》JGJ 120—2012、《膨胀土地区建筑技术规范》GB 50112—2013 等规范中的相关规定进行设计，根据地方设计经验及设计条文规定进行适当折减。

3.2.1　基坑支护技术要求

在膨胀土地区进行公路、铁路、输水渠道、机场以及建筑基坑建设时，经常需要对膨胀土基坑进行加固处理，处理后的基坑应满足以下要求：

（1）必须保证基坑处于稳定状态，在工程运行中，不会因为大气环境变化、设防地震烈度、运行荷载和条件以及其他影响因素的作用而产生变形破坏；

（2）在以上各类影响因素的作用下，必须保证基坑的变形满足工程建设的需要，不会因变形而导致结构破坏；

（3）基坑支护后不会对大气、水和土壤产生污染，应尽可能地节约占地，节约资源和利用开挖弃料，以减少工程的环境影响；

（4）基坑支护方案工程投资少、工期短、工艺简单、施工便利等。

3.2.2 基坑支护设计思路

膨胀土基坑失稳主要包括膨胀土作用下基坑失稳和裂隙强度控制下基坑失稳两类。要保证膨胀土基坑的稳定，应针对其失稳的内在机理确定支护方法。

膨胀力作用下基坑失稳的主要原因是膨胀土基坑土体吸水膨胀受到约束，产生顺坡向的剪应力，当剪应力超过抗剪强度后产生塑性变形，并逐渐向上发展直至贯通，最终导致滑坡；因此，要想防止此类基坑失稳应抑制膨胀变形的产生；含水量的控制和压重均可起到抑制膨胀变形的作用，但在工程建设和运行中控制土体含水量的变化是不现实的，因此，压重是最切实可行的支护方法。

裂隙强度控制下基坑失稳的主要原因是基坑土体内存在长大裂隙，裂隙面强度很低，当裂隙呈顺坡方向发育时成为潜在滑动面，在基坑开挖、降雨和地下水位变化、工程荷载作用下，因抗滑能力不足而产生滑坡；防止此类边坡失稳应该是通过锚固支挡，增加抗滑力，从而保证边坡的抗滑稳定性。

3.2.3 膨胀土基坑的支护设计原则

（1）膨胀土基坑支护时，应考虑"膨胀土作用下的基坑失稳"和"裂隙强度控制下的基坑失稳"两类破坏，并分别采取有针对性的支护方法。

（2）对"膨胀力作用下的基坑失稳"的情况，应以基坑土体不产生或少产生膨胀变形为条件进行基坑支护设计；应以压重方法抑制膨胀变形，而压重则是由换填层的自重提供；换填层本身不应产生胀缩变形，其厚度通过有荷膨胀率试验确定；换填层可考虑非膨胀黏性土、水泥改性膨胀土、土工格栅加筋膨胀土、石灰改性膨胀土等方案。

（3）对"裂隙强度控制下的基坑失稳"的情况，采用锚固支护法进行加固支护，如锚杆、抗滑桩等。当基坑仅存在长大贯穿裂缝，下滑力很大时，可考虑采用抗滑桩支护；当基坑裂隙非常发育，单个潜在滑坡的下滑力不大时，可考虑采用锚固法支护；当基坑裂隙非常发育且存在长大贯穿裂隙时，可考虑采用抗滑桩与锚杆相结合的方法支护。

（4）对基坑高度大于15m且裂隙发育的膨胀土边坡，每5m～10m应设置一级马道，重点考虑在基坑下部设置抗滑桩，基坑上部采用全面锚固的支护方案。

（5）膨胀土基坑支护方案确定后，应针对两类破坏进行抗滑稳定性复核，分析中应考虑可能遇到的各类工况，当稳定性不满足要求时，应重新设计直至满足要求为止。

（6）在保证基坑抗滑稳定性要求后，还应采取坡面防护措施，可选用砌石联拱、混凝土框格、菱形结构、水泥砂浆抹面、植草等，具体措施应根据基坑的实际情况确定。

（7）在满足以上要求的前提下，可通过工程投资、施工工期、施工工艺复杂性以及工程的其他限定条件等进行综合比较分析，选定经济合理的支护方案。

3.3 悬臂桩支护结构设计及施工控制要点

3.3.1 基本概念

悬臂桩支护结构通常采用钢筋混凝土排桩、钢板桩、钢筋混凝土板桩形式（常规形式见图 3.1)。悬臂桩支护结构依靠足够的入土深度和结构的抗弯能力来维持整体的稳定和结构的安全。悬臂桩支护结构对开挖深度很敏感，容易产生较大的变形，从而对相邻建（构）筑物产生不良影响。当二、三级基坑开挖深度小于 5m，或深度大于 5m 但坡顶具有可放坡卸荷的空间时、基坑底部土质具有较大的强度时，可采用悬臂桩支护结构。

其设计计算内容包括嵌固深度计算、截面承载力计算和稳定性验算。

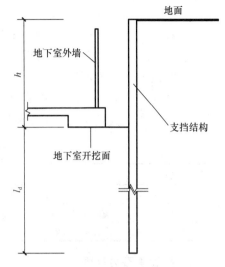

图 3.1　悬臂桩支护结构示意图

3.3.2　计算原理

1. 简化计算原理

悬臂式支护结构的破坏一般是绕桩底端 B 点以上的某点 O 转动，如图 3.2（a）所示。这样在转动点 O 以上的桩身前侧以及 O 点以下的桩身后侧，将产生被动土压力，在相应的另一侧产生主动土压力。由于精确确定土压力的分布规律很困难，一般近似地假定土压力的分布图如图 3.2（b）所示：桩身前侧是被动土压力，其合力为 E_p；在桩身后为主动土压力 E_a。另外在桩下端还作用被动土压力，但位置不确定，假定其作用在桩底端。E_p 和 E_a 相互抵消后的土压力分布如图 3.2（c）所示。

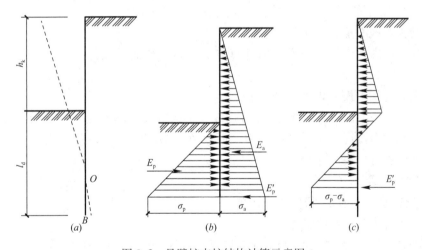

图 3.2　悬臂桩支护结构计算示意图

2. 嵌固深度计算

悬臂桩主要依靠嵌入土内的深度，以平衡上部地面荷载、水压力及主动土压力形成的侧压力，因此插入深度至关重要。其次计算钢板桩、灌注桩所承受的最大弯矩，以便核算钢板桩的截面及灌注桩直径和钢筋。计算时所有力对桩底端 B 点取矩，令 $\sum M_B = 0$，则可求出嵌固深度。

《建筑基坑支护技术规程》JGJ 120—2012 建议悬臂式支护结构嵌固深度设计值宜按下式计算：

$$h_p \sum E_{pj} - 1.2\gamma_0 h_a \sum E_{aj} \geqslant 0 \qquad (3.1)$$

式中　$\sum E_{pj}$——桩墙底以上基坑内侧各土层水平抗力标准值的合力之和；

　　　h_p——合力 $\sum E_{pj}$ 作用点至桩墙底的距离；

　　　$\sum E_{aj}$——桩墙底以上基坑外侧各土层水平荷载标准值的合力之和；

　　　h_p——合力 $\sum E_{aj}$ 作用点至桩墙底的距离；

　　　γ_0——建筑基坑侧壁重要性系数，按表 3.1 选取。

基坑支护结构的安全等级及重要性系数　　　　　　　表 3.1

安全等级	破坏后果	γ_0
一级	支护结构失效、土体过大变形对基坑周边环境或主体结构施工安全的影响很严重	1.10
二级	支护结构失效、土体过大变形对基坑周边环境或主体结构施工安全的影响严重	1.00
三级	支护结构失效、土体过大变形对基坑周边环境或主体结构施工安全的影响不严重	0.90

3. 截面承载力计算

按照前面小节方法可计算出支护结构截面弯矩计算值和截面剪力计算值 M_c、V_c，结构内力的设计值应按下列规定计算：

截面弯矩设计值 $M = 1.25\gamma_0 M_c$，截面剪力设计值 $V = 1.25\gamma_0 V_c$。

按照截面弯矩设计值和剪力设计值进行配筋和承载力验算。

（1）钻孔灌注桩墙体截面承载能力计算

钻孔灌注桩墙体的内力已由前面求得，截面承载力可按现行《混凝土结构设计规范》GB 50010—2010 中的圆截面受弯构件正截面受弯承载力计算。

（2）钢板桩截面承载力计算

钢板桩截面内力应根据前面内力计算方法求得，截面承载力按现行《钢结构设计标准》GB 50017—2017 计算。

（3）钢筋混凝土板桩截面承载力计算

钢筋混凝土桩的内力由前面静力计算求得，同时考虑板桩在起吊和运输过程中产生的内力。截面承载力按现行《混凝土结构设计规范》GB 50010—2010 确定。有时还应对钢筋混凝土板桩进行抗裂计算。

4. 稳定性验算

（1）整体抗滑稳定性验算，可按圆弧滑动法进行验算。

（2）基底抗隆起稳定性验算

当基坑底为软土时，应验算坑底土抗隆起稳定性。支护墙墙端以下土体向上涌起，可按下式计算（图 3.3）：

$$\frac{N_c \tau_0 + \gamma t}{\gamma(h+t) + q} \geqslant 1.6 \qquad (3.2)$$

式中　N_c——承载力系数，条形基础时取 5.14；

　　　τ_0——抗剪强度，由十字板试验或三轴不固结不排水试验确定（kPa）；

　　　γ——土的重度（kN/m³）；

　　　t——支护结构入土深度（m）；

　　　h——基坑开挖深度（m）；

q——地面荷载（kPa）。

（3）基坑底抗渗流稳定性验算

当上部为不透水层，坑底下部某深度处有承压水层时，基坑底抗渗流稳定性验算可按下式验算：

$$\frac{\gamma_m (t + \Delta t)}{P_w} \geqslant 1.1 \tag{3.3}$$

式中　γ_m——透水层以上土的饱和重度（kN/m^3）；

$t + \Delta t$——透水层顶面距基坑底面的深度（m）；

P_w——含水层水压力（kPa）。

当基坑内外存在水头差时，粉土和砂土应进行抗渗稳定性验算，渗透的水力梯度不应超过临界水力梯度。见图 3.4。

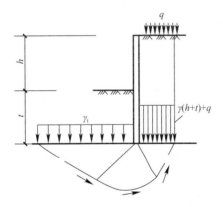

图 3.3　基坑底抗隆起稳定性验算示意图

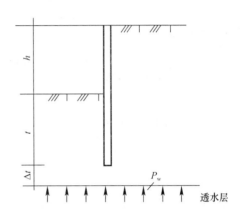

图 3.4　基坑底抗渗流稳定性验算

3.3.3　施工控制要点

施工分为钻孔灌注桩干作业成孔施工和钻孔灌注桩湿作业成孔施工。

（1）钻孔灌注桩干作业成孔施工

钻孔灌注桩干作业成孔的主要方法有螺旋钻孔机成孔、机动洛阳挖孔机成孔及旋挖钻机成孔等方法。

螺旋钻孔机由主机、滑轮、螺旋钻杆、钻头、滑动支架、出土装置等组成。主要利用螺旋钻头切削土壤，被切的土块随钻头旋转，并沿螺旋叶片上升而被推出孔外。该类钻机结构简单，使用可靠，成孔作业效率高、质量好，无振动，无噪声、耗用钢材少，最宜用于匀质黏性土，并能较快穿透砂层。螺旋钻孔机适用于地下水位以上的匀质黏土、砂性土及人工填土。

钻头的类型有多种，黏性土土中成孔常用锥式钻头。耙式钻头用 45 号钢制成。齿尖处镶有硬质合金刀头，最适宜于穿过填土层，能把碎砖破成小块。平底钻头，适用于松散土层。

机动洛阳挖孔机由提升机架、滑轮组、卷扬机及机动洛阳铲组成。提升机动洛阳铲到一定高度后，靠机动洛阳铲的冲击能量来开孔挖土，每次冲铲后，将土从铲具钢套中倒弃。

宜用于地下水位以下的一般黏性土、黄土和人工填土地基。设备简单，操作容易，北方地区应用较多。

旋挖钻机是近年来引进的先进成孔机械，利用功率较大的电机驱动可旋转取土的钻斗，采用将钻头强力旋转压入土中，通过钻斗把旋转切削下来的钻屑提出地面。该方法在土质较好的条件下可实现干作业成孔，不必采用泥浆护壁。

（2）钻孔灌注桩湿作业成孔施工

1）成孔方法

钻孔灌注桩湿作业成孔的主要方法有冲击成孔、潜水电钻机成孔、工程地质回转钻机成孔及旋挖钻机成孔等。

潜水电钻机其特点是将电机、变速机构加以密封，并同底部钻头连接在一起，组成一个专用钻具，可潜入孔内作业，多以正循环方式排泥的潜水电钻。潜水电钻体积小、重量轻、机器结构轻便简单、机动灵活、成孔速度较快，宜用于地下水位高的轻硬地层，如淤泥质土、黏性土以及砂质土等，其常用钻头为笼式钻头。

工程水文地质回转钻机由机械动力传动，配以笼式钻头，可多档调速或液压无级调速，以泵吸或气举的反循环方式进行钻进。有移动装置，性能可靠，噪声和振动小，钻进效率高，钻孔质量好。上海地区近几年已有数千根灌注桩应用它来施工。它适用地松散土层、黏土层、砂砾层、软硬岩层等多种地质条件。

2）钻孔灌注桩湿作业成孔施工工艺要求

① 用作挡墙的灌注桩施工前必须试成孔，数量不得少于 2 个。以便核对地质资料，检验所选的设备、机具、施工工艺以及技术要求是否适宜。如孔径、垂直度、孔壁稳定和沉淤等检测指标不能满足设计要求时，应拟定补救技术措施，或重新选择施工工艺。

② 桩位偏差，轴线和垂直轴线方向均不宜超过 50mm，垂直度偏差不宜大于 0.5%。

③ 成孔须一次完成，中间不要间断。成孔完毕至灌注混凝土的间隔时间不应大于 24h。

④ 为保证孔壁的稳定，应根据地质情况和成孔工艺配制不同的泥浆。成孔到设计深度后，应进行孔深、孔径、垂直度、沉浆浓度、沉渣深度等测试检查，确认符合要求后，方可进行下一道工序施工。根据出渣方式的不同，成孔作业可分成正循环成孔和反循环成孔两种。

⑤ 完成成孔后，在灌注混凝土之前，应进行清孔。通常清孔应分 2 次进行。第 1 次清孔在成孔完毕后，立即进行；第 2 次在下放钢筋笼和灌注混凝土导管安装完毕后进行。

常用的清孔方式有正循环清孔、泵吸反循环清孔和空气升液反循环清孔，通常随成孔时采用的循环方式而定。清孔时先是钻头稍作提升，然后通过不同的循环方式排除孔底沉淤，与此同时，不断注入洁净的泥浆水，用以降低桩孔泥浆水中的泥渣含量。

清孔过程中应测定沉浆指标。清孔后的泥浆密度应小于 $1.15 \times 10^3 kg/m^3$。清孔结束时应测定孔底沉淤，孔底沉淤厚度一般应小于 30cm。

第 2 次清孔结束后孔内应保持水头高度，并应在 30min 内灌注混凝土。若超过 30min，灌注混凝土应重新测定孔底沉淤厚度。

⑥ 孔底沉淤厚度检测合格后，及时放入钢筋笼。当钢筋笼长度较长、一次起吊重量过大，易造成钢筋笼发生变形时，钢筋笼宜分段制作。分段长度应按钢筋笼的整体刚度、

来料钢的长度及起重设备的有效高度等因素确定。钢筋笼在起吊、运输和安装中应采取措施防止变形。

⑦ 钢筋笼放入孔中后，应及时进行水下混凝土灌注。配制水下灌注混凝土必须保证能满足设计强度以及施工工艺要求。灌注混凝土是确保成桩质量的关键工序，灌注前应做好一切准备工作，保证混凝土灌注连续紧凑地进行。

⑧ 排桩宜采取隔桩施工，并应在灌注混凝土 24h 后进行邻桩成孔施工。

⑨ 钻孔灌注桩柱列式排桩采用湿作业成孔法时，要特别注意孔壁护壁问题。由于通常采用跳孔法施工，当桩孔出现坍塌或扩径较大时，会导致两根已经施工的桩之间插入后施工的桩时发生成孔困难，必须把该根桩向排桩轴线外移才能成孔。一般而言，柱列式排桩的净距不宜小于 200mm。

⑩ 非均匀配筋排桩的钢筋笼在绑扎、吊装和埋设时，应保证钢筋笼的安放方向与设计方向一致。

3.4　锚拉支护结构设计及施工控制要点

3.4.1　基本概念

工程上所指的锚杆（索），通常是对受拉杆件所处的锚固系统的总称。它包含锚固体（或称内锚头）、拉杆（索）及锚头（或称外锚头）三个基本部分，如图 3.5 所示。

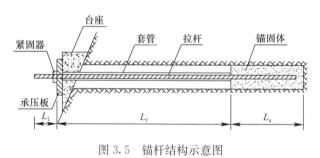

图 3.5　锚杆结构示意图
L_a—锚固段；L_f—自由段

3.4.2　计算原理

1. 加固力计算

加固力的大小应根据加固对象的相应计算方法确定。例如：基坑支护中用锚杆作为桩的支点，则加固力应根据各支点反力的大小确定。本节主要介绍边坡加固中的加固力计算。

需要加固的边坡，通常是稳定性系数不足，有沿着潜在滑裂面破坏的可能。因此，通过施加加固力 T 来提高边坡的稳定性系数，使之到达要求。按照滑裂面的形式，计算方法有以下几种：

（1）平面型单滑面加固力计算

边坡平面型破坏多出现在岩质边坡中，分坡顶（面）有张拉裂缝和无张拉裂缝两种情况。但大多数平面破坏边坡在破坏前坡顶都会出现不同程度的张拉裂缝，如图 3.6（a）所示。导致边坡发生平面破坏的前提是：有一组边坡脚软弱结构面，走向于坡面走向近似，其倾角小于边坡倾角但大于结构弱面摩擦角。

采用平面滑动法时，根据力的平衡，在不考虑水的作用时，边坡稳定性系数：

$$K_s = \frac{抗滑力}{滑动力} = \frac{G\cos\theta\tan\varphi + cL}{G\sin\theta} \tag{3.4}$$

式中　G——单位宽度岩土体的自重（kN/m）；

　　　c——结构面的黏聚力（kPa）；

　　　φ——结构面的内摩擦角（°）；

　　　L——滑动面长度（m）；

　　　θ——结构面的倾角（°）。

若施加一和水平面成夹角 α 的加固力 T，如图 3.6（b）所示，T 和滑动面法向的夹角为（$90° - \alpha - \theta$），此时的稳定性系数：

$$
\begin{aligned}
K_s = \frac{抗滑力}{滑动力} &= \frac{G\cos\theta\tan\varphi + cL + T\cos(90° - \alpha - \theta)\tan\varphi}{G\sin\theta - T\sin(90° - \alpha - \theta)} \\
&= \frac{G\cos\theta\tan\varphi + cL + T\cos(\alpha + \theta)\tan\varphi}{G\sin\theta - T\cos(\alpha + \theta)}
\end{aligned} \tag{3.5}
$$

对于给定的稳定安全系数值 K_s，例如对二级边坡取 $K_s = 1.30$，由上式可求得单位宽度需要施加的加固力：

$$T = \frac{G(K_s\sin\theta - \cos\theta\tan\varphi) - cL}{K_s\cos(\alpha + \theta) + \sin(\alpha + \theta)\tan\varphi} \tag{3.6}$$

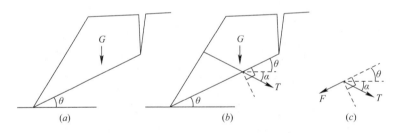

图 3.6　平面型滑面受力分析简图

前述确定锚固力的思路为：在施加加固力 T 后，边坡的稳定性系数达到指定的安全系数。从另外一个角度考虑，首先不考虑加固力 T，在式（3.7）中令抗滑力与滑动力相抵消后的下滑力：

$$F = 滑动力 - 下滑力 = GK_s\sin\theta - G\cos\theta\tan\varphi - cL \tag{3.7}$$

再施加加固力 T 与下滑力 F 平衡，如图 3.6（c）所示，则有 $F = T\cos(\alpha + \theta) + T\sin(\alpha + \theta)\tan\varphi$，由此得：

$$T = \frac{F}{\cos(\alpha + \theta) + \sin(\alpha + \theta)\tan\varphi} \tag{3.8}$$

式中　F——单位宽度滑坡下滑力（kN/m）；

　　　T——单位宽度设计加固力（kN/m）；

　　　φ——滑动面内摩擦角（°）；

θ——锚杆与滑动面相交处滑动面倾角（°）；

α——锚杆与水平面的夹角（°）。

将式（3.7）代入式（3.8）可得式（3.6）。两式一样，只不过在设计时若已知下滑力 F，用式（3.8）比较简捷。

该公式不仅考虑了锚杆沿滑动面产生的抗滑力 $T\cos(\alpha+\theta)$，还考虑了锚杆在滑动面法向的分力产生的摩阻力 $T\sin(\alpha+\theta)\tan\varphi$。对土质边坡、加固厚度（锚杆自由段）较大的岩质边坡或非预应力锚杆，摩阻力不能充分发挥，因此应对式（3.8）作一定的折减，即：

$$T = \frac{F}{\cos(\alpha+\theta) + \lambda\sin(\alpha+\theta)\tan\varphi} \tag{3.9}$$

式中，λ 为折减系数，在 0～1 之间选取。

同样，采用式（3.9）时，作相应折减可得：

$$T = \frac{G(K_s\sin\theta - \cos\theta\tan\varphi) - cL}{K_s\cos(\alpha+\theta) + \lambda\sin(\alpha+\theta)\tan\varphi} \tag{3.10}$$

（2）折线型滑面加固力计算

折线型滑面的加固力计算按传递系数法计算出单位宽度的滑坡推力 F 后，按式（3.8）确定加固力。

（3）圆弧型滑面加固力计算

圆弧型破坏模式常发生在土质或破碎岩体边坡中。如图 3.7 所示圆弧型边坡按瑞典条分法可得边坡稳定性系数：

$$K_s = \frac{\sum(G_i\cos\theta\tan\varphi_i + c_il_i)}{\sum G_i\sin\theta} \tag{3.11}$$

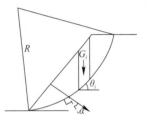

图 3.7　圆弧型破坏边坡锚固受力分析图

式中　K_s——边坡稳定性系数；

c_i——第 i 计算条块滑动面上岩土体的粘结强度标准值（kPa）；

φ_i——第 i 计算条块滑动面上岩土体的内摩擦角标准值（°）；

l_i——第 i 计算条块滑动面长度（m）；

θ_i——第 i 计算条块底面倾角（°）；

G_i——第 i 计算条块单位宽度岩土体自重（kN/m）。

当施加一锚固力 T 后，边坡的稳定性系数为：

$$K_s = \frac{\sum(G_i\cos\theta\tan\varphi_i + c_il_i) + T\cos\alpha\tan\varphi}{\sum G_i\sin\theta - T\sin\alpha} \tag{3.12}$$

对于指定的稳定安全系数值 K_s，由式（3.12）可求得需要施加的锚固力：

$$T = \frac{K_s\sum G_i\sin\theta - \sum(G_i\cos\theta\tan\varphi_i + c_il_i)}{K_s\sin\alpha + \lambda\cos\alpha\tan\varphi} \tag{3.13}$$

若已知下滑力 F，也可按式（3.9）确定。

在上述的各计算方法中，稳定安全系数 K_s 的取值须满足表 3.2 的要求。

边坡稳定安全系数　　　　　　　　　　　　　　　　　　表 3.2

	一级边坡	二级边坡	三级边坡
平面滑动法 折线滑动法	1.35	1.30	1.25
圆弧滑动法	1.30	1.25	1.20

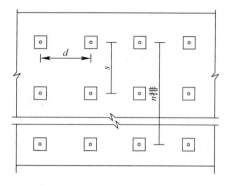

图 3.8　单根锚杆加固力计算

将按表（3.2）选取的稳定安全系数 K_s 代入式（3.15）、式（3.17）、式（3.22）或者式（3.18），算出单位宽度所需施加的加固力 T。设锚杆的水平间距为 d，垂直间距为 s，布设 n 排锚杆（图 3.8），则每根锚杆的拉力设计值 $N_t = Td/n$。

2. 拉杆设计

（1）锚固拉杆的材料选取

锚杆应采用高强度的材料，如钢绞线、高强度钢丝或高强度螺纹钢筋等。具体选择时应根据工程要求，考虑锚杆所处地层、锚杆承载力大小、锚杆长度、拉杆的强度、延展性、松弛性、抗腐蚀性能、施工工艺、造价等因素。拉杆材料选择时可参考表 3.3。

拉杆材料表　　　　　　　　　　　　　　　　表 3.3

类型	材料	锚杆承载力设计值（kN）	锚杆长度（m）	应力状况	备注
土层锚杆	钢筋（Ⅱ级、Ⅲ级）	＜450	＜16	非预应力	锚杆超长时，施工安装难度较大
	钢绞线高强钢丝	450～800	＞10	预应力	锚杆超长时施工方便
	精轧螺纹钢筋	400～800	＞10	预应力	杆体防腐蚀性好，施工安装方便
岩石锚杆	钢筋（Ⅱ级、Ⅲ级）	＜450	＜16	非预应力	锚杆超长时，施工安装难度较大
	钢绞线高强钢丝	500～3000	＞10	预应力	锚杆超长时施工方便
	精轧螺纹钢筋	400～1100	＞10	预应力或非预应力	杆体防腐蚀性好，施工安装方便

非预应力全粘结型锚杆，当锚杆承载力设计值较低（＜450kN）、长度不大（＜16m）时，拉杆通常采用Ⅱ级或Ⅲ级钢筋。其构造简单，施工方便，造价低。

在大预应力、长锚杆或有徐变的地层，宜采用钢绞线或高强钢丝。一是因为其抗拉强度远高于Ⅱ级、Ⅲ级钢筋；二是其产生的弹性伸长总量远高于Ⅱ级、Ⅲ级钢筋，由锚头松动、钢筋松弛等原因引起的预应力损失值较小。

高强精轧螺纹钢则适用于中级承载能力的预应力锚杆，有钢绞线和普通粗钢筋类似的优点，其防腐蚀性好，处于水下、腐蚀性较强地层中的预应力锚杆宜优先采用。

（2）锚固拉杆的截面积

锚杆拉杆的截面积应按照下式计算：

$$A \geqslant \frac{KN_t}{f_{ptk}} \tag{3.14}$$

式中　A——锚杆拉杆截面面积（m^2）；

　　　N_t——锚杆轴向拉力设计值（kN）；

K——锚杆安全系数，按表 3.4 选取；

f_{ptk}——锚筋或预应力钢绞线抗拉强度标准值（kPa），按表 3.5、表 3.6 选用。

在实际工程设计时，对腐蚀性地层的永久性锚杆，其锚杆钢筋直径应增大 2mm～3mm，以增大锚杆的耐腐蚀性。

锚杆安全系数 表 3.4

锚杆破坏后危险程度	安全系数 K	
	临时锚杆	永久锚杆
危害轻微，不会构成公共安全问题	1.4	1.8
危害较大，但公共安全无问题	1.6	2.0
危害大，会出现公共安全问题	1.8	2.2

注：表中 K 取《锚杆喷射混凝土支护技术规范》GB 50086—2001 中岩石预应力锚杆锚固体设计的安全系数。

钢绞线强度标准值（N/mm²） 表 3.5

种类		符号	d(mm)	f_{ptk}
钢绞线	三股	ϕ^s	8.6、10.8	1860、1720、1570
			12.9	1720、1570
	七股		9.5、11.1、12.7	1860
			15.2	1860、1720

注：钢绞线直径 d 系指钢绞线外接圆直径，即现行国家标准《预应力混凝土用钢绞线》GB/T 5224 中的公称直径 D_g。

精轧螺纹钢筋的物理力学性能 表 3.6

级别	牌号	公称直径（mm）	屈服强度 σ_s(MPa)	抗拉强度 σ_b(MPa)	伸长率 δ_s(%)	冷弯
540/835	40Si₂MnV 45SiMnV	18	≥540	≥835	≥10	$d=5\alpha 90°$
		25				$d=6\alpha 90°$
		32				
		36			≥8	$d=7\alpha 90°$
		40				
735 935 (980)	K40Si₂MnV	18	≥735 (≥800)	≥935 (≥980)	≥8	$d=5\alpha 90°$
		25				$d=6\alpha 90°$
		32	≥735 (≥800)	≥935 (≥980)	≥7	$d=7\alpha 90°$

注：精轧螺纹钢抗拉强度设计值采用表中屈服强度。

3. 锚固体长度设计

根据锚固的地层性质以及锚杆承载力的大小，锚固体可设计成不同的类型：圆柱型、端部扩大型和连续球型。

（1）圆柱型锚杆锚固体长度计算

在外荷载 T 的作用下，锚杆的受力如图 3.9 所示，f_{rb} 为锚固体与地层的粘结力，f_b 为锚固体砂浆与拉杆的粘结力。要保证锚杆不被破坏拔出，应保证：砂浆和拉杆之间有足够的粘结力；把拉杆和锚固体看为一个整体时，地层和锚固体之间必须有足够的粘

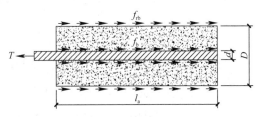

图 3.9 圆柱型锚杆受力示意图

结力。由此两个条件来确定锚固体的长度。

1）锚固体与地层的锚固长度计算

根据锚固体与地层的粘结强度可得锚杆的极限抗拔力为：$P = \pi \cdot D \cdot q_s \cdot l_a$。

考虑到安全性，令锚杆设计锚固力 $N_t = P/K$，代入上式可得锚固体与地层的锚固长度：

$$l_a \geqslant \frac{KN_t}{\pi D q_s} \tag{3.15}$$

式中 K——锚杆安全系数，按表3.4选取；

N_t——锚杆设计锚固力（kN）；

l_a——锚固段长度（m）；

D——锚固体直径（m）；

q_s——锚固体与周围岩土体间的粘结强度（kPa），应通过试验确定。

2）锚杆钢筋与锚固砂浆间的锚固长度计算

锚杆钢筋与锚固砂浆间的锚固长度应满足下式要求：

$$l_a \geqslant \frac{KN_t}{\pi d \tau_s} \tag{3.16}$$

式中 K——锚杆安全系数，按表3.4选取；

N_t——锚杆设计锚固力（kN）；

l_a——锚固段长度（m）；

d——拉杆直径（m），对钢绞线或钢线应采用表观直径；

τ_s——钢筋与锚固砂浆间的粘结强度（kPa），一般由试验确定，当无试验时可取砂浆标准抗压强度的10%。

锚杆杆体与锚固体材料之间的粘结力一般高于锚固体与土层间的粘结力，所以土层锚杆锚固段长度计算结果一般均为式（3.15）控制；极软岩和软质岩中的锚固破坏一般发生于锚固体与岩层间，硬质岩中的锚固端破坏可发生在锚杆杆体与锚固材料之间。因此岩石锚杆锚固段长度应分别按式（3.15）和式（3.16）计算，取其中大值。

（2）端部扩大型锚杆锚固力与锚固体长度计算端部扩大型锚杆受力如图3.10所示。

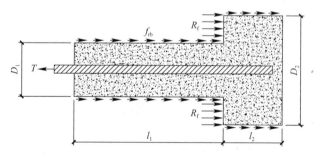

图3.10 端部扩大型锚杆受力示意图

与圆柱型锚杆相比，端部扩大型锚杆的极限承载力多了锚固体扩大部分的面承载力 R_f 一项，该面的面积为 $\frac{\pi(D_2^2 - D_1^2)}{4}$。$R_f$ 的计算分为在砂土中和黏性土中两种情况：

1）砂土中端部扩大型锚杆的锚固长度

R_f 的计算可参考国外锚定板抗拔力计算成果：$R_f = \gamma h \beta_c$。γ 为土体重度；h 为扩大头上覆土层厚度；β_c 为锚固力因素，由图 3.11 查得。

端部扩大型锚杆的极限承载力为：

$$P = \gamma h \beta_c \frac{\pi(D_2^2 - D_1^2)}{4} + \pi D_2 l_2 q_s + \pi D_1 l_1 q_s \tag{3.17}$$

锚固体长度为 $l_a = l_1 + l_2$。实际工程中，扩孔段长度 l_2 一般较小，所以忽略锚孔直径变化带来的摩阻力差异，则上式中端部扩大型锚杆的极限承载力 P 变为：

$$P = \gamma h \beta_c \frac{\pi(D_2^2 - D_1^2)}{4} + \pi D_1 l_a q_s \tag{3.18}$$

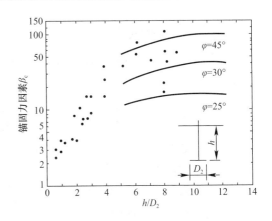

图 3.11 砂土中锚杆锚固力因素

令 $N_t = P/K$，代入上式可得锚固长度：

$$l_a \geq \frac{1}{\pi D_1 q_s}\left[KN_t - \gamma h \beta_c \frac{\pi(D_2^2 - D_1^2)}{4}\right] \tag{3.19}$$

2）黏性土中端部扩大型锚杆的锚固长度

黏性土中端部扩大型锚杆的锚固长度计算类似于在砂土中的计算：

$$l_a \geq \frac{1}{\pi D_1 q_s}\left[KN_t - \beta_c \tau \frac{\pi(D_2^2 - D_1^2)}{4}\right] \tag{3.20}$$

式中 τ——土体不排水抗剪强度；

        β_c——扩大头承载力系数，取 0.9；

D_1、D_2——锚固体直径、扩大头直径。

4. 锚杆布设

岩土锚杆的布设一般应满足以下要求：

（1）锚杆的上覆地层厚不应小于 4m，以避免上部地表动、静荷载对锚杆的影响，同时也是为了防止高压注浆使上覆土隆起。

（2）锚杆间距应根据单根锚杆的承载力确定，锚杆一般不宜大于 4m，但也不得小于 1.5m，以免群锚效应而降低锚固力；预应力锚索一般 4m～10m。

（3）锚杆的安设角度，对于自由注浆倾角一般应大于 11°，否则应须增设止浆环进行压力注浆；也不应大于 45°，倾角愈大，锚杆提供的锚固力沿滑面的分力愈小，抵抗滑体滑动的能力就相应地减弱。所以锚杆安设角度以 15°～30°为宜，同时应考虑经济性。

（4）锚杆锚固体应固定于较完整和较硬的地层中，锚固段长度除按前述公式计算确定外，还应满足：土层锚杆的锚固段长度不应小于 4m，且不宜大于 10m；岩石锚杆的锚固段长度不应小于 3m，且不宜大于 45D 和 6.5m，或 55D 和 8m（对预应力锚索）；研究表明，采用过长的锚固长度，并不能有效提高锚固力，因此，当计算锚固长度超过上述数值时，应采取改善锚固段岩体质量、改变锚头构造或扩大锚固段直径等技术措施来提高锚固力。

（5）锚杆自由段长度按外锚头到潜在破裂面的长度计算，为了有利于被锚固地层的稳定性和锚固可靠性，自由段一般应超过潜在滑裂面 1m，同时要求锚杆自由段长度不宜小于 5m。

3.4.3 施工控制要点

锚固工程施工主要内容有：施工准备、造孔、锚杆的制作和安放、注浆、锚杆张拉和锁定以及竣工验收等。

1. 钻孔

锚杆孔一般可分两类：一类是荷载较小的短锚杆的钻孔（孔径小于 45mm，长度小于 4m）；另一类是传递较大拉力的长锚杆钻孔（直径在 60mm～168mm，长度在 5m～50m）。

井巷中钻凿小直径浅孔，使用普通手动冲击式钻机即可。钻机可以是气动或电动的，并且在干钻凿过程中能够清除钻孔中的粉尘垃圾。

对于大直径长锚杆的钻孔，可以用回转钻、冲击钻或冲击-回转钻钻进。可用的钻机有专门为岩土锚固孔施工而设计的锚孔钻机，也可借用工程地质和地质勘探中常用的轻型钻机。钻机的选用应根据所钻凿的地层性质、钻孔直径和深度、冲洗钻孔方式和钻机安放空间条件等因素来确定。

锚固孔钻探设备的配置随钻进方法不同虽有差异，但大部分设备基本上是相同的。

2. 锚杆杆体的组装与安放

（1）锚杆（索）的制作

高强精轧螺纹钢具有较高的抗拉强度，设计锚固力在 600kN 以下的锚杆中经常使用。

采用Ⅱ级、Ⅲ级钢筋作锚杆杆体时，杆体的组装应满足以下要求：①组装前钢筋应平直、除油和除锈；②Ⅱ级、Ⅲ级钢筋的接头应采用焊接的搭接接头，焊接长度为钢筋直径的 30 倍，但不少于 50mm，并排钢筋的连接也应采用焊接；③沿杆体轴线方向每隔 1m～2m 应设置一个对中支架，排气管应与锚杆杆体绑扎牢固；④杆体自由段应用塑料布或塑料管包裹，与锚固体连接处用铅丝绑牢；⑤杆体应按防腐要求进行防腐处理；⑥组装扩大头型锚杆体时，处于扩大头处的杆体应局部加强。

（2）钢丝及钢绞线杆体的制作

应满足以下要求：①钢丝必须经过严格质量检验、校直、除油和除锈。如果钢丝盘直径较大，散盘后又没有留有残余变形，一般可不进行校直。因为钢丝经过一次校直，其抗拉强度要损失 2%～5%；②锚束中各钢丝必须平顺，不能相互交叠，防止出张拉时受力不均匀，应力过分集中而将钢丝拉断；③锚束沿轴线方向每隔 1.0m～1.5m 设置一隔离架，并使钢丝间有一定间隙，以保证注浆时，浆液能将锚束内空隙充填密实，钢丝得到充分握裹和保护，锚束杆体的保护层不小于 20mm；④锚束（包括排气管）必须捆扎牢固，且捆扎材料不宜用镀锌材料，防止在运输、吊装和安放过程中散束；⑤锚束应按防腐设计要求进行防腐处理，杆体自由段应用塑料管包裹，与锚固段相交处的塑料管口应密封并用铅丝绑紧；⑥采用二次高压注浆形成连续球体型锚杆，在编排钢绞线和高强钢丝时，应同时安放注浆套管和止浆密封装置。止浆密封装置应设置在自由段与锚固段的分界处，并具有良好的密封性能。宜用密封袋作止浆密封装置，密封袋两端应牢固绑扎在杆体上。被密封袋包裹的注浆管上至少应有一个进浆阀。

（3）锚杆（索）的安放

锚杆杆体的安放应满足以下要求：①杆体放入钻孔之前，应检查杆体的质量，确保杆体组装满足设计要求；②安放杆体时，应防止杆体扭压、弯曲，注浆管宜随锚杆一同放入钻孔，注浆管头部距孔底宜为 50mm～100mm，杆体放入角度应与钻孔角度保持一致。在安放锚束式杆体时尤其要小心。对大、巨型锚固工程的锚拉体一般采用偏心夹管器、推送器与人工相结合的方式，平顺缓缓推送。推送时，严禁上下左右抖动、来回扭转和串动，防止中途散束和卡阻，造成安装失败；③杆体插入孔内深度不应小于锚杆长度的 95％，杆体安放后不得随意敲击，不得悬挂重物。

（4）注浆

灌浆材料性能应符合下列要求：①水泥宜采用普通硅酸盐水泥，必要时可采用抗硫酸盐水泥，其强度不应低于 42.5MPa；②砂的含泥量按重量计不得大于 1％；③水中不应含有影响水泥正常凝结和硬化的有害物质，不得使用污水；④外加剂的品种和掺量应由试验确定；⑤浆体配置的灰砂比宜为 0.8～1.5，水灰比宜为 0.38～0.5；⑥浆体材料 28d 的无侧限抗压强度，用于全粘结型锚杆时不应低于 25MPa，用于锚索时不应低于 30MPa。

（5）张拉与锁定

张拉和锁定应满足下列要求：①锚杆张拉宜在锚固体强度大于 20MPa，并达到设计强度的 80％后进行；②锚杆张拉顺序应避免相近锚杆相互影响；③锚杆张拉控制应力不宜超过 0.65 倍钢筋或钢绞线的强度标准值；④宜进行超过张拉设计预应力值 1.05 倍～1.10 倍的超张拉，预应力保留值应满足设计要求。

3.5　土钉支护结构设计及施工控制要点

3.5.1　基本概念

土钉墙是在土质或破碎软弱岩质边坡中设置钢筋土钉，靠土钉拉力维持边坡稳定的挡土结构。土钉墙是从隧道新奥法基础上发展起来的一门边坡支挡技术，通过钢筋等高强度长条材料对原位岩土体加固，从而提高原位岩土体的"似黏聚力"及其强度，使被加固土体形成了性质与原来大为不同的复合材料"似重力式挡土墙"（图 3.12）用以提高整个边坡的稳定性。

3.5.2　计算原理

1. 潜在破裂面的确定

土钉墙内部加筋体分为锚固区和非锚固区，其分界面为潜在破裂面。根据大量试验和工程实践，土钉内部潜在破裂面简化形式如图 3.13 所示，采用以下简化计算方法确定潜在破裂面。

$$h_i \leqslant \frac{1}{2} H \text{ 时，} \quad l = (0.3 \sim 0.5) H; \quad h_i > \frac{1}{2} H \text{ 时，} \quad l = (0.6 \sim 0.7)(H - h_i)$$

$$(3.21)$$

式中　l——潜在破裂面距墙面的距离（m）；

H——土钉墙墙高（m）；

h_i——墙顶距第 i 层土钉的高度（m）。

当坡体渗水较严重或岩体风化破碎严重、节理发育时，l 取大值。

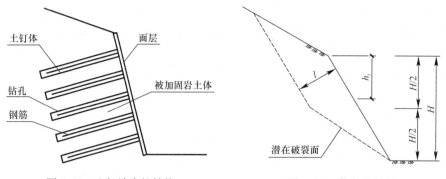

图 3.12　土钉墙支护结构　　　　图 3.13　潜在破裂面

土钉长度包括非锚固长度和有效锚固长度，非锚固长度应根据墙面与土钉潜在破裂面的实际距离确定。有效锚固长度由土钉内部稳定验算确定。

2. 土压力的确定

作用于土钉墙墙面板上土压应力呈梯形分布（图 3.14）：

$$h_i \leqslant \frac{1}{3}H \text{ 时}, \quad \sigma_i = 2\lambda_a \gamma h_i \cos(\delta - \alpha);$$

$$h_i > \frac{1}{3}H \text{ 时}, \quad \sigma_i = \frac{2}{3}\lambda_a \gamma H \cos(\delta - \alpha) \qquad (3.22)$$

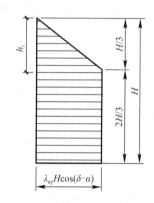

图 3.14　土压力分布图

式中　σ_i——水平土压应力（kPa）；

γ——边坡岩土体重度（kN/m^3）；

λ_a——库仑主动土压力系数；

α——墙背与竖直面间的夹角（°）；

δ——墙背摩擦角（°）。

3. 土钉的拉力计算

计算公式如下：

$$E_i = \sigma_i S_x S_y / \cos\beta \qquad (3.23)$$

式中　E_i——距墙顶高度第 i 层土钉的计算拉力（kN）；

S_x、S_y——土钉之间水平和垂直间距（m）；

β——土钉与水平面的夹角（°）。

4. 土钉墙内部稳定检算

（1）土钉抗拉断验算

土钉钉材抗拉力按下式计算：

$$T_i = \frac{1}{4}\pi d_b^2 f_y \qquad (3.24)$$

式中　T_i——钉材抗拔力（kN）；

d_b——钉材直径（m）；

f_y——钉材抗拉强度设计值（kPa）。

土钉抗拉验算按下式计算：

$$T_i/E_i \geqslant K_1 \tag{3.25}$$

式中，K_1 为土钉抗拉断安全系数，取 1.5～1.8，永久工程取大值。

（2）土钉抗拔稳定验算

根据土钉与孔壁界面岩土抗剪强度 τ 确定有效锚固力 F_{i1}，按下式计算：

$$F_{i1} = \pi \cdot d_h \cdot l_{ei} \cdot \tau \tag{3.26}$$

式中　d_h——钻孔直径（m）；

l_{ei}——第 i 根土钉有效锚固长度（m）；

τ——锚孔壁对砂浆的极限剪应力（kPa），可查表选用。

根据钉材与砂浆界面的粘结强度 τ_g 确定有效锚固力 F_{i2}，按下式计算：

$$F_{i2} = \pi \cdot d_b \cdot l_{ei} \cdot \tau_g \tag{3.27}$$

式中　τ_g——钉材与砂浆间的粘结力（kPa），按砂浆标准抗压强度 f_{ck} 的 10% 取值；

d_b——钉材直径（m）。

土钉抗拔力 F_i 取 F_{i1} 和 F_{i2} 中的小值。

（3）土钉抗拔稳定验算按下式计算：

$$F_i/E_i \geqslant K_2 \tag{3.28}$$

式中，K_2 为抗拔安全系数，取 1.5～1.8，永久工程取大值。

5. 土钉墙整体稳定性计算

（1）内部整体稳定验算

验算时应考虑施工过程中每一层开挖完毕未设置土钉时施工阶段及施工完毕使用阶段两种情况，根据潜在破裂面（对土质边坡按最危险滑弧面）进行分条分块，计算稳定系数：

$$K = \frac{\sum c_i L_i S_x + \sum W_i \cdot \cos\alpha_i \cdot \tan\varphi_i \cdot S_x + \sum P_i \cdot \cos\beta_i + \sum P_i \cdot \sin\beta_i \cdot \tan\varphi_i}{\sum W_i \cdot \sin\alpha_i \cdot S_x} \tag{3.29}$$

式中　c_i——岩土的黏聚力（kPa）；

φ_i——岩土的内摩擦角（°）；

L_i——分条（块）的潜在破裂面长度（m）；

W_i——分条（块）重量（kN/m）；

α_i——破裂面和水平面夹角（°）；

β_i——土钉轴线和破裂面的夹角（°）；

P_i——土钉的抗拔能力取 F_i 和 T_i 中的小值（kN）；

n——实设土钉排数；

S_x——土钉水平间距（m）；

K——施工阶段及使用阶段整体稳定系数，施工阶段 $K \geqslant 1.3$，使用阶段 $K \geqslant 1.5$。

（2）土钉墙外部稳定性验算

将土钉及其加固体视为重力式挡土墙，按重力式挡土墙的稳定性验算方法，进行抗倾覆稳定、抗滑稳定及基底承载力验算。

（3）圆弧稳定性验算

对于土质边坡、碎石土状软岩边坡，还应进行圆弧稳定性验算。最危险滑弧面应通过土钉墙墙底，除下部少数土钉穿过圆弧外，大多数土钉均在圆弧以内，最危险滑弧面确定后，可用简单条分法进行稳定性计算。计算时应计入穿过最危险滑弧面一定长度的土钉作用力，其稳定系数一般按 1.2～1.3 选取。达不到要求时，宜加长土钉或适当设置锚索，以满足外部整体稳定要求。

3.5.3　施工控制要点

（1）土钉墙施工流程

土钉墙的施工流程一般为：开挖工作面→修整坡面→喷射第一层混凝土→土钉定位→钻孔→清孔→制作、安装土钉→浆液制备、注浆→加工钢筋、绑扎钢筋网→安装泄水管→喷射第二层混凝土→养护→开挖下一层工作面，重复以上工作直到完成。

打入钢管注浆型土钉没有钻孔清孔过程，直接用机械或人工打入。

复合土钉墙的施工流程一般为：止水帷幕或微型桩施工→开挖工作面→土钉及锚杆施工→安装钢筋网及绑扎腰梁钢筋笼→喷射面层及腰梁→面层及腰梁养护→锚杆张拉→开挖下一层工作面，重复以上工作直到完成。

（2）土钉成孔

应根据地质条件、周边环境、设计参数、工期要求、工程造价等综合选用适合的成孔机械设备及方法。钻孔注浆土钉成孔方式可分为人工洛阳铲掏孔及机械成孔，机械成孔有回转钻进、螺旋钻进、冲击钻进等方式，打入式土钉可分为人工打入及机械打入。

成孔方式分干法及湿法两类，需靠水力成孔或泥浆护壁的成孔方式为湿法，不需要时则为干法。孔壁"抹光"会降低浆土的粘结作用，经验表明，泥浆护壁土钉达到一定长度后，在各种土层中能提供的抗拔承载力最大约 200kN。故湿法成孔或地下水丰富采用回转或冲击回转方式成孔时，不宜采用膨润土或其他悬浮泥浆做钻进护壁，宜采用套管跟进方式成孔。成孔时应做好成孔记录，当根据孔内出土性状判断土质与原勘察报告不符合时，应及时通知相关单位处理。因遇障碍物需调整孔位时，宜将废孔注浆处理。

湿法成孔或干法在水下成孔后孔壁上会附有泥浆、泥渣等，干法成孔后孔内会残留碎屑、土渣等，这些残留物会降低土钉的抗拔力，需分别采用水洗及气洗方式清除。水洗时仍需使用原成孔机械冲清水洗孔，但清水洗孔不能将孔壁泥皮洗净，如果洗孔时间长容易塌孔，且水洗会降低土层的力学性能及与土钉的粘结强度，应尽量少用；气洗孔也称扫孔，使用压缩空气，压力一般为 0.2MPa～0.6MPa，压力不宜太大以防塌孔。水洗及气洗时需将水管或风管通至孔底后开始清孔，边清边拔管。

（3）浆液制备及注浆

拌和水中不应含有影响水泥正常凝结和硬化的物质，不得使用污水。开始注浆前或中途停止超过 30min 时，应用水或稀水泥浆润滑注浆泵及其管路。钻孔注浆土钉通常采用简便的重力式注浆。为提高注浆效果，可采用稍为复杂一点的压力注浆法，用密封袋、橡胶圈、布袋、混凝土、水泥砂浆、黏土等材料堵住孔口，将注浆管插入至孔底 0.2m～0.5m 处注浆，边注浆边向孔口方向拔管，直至注满。因为孔口被封闭，注浆时有一定的注浆压力，约为 0.4MPa～0.6MPa。

（4）面层施工顺序

基坑工程中基本上都采用喷射混凝土面层，坡面较缓、工程量不大等情况下有时也采用现浇方法或水泥砂浆抹面。一般要求喷射混凝土分两次完成，土质较好或喷射厚度较薄时，也可先铺设钢筋网，之后一次喷射而成。如果设置两层钢筋网，则要求分三次喷射。

（5）安装钢筋网

钢筋网一般现场绑扎接长，应当搭接一定长度，通常为 150mm～300mm。也可焊接，搭接长度应不小于 10 倍钢筋直径。钢筋网在坡顶向外延伸一段距离，用通长钢筋压顶固定，喷射混凝土后形成护顶。钢筋网与受喷面的距离不应小于两倍最大骨料粒径，一般为 20mm～40mm。

（6）安装连接件

连接件施工顺序一般为：土钉置放、注浆→敷设钢筋网片→安装加强钢筋→安装钉头筋→喷射混凝土。

3.6　其他常用支护结构设计及施工控制要点

其他常用支护结构亦有放坡支护、支撑桩墙支护结构体系。其中，膨胀土地区，如果基坑深度不深、周边工程环境对基坑开挖要求不高或有可靠措施的情况下可以采用放坡开挖；当基坑开挖深度较深，悬臂式支护结构无法满足强度与变形要求时，可采用内支撑式支护结构体系。

3.6.1　放坡基坑开挖

放坡开挖基坑的施工，通常需要选择开挖土坡的坡度，验算基坑开挖各阶段的土坡稳定性，确定相应的坡面防护结构。边坡的稳定性分析一般采用极限平衡法来计算边坡的抗滑安全系数，同时，在放坡开挖设计时，应调整至合适的坡度，采用合适的边坡放坡形式（见图 3.15），使计算的边坡稳定性安全系数满足工程要求。

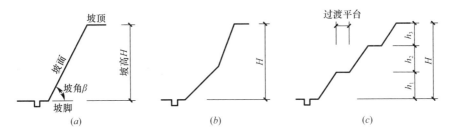

图 3.15　常用的边坡形式

（a）单坡式；（b）折线式；（c）台阶式

在开挖后，要维持已开挖基坑的稳定，必须使边坡潜在滑动面上的抗滑力始终保持大于该滑面上的滑动力。在设计施工中除了良好的降水、排水措施，有效控制边坡滑动力的外部荷载外，尚应考虑到在施工期间，边坡受到气候季节变化和降雨、渗水、冲刷等作用，使边坡土质变松，土内含水量增加，土的自重加大，导致边坡土体抗剪强度的降低而又增加了土体内的剪应力，造成边坡局部滑塌或产生不利于边坡稳定的影响。因此，在边坡设计施工中，还必须采用适当的构造措施，对边坡坡面加以防护。根据工程特性、基坑所需要的施工工期、边坡条件及施工环境等要求，常用的坡面防护办法（图 3.16）有：

（*a*）塑料薄膜覆盖；（*b*）水泥砂浆抹面；（*c*）、（*d*）砂（土）包叠置；（*e*）、（*f*）挂网（钢丝网或铁丝网）抹面或喷浆等。

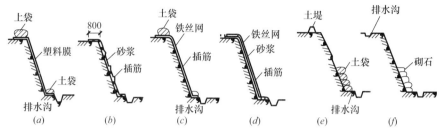

图 3.16　坡面防护构造

3.6.2　内支撑式支护结构体系

1. 单支撑桩墙结构体系

（1）支护体系组成

内撑式支护体系一般包括两部分，竖向围护结构体系和内支撑体系（图 3.17），有时还包括止水帷幕。

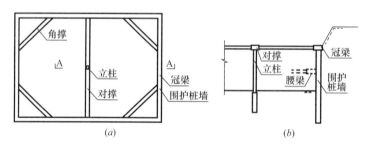

图 3.17　内撑式支护体系的组成

（*a*）平面；（*b*）剖面 A-A

1）围护桩墙：围护构件常见的是各种类型的桩、板桩或墙，均可视为下部插入土中、承受水平荷载的竖向梁，断面可以是圆形、方形、矩形、条形等。

2）冠梁：设置在支护结构顶部，一般为钢筋混凝土结构，也称锁口梁，压顶梁。

3）腰梁：钢筋混凝土梁或钢梁，设置在支护结构顶部以下，也称围图、围檩。

4）对撑：系平行边间传递水平力的构件，尚应承受自重荷载以及其他各种可能出现的荷载，如施工机械的重压、碰撞、温度应力等。

5）角撑：转角邻边间传递水平力的构件，同时承受自重荷载，也称斜撑。

6）水平支撑的立柱：在支撑较长时采用，主要作用是减少支撑构件作为承受竖向荷载的梁的计算跨度，也在某种程度上起着减少构件受压时的计算长度的作用。

7）止水帷幕：用于阻截或减少基坑侧壁及基坑底地下水流入基坑而采用的连续止水体。在不允许降水或降水费用高昂的条件下，当坑侧存在透水土层、地下水补给较充分或坑底下不深处埋藏水头较大的承压水层时设置。止水帷幕可与围护构件合一，也可分开设置。在材料选择、工艺措施与工序安排上应充分慎重，务求止水帷幕与围护构件间密切啮合，不留明显的渗水通道。

支护体系中力的传递如图 3.18 所示。桩墙直接承受土压力，然后传递给围檩，围檩作为梁式受力构件将力传递给其支点。

图 3.18　支护体系应力传递

（2）单支撑（锚拉）支护结构的嵌固类型

当桩墙的入土深度较浅，整个桩墙发生向坑内的位移，在墙后产生主动土压力，墙前由于桩墙向前挤压产生被动土压力，如图 3.19 所示。此时，桩下端有少量位移，因此将下端看作自由支承端。

当支护桩墙入土深度增加，其下端发生向坑外的位移，因此，墙前墙后都出现被动土压力，如图 3.20 所示，形成了嵌固弯矩 M_2，支护桩墙在土中处于嵌固状态，相当于上端简支下端弹性嵌固的超静定梁。对于这样一个超静定梁，其最大弯矩已大大减小，而且出现正负两个方向的弯矩。在桩墙的下部有一挠曲反弯点 C，在 C 点以上，桩墙有正弯矩，在 C 点以下，桩墙有负弯矩。

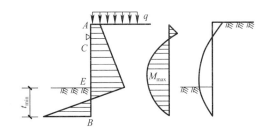

图 3.19　下端自由支承　　　　图 3.20　下端固定支承

以上两种状态中，第二种是目前常采用的工作状态，一般使正弯矩为负弯矩的 110%～115% 作为设计依据，也有采用正负弯矩相等作为依据的。由该状态得出的桩虽然较长，但因弯矩较小，可以选择较小的断面，同时入土较深，坑底部分的位移较小，比较安全可靠；若按第一种情况设计，可得较小的入土深度和较大的弯矩，桩底可能有少许位移。

（3）单支撑（锚拉）支护结构的内力计算

单支撑（锚拉）支护结构内力计算的计算方法主要有以下几类：古典钢板桩计算理论、弹性支点法、共同变形理论。

本节介绍《建筑基坑支护技术规程》JGJ 120—2012 的弹性支点法，其他方法可参考相应规范。

基坑工程弹性地基梁法将土压力和水压力作为已知，坑内开挖面以下的土体视为弹性地基（文克尔地基），取单位宽度的墙或者单根桩作为竖直放置在弹性地基上的梁，支撑简化为与截面积、弹性模量、计算长度等有关的二力杆弹簧。即现行《建筑地基基础设计规范》GB 50007—2011 推荐的"弹性地基反力法"、《建筑基坑支护技术规程》JGJ 120—2012 推荐的和工程界通用的"弹性支点法"。

桩墙在受到荷载后产生水平位移，必然会挤压桩墙侧的土体，桩侧土必然对桩产生一水平抗力，这种土的作用力称为土的弹性抗力。弹性支点法中用土弹簧来模拟土的水平弹性抗力。根据文克尔假定，弹性抗力的大小与桩墙的位移值呈正比，可表示为：

$$\sigma_{xy} = K_h y_x \tag{3.30}$$

式中　σ_{xy}——深度为 x 处土的水平抗力；

K_h——地基系数；

y_x——深度 x 处桩墙身的位移。

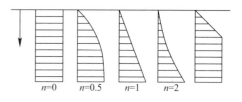

图 3.21　地基系数的几种分布模式

地基系数 K_h 通常是随土体深度 x 变化的系数，有几种不同的方法，如图 3.21 所示，通式为 $K_h = A_0 + kx^n$，其中 x 为地面或开挖面以下深度；k 为比例系数；n 为指数，反映地基反力系数随深度而变化的情况；A_0 为地面或开挖面处土的地基反力系数，一般取为零。

当 $n=0$ 时，K_h 为常数，称为 K 法；当 $n=1$ 时，$K_h = kx$，通常用 m 表示比例系数，即 $K_h = mx$，因此称为 m 法。将 $K_h = mx$ 代入式（3.30）得到土的水平抗力为 $\sigma_{xy} = mxy_x$。

梁的挠曲微分方程为：

$$EI \frac{\mathrm{d}^4 y}{\mathrm{d}x^4} = q(x) \tag{3.31}$$

式中　E——桩墙的弹性模量；

I——桩墙的截面惯性矩；

x——地面或开挖面以下深度；

y——桩墙的挠度；

$q(x)$——桩墙上荷载强度，包括土压力、地基反力、支撑力和其他外荷载。

水平地基反力系数 K_h 和比例系数 m 的取值原则上宜由现场试验确定，也可参照考虑当地类似工程的实践经验，国内不少基坑工程手册或规范也都根据铁路、港口工程技术规范给出了相应土类 K_h 和 m 的大致范围，当无现场试验资料或当地经验时可参考《建筑基坑支护技术规程》JGJ 120—2012 的经验公式：

$$m_i = \frac{1}{\Delta}(0.2\varphi_{ik}^2 - \varphi_{ik} + c_{ik}) \tag{3.32}$$

式中　φ_{ik}——第 i 层土的固结不排水（快）剪内摩擦角标准值（°）；

c_{ik}——第 i 层土的固结不排水（快）剪黏聚力标准值（kPa）；

Δ——基坑底面处位移量（mm），按地区经验取值，无经验时可取 10。

应用挠曲微分方程（3.31）和相应的边界条件，可以求解梁的内力、转角及挠度。例如图 3.22（a）所示的一作用有均布荷载 q 的悬臂梁，设满足公式（3.31）的挠度为：$y(x) = \frac{1}{EI}\left(\frac{1}{24}qx^4 + Ax^3 + Bx^2 + Cx + D\right)$。

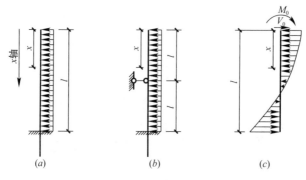

图 3.22　梁的挠曲微分方程解

任一截面的剪力、弯矩及转角可以表示为 x 的函数：

转角：$\theta(x)=\dfrac{\mathrm{d}y}{\mathrm{d}x}=\dfrac{1}{EI}\left(\dfrac{1}{6}qx^3+3Ax^2+2Bx+C\right)$；

弯矩：$M(x)=-EI\dfrac{\mathrm{d}\theta}{\mathrm{d}x}=-\left(\dfrac{1}{2}qx^2+6Ax+2B\right)$；

剪力：$V(x)=\dfrac{\mathrm{d}M}{\mathrm{d}x}=-qx+6A$；

荷载：$q(x)=-\dfrac{\mathrm{d}V}{\mathrm{d}x}=q$。

同时有边界条件：①当 $x=0$ 时，$V=0$；②当 $x=0$ 时，$M=0$；③当 $x=l$ 时，$\theta=0$；④当 $x=l$ 时，$y=0$。将 4 个边界条件代入内力和位移的表达式可得 4 个方程，从而解得 A、B、C、D 四个未知数。

由边界条件①，代入 V 表达式可得 $A=0$；由边界条件②，代入 M 表达式得 $B=0$；由边界条件③，代入 θ 表达式得 $C=0$；由边界条件④，代入 y 表达式得 $D=0$。所以梁的内力和位移表达式为：$V(x)=-qx$；$M=-qx^2/2$；$\theta=qx^3/6EI$；$y=qx^4/24EI$。

又如一均布荷载的超静定梁（图 3.22b），由于中间支点的存在，剪力在中间支点处不连续，应用分段函数 $V_1(x)$、$M_1(x)$、$\theta_1(x)$、$y_1(x)$、$V_2(x)$、$M_2(x)$、$\theta_2(x)$、$y_2(x)$ 分别表示两段梁的内力和位移，按前述方法：

当 $0\leqslant x\leqslant l$ 时，可得到包含有 A_1、B_1、C_1、D_1 四个未知数的第一段梁内力、位移表达式，并且有边界条件：①当 $x=0$ 时，$V_1=0$；②当 $x=0$ 时，$M_1=0$；③当 $x=l$ 时，$y_1=0$。仅有 3 个边界条件，无法求解 4 个未知数。

当 $l<x\leqslant 2l$ 时，可得到包含有 A_2、B_2、C_2、D_2 四个未知数的第一段梁内力、位移表达式，并且有边界条件：④当 $x=l$ 时，$y_2=0$；⑤当 $x=2l$ 时，$\theta_2=0$；⑥当 $x=2l$ 时，$y_2=0$。也仅有 3 个边界条件。

从以上分析可看出，要求解这样一个超静定梁，必须补充位移协调条件：⑦当 $x=l$ 时，$M_1=M_2$；⑧当 $x=l$ 时，$\theta_1=\theta_2$。联立各段梁，利用 8 个边界条件才能解此 8 个未知数。每增加一个支点或者增加一个集中力，内力、位移函数就得增加一段，且要联立各个梁段的边界条件才能求解。

再如两端自由的梁，梁顶作用已知荷载 V_0、M_0，梁上作用的荷载不是定值（图 3.22c），而是 $q(x)=mxy$，其中 m 为常数。公式（3.31）就变为：

$$EI\frac{\mathrm{d}^4 y}{\mathrm{d}x^4}=mxy \tag{3.33}$$

由于方程右端本身也含有 y 项，不能像均布荷载下悬臂梁那样直接构造 $y(x)$，要求解此四阶微分方程的难度变大。这即为悬臂式桩墙采用弹性地基梁法要解决的问题。若既有 $q(x)=mxy$ 的荷载还有一个或多个铰支点，问题就为单支撑或多支撑桩墙内力计算的弹性地基梁法。

目前，仅桩墙顶作用有水平力和力矩的弹性地基梁有解析解，复杂情况采用有限单元法或有限差分法求解。

2. 多层支撑桩墙结构体系

当基坑比较深时，为了减少支护桩的弯矩可以设置多层支撑或者锚杆。支撑层数及位置要根据土质、开挖深度、桩墙的直径或厚度、支撑结构的材料强度以及施工要求等因素拟定。

目前对多支撑支护结构的计算方法很多，一般有等值梁法（连续梁法）、支撑荷载的1/2分担法、逐层开挖支撑力不变法、有限元法等。

（1）支撑的布置

支撑的布置应考虑和主体结构的协调和施工方便。同时，从受力合理角度有两种原则：

1）等弯矩布置：这种布置方式的特点是充分利用围护构件的抗弯强度。对于钢筋混凝土桩，可减少由于采用通长配筋所造成的浪费；对于钢板桩可以使材料强度得以充分发挥。对钢筋混凝土桩，如果桩身各处弯矩不等，尚可通过调整配筋量以避免钢材浪费；但对钢板桩，只有这种布置才能达到经济目的。不论土压力图形如何，通过试算，均可确定令各跨出现相等最大弯矩的支承点位置。如果计算出的支承布置方式不令人满意，应调整后再行计算。

2）等反力布置：这种布置方式的特点是各道支撑承受的荷载都相等，各层支撑可以有相同的断面。

（2）内力计算

1）等值梁法：当多支撑时其计算原理相同，即把土压力零点以上梁段断开，当作刚性支承的连续梁计算（即支座无位移），并应对每一施工阶段建立静力计算体系。如图3.23所示，应按以下各施工阶段的情况分别进行计算。

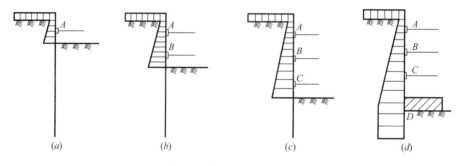

图3.23　各工况的计算简图

在设置支撑A以前的开挖阶段（图3.23a），可将桩墙作为悬臂式支护结构计算；

在设置支撑B以前的开挖阶段（图3.23b），桩墙是两个支点的静定梁，两个支点分别是A及土中净土压力零点；

在设置支撑C以前的开挖阶段（图3.23c），桩墙是具有三个支点的连续梁，三个支点分别为A、B及土中的土压力零点；

在浇筑底板以前的开挖阶段（图3.23d），桩墙是具有四个支点的三跨连续梁，支点为A、B、C及土压力零点。

2）支撑荷载的1/2分担法：由于多支撑板桩墙的施工程序往往是先打好板桩，然后随挖土随支撑，因而板桩下端在土压力作用下容易向内倾斜。这时墙后土体达不到主动极限平衡状态，土压力不能按库仑或朗肯理论计算。根据试验结果证明这时土压力呈中间大、上下小的抛物线形状分布，其变化在静止土压力与主动土压力之间，如图3.24所示。

太沙基和派克根据实测及模型试验结果，提出作用在板桩墙上的土压力分布经验图形，见图 3.25。对于砂土，其土压力分布图形如图 3.25（b）、（c）所示，最大土压力强度 $p_a = 0.8\gamma H K_a \cos\delta$，式中 K_a 为库仑主动土压力系数，δ 为墙与土间的摩擦角。黏性土的土压力分布图形如图 3.25（d）、（c）所示，当坑底处土的自重压力 $\gamma H > 6c_u$ 时（c_u 为黏土的不排水抗剪

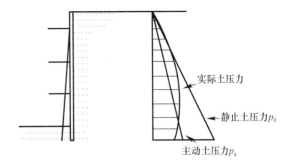

图 3.24　多支撑板桩墙位移及土压力分布

强度），可认为土的强度已达到塑性破坏条件，此时墙上土压力分布如图 3.25（d）所示，其最大土压力强度为（$\gamma H - 4m_1 c_u$），其中系数 m_1 通常采用 1，若基坑底有软弱土存在的，则取 $m_1 = 0.4$。当坑底处土的自重压力 $\gamma H < 4c_u$ 时，认为土未达到塑性破坏，这时土压力分布图形如图 3.25（e）所示，其最大土压力强度为（$0.2 \sim 0.4$）γH。当 γH 在（$4 \sim 6$）c_u 之间时，土压力分布可在两者之间取用。

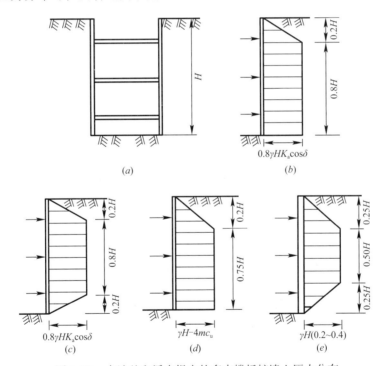

图 3.25　太沙基和派克提出的多支撑板桩墙土压力分布
（a）多支撑桩板支护模式简图；（b）松砂；（c）密砂；（d）黏土 $\gamma H > 6c_u$；（e）黏土 $\gamma H < 4c_u$

当作用在设有支撑的挡墙墙后主动土压力，按太沙基和派克假定的包络图采用时，支撑或拉杆的内力及墙中弯矩的计算，可照以下经验方法进行（图 3.26）：

简单地认为每道支撑或拉杆所受的力是相应于相邻两个半跨的土压力荷载值。已知支撑轴力后，就可对板桩按连续梁计算（也有假定板桩在支撑之间为简支，由此计算板桩弯矩）。这种方法由于荷载图式多采用实测支撑力反算的经验包络图，所以仍具有一定的实用性，特别对于估算支撑轴力有一定的参考价值。

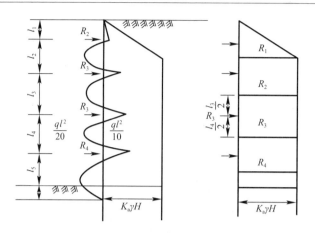

图 3.26　支撑荷载的 1/2 分担法

3. 支撑结构施工控制

（1）支撑施工总体原则

无论何种支撑，其总体施工原则都是相同的，土方开挖的顺序、方法必须与设计工况一致，并遵循"先撑后挖、限时支撑、分层开挖、严禁超挖"的原则进行施工，尽量减小基坑无支撑暴露时间和空间。同时应根据基坑工程等级、支撑形式、场内条件等因素，确定基坑开挖的分区及其顺序。宜先开挖周边环境要求较低的一侧土方，并及时设置支撑。环境要求较高一侧的土方开挖，宜采用抽条对称开挖、限时完成支撑或垫层的方式。

基坑开挖应按支护结构设计、降排水要求等确定开挖方案，开挖过程中应分段、分层、随挖随撑、按规定时限完成支撑的施工，做好基坑排水，减少基坑暴露时间。基坑开挖过程中，应采取措施防止碰撞支护结构、工程桩或扰动原状土。支撑的拆除过程时，必须遵循"先换撑、后拆除"的原则进行施工。

（2）钢筋混凝土支撑

钢筋混凝土支撑应首先进行施工分区和流程的划分，支撑的分区一般结合土方开挖方案，按照盆式开挖、"分区、分块、对称"的原则确定，随着土方开挖的进度及时跟进支撑的施工，尽可能减少围护体侧开挖段无支撑暴露的时间，以控制基坑工程的变形和稳定性。混凝土支撑的施工有多项分部工程组成，根据施工的先后顺序，一般可分为施工测量、钢筋工程、模板工程以及混凝土工程。

（3）钢支撑

钢支撑体系施工时，根据围护挡墙结构形式及基坑的挖土的施工方法不同，围护挡墙上的围檩形式也有所区别。一般情况下采用钻孔灌注桩、SMW、钢板桩等围护挡墙时，必须设置围檩，一般首道支撑设置钢筋混凝土围檩、下道支撑设置型钢围檩。混凝土围檩刚度大，承载能力高，可增大支撑的间距。钢围檩施工方便，钢围檩与挡墙间的空隙，宜用细石混凝土填实。

当采用地下连续墙作为围护挡墙时，根据基坑的形状及开挖工况不同，可以设置围檩、也可以不设置围檩，当设置围檩体系时，可采用钢筋混凝土或钢围檩。无围檩体系一般用在地铁车站等狭长形基坑中，钢支撑与围护挡墙间常采用直接连接，地墙的平面布置为对称布置，一般情况下一幅地墙设置两根钢支撑。

无围檩支撑体系施工过程时，应注意当支撑与围护挡墙垂直时支撑与挡墙可直接连接，无需设置预埋件，当支撑与围护挡墙斜交时，应在地墙施工时设置预埋件，用于支撑与挡墙间连接。无围檩体系的支撑施工应注意基坑开挖发生变形后，常产生松弛现象，导致支撑坠落。目前常用方法有两种：1) 凿开围檩处围护墙体钢筋，将支撑与围护墙体钢筋连接；2) 围护墙体设置钢牛腿，支撑搁置在牛腿上。

（4）支撑立柱的施工

内支撑体系的钢立柱目前用得最多的形式为角钢格构柱，即每根柱由四根等边角钢组成柱的四个主肢，四个主肢间用缀板或者缀条进行连接，共同构成钢格构柱。

钢格构柱一般均在工厂进行制作，考虑到运输条件的限制，一般均分段制作，单段长度一般最长不超过 15m，运至现场之后再组成整体进行吊装。钢格构柱现场安装一般采用"地面拼接、整体吊装"的施工方法，首先将工厂里制作好运至现场的分段钢立柱在地面拼接成整体，其后根据单根钢立柱的长度采用两台或多台吊车抬吊的方式将钢格构柱吊装至安装孔口上方，调整钢格构柱的转向满足设计要求之后，和钢筋笼连接成一体后就位，调整垂直度和标高，固定后进行立柱桩混凝土的浇筑施工。

钢格构柱作为基坑实施阶段的重要的竖向受力支承结构，其垂直度至关重要，将直接影响钢立柱的竖向承载力，因此施工时必须采取措施控制其各项指标的偏差度在设计要求的范围之内。钢格构柱垂直度的控制首先应特别注意提高立柱桩的施工精度，立柱桩根据不同的种类，需要采用专门的定位措施或定位器械，其次钢立柱的施工必须采用专门的定位调垂设备对其进行定位和调垂。目前，钢立柱的调垂方法基本分为气囊法、机械调垂架法和导向套筒法三大类。其中机械调垂法是几种调垂方法中最经济实用的，因此大量应用于内支撑体系中的钢立柱施工中，当钢立柱沉放至设计标高后，在钻孔灌注桩孔口位置设置 H 型钢支架，在支架的每个面设置两套调节丝杆，一套用于调节钢格构柱的垂直度，另一套用于调节钢格构柱轴线位置，同时对钢格构柱进行固定。

具体操作流程为：钢格构柱吊装就位后，将斜向调节丝杆和钢柱连接，调整钢格构柱安装标高在误差范围内，然后调整支架上的水平调节丝杆，调整钢柱轴线位置，使钢格构柱四个面的轴向中心线对准地面（或支撑架 H 型钢上表面）测放好的柱轴线，使其符合设计及规范要求，将水平调节丝杆拧紧。调整斜向调节丝杆，用经纬仪测量钢柱的垂直度，使钢立柱柱顶四个面的中心线对准地面测放出的柱轴线，控制其垂直度偏差在设计要求范围内。

3.7　现行支护设计方法适用性的问题

1. 不适用降雨入渗深度对土体强度影响的基坑工程

膨胀土大气影响深度是一个地区膨胀土反复胀缩和强度衰减强烈影响区域，多数在地表下 1m～5m 范围内，剧烈影响带的范围一般在地表 1m～3m 范围内，因此，应根据调查分析，初步确定场地大气影响深度范围。但是，现行技术标准并未对此进行界定，缺少设计依据。

2. 不适用膨胀土侧向膨胀力取值计算

目前虽然已经有直剪、三轴等多种试验方法，对膨胀力、膨胀量等参数进行膨胀性分级综合评判，相关基坑技术规范中对于膨胀土等特殊岩土却没有针对性的计算膨胀力的方法，膨胀土侧向膨胀力是膨胀土基坑中产生的特殊荷载，关于膨胀力的支护结构上的作用模式、范围、大小等关键问题，需要切实地计算和确定。

3. 不适用膨胀土基坑开挖面不利影响的防护

这一设计指标是延续前面 2 个问题而衍生出的问题，由于开挖面膨胀土受到湿度的剧烈变化，开挖后迅速开始胀缩变化，在基坑使用期内，也存在着一个短期的影响深度，合理估算该深度是坡面和坡脚防护的范围。由于多数膨胀土基坑在开挖后会很快进行坡面喷锚支护，进行坡面保护，坡面防护深度的估算还没有有效的方法。

3.8　本章小结

膨胀土基坑的支护形式多样，主要有悬臂桩支护结构、锚拉支护结构、土钉支护结构等，现行膨胀土基坑支护设计方法沿用《建筑边坡工程技术规范》GB 50330—2013、《建筑基坑支护技术规程》JGJ 120—2012、《膨胀土地区建筑技术规范》GB 50112—2013 等规范中的相关规定，同时根据地方设计经验及设计条文规定进行适当折减进行设计。但是，不同类型支护结构的现行设计计算方法有其适用性局限性问题，诸如降雨入渗深度对土体强度影响问题、膨胀土侧向膨胀力取值计算问题、膨胀土基坑开挖面不利影响防护问题等，这些问题直接造成了目前膨胀土基坑失效，因此，在本书的后续章节，作者基于不同服役环境下的膨胀土基坑的变形破坏特征的归纳与总结，进一步通过探讨膨胀土力学特性、膨胀土膨胀力分布、膨胀土裂隙性等方面对膨胀土基坑支护设计理论展开深入研究。

第4章　膨胀土力学特性变化规律试验研究

4.1　概述

膨胀土基坑失稳大多发生在降雨条件下，雨水入渗深度随时发生变化，膨胀土的岩土特性参数与含水率变化极其相关，水稳定性差，遇水后迅速崩解软化、膨胀变形、强度衰减，容易造成边坡失稳破坏，给基坑支护提出了更高的要求，有必要对膨胀岩土特性与含水率的关系进行系统研究。

膨胀性能参数方面，现行规范规定了测试天然含水率下的膨胀力、膨胀率等相关指标，这些膨胀性能参数主要应用于对膨胀土膨胀性的判别分级；强度参数方面，主要是对天然和饱和两种状态的抗剪强度进行测定，设计计算中常采用经验系数对强度参数进行折减；土-水特征曲线以及渗透系数方面，目前非饱和膨胀土土-水特征曲线以及渗透系数均在探索研究和经验积累阶段，在相关规范中未见详细说明。现行岩土特性试验技术表明，常规土工试验方面已无法满足工程分析的研究，因此，本章提出并设计了膨胀土吸水过程岩土特性试验新方法，基于成都膨胀土的岩土特性进行了系统的研究。

4.2　膨胀土膨胀性与强度衰减关系的研究现状

1. 膨胀土的膨胀性研究现状

关于初始状态对膨胀性的影响。苗鹏研究了最终膨胀力与初始竖向压力的相关关系，并对试验结果进行了相关性分析，得出对膨胀力影响最大的因素为初始干密度，其次为初始含水率，初始竖向压力对膨胀力的影响较小；Komine 对压实膨润土进行的试验结果表明膨胀量、膨胀力只与初始干密度有关，与初始含水率几乎无关，随着初始干密度的增加，膨胀量线性增加，膨胀力呈指数增加；欧孝夺通过对南宁膨胀土的膨胀力试验，研究了微变形条件下膨胀力的影响因素和变化规律，建立了膨胀力与初始干密度和含水率的拟合关系。

在外部条件对膨胀土膨胀性的影响研究方面。叶伟民等人研究了温度对膨润土膨胀力的影响，结果表明膨胀力随温度增加而增大，膨胀过程中膨胀力有衰减现象，得出了具有双峰特征膨胀力曲线；对于膨胀力时效性的研究，赖小玲研究了高庙子膨润土膨胀力的时效性规律，将土样静置不同时间后进行膨胀力试验，结果显示膨胀土的膨胀力随静置时间的增长不断减小，并且用扫描电镜对土样的微观结构进行观察发现，不同微观结构层次之间的水分重分布导致的蒙脱石水化和孔隙均匀化是高庙子膨润土静置过程中膨胀力衰减的主要内在原因。

在膨胀土的三向膨胀性方面，谢云、陈正汉等利用三向膨胀仪研究了重塑膨胀土三向膨胀力的关系，并且在试验中调节不同方向的变形量，结果显示水平方向的膨胀力小于竖直方向的膨胀力，微小变形都能引起膨胀力的急剧减小。

这些研究中对于膨胀土的膨胀性能的试验都是让土样完全吸水，直到土样不再膨胀达到稳定，膨胀土作为一种典型的非饱和土，其吸水过程并不总是持续进行直到其达到饱和或近似于饱和，对膨胀土在不完全吸水情况下的膨胀性能的研究目前还较为少见。

国内外许多学者根据膨胀土的膨胀机理，提出了膨胀力、膨胀量的理论计算公式。Baker 和 Kassif 通过求解膨胀力试验中的吸力耗散函数，得出膨胀力与吸力的关系，结果表明在一定的假设条件下膨胀力等于初始状态下的吸力；贾景超考虑了晶层表面存在的力场推导出了膨胀土微观的晶层膨胀模型，建立了膨胀力细观模型，将微观膨胀模型应用到宏观膨胀模型上，推导出土体的宏观膨胀力；Komine 根据 Bolt 模型和双电层理论来建立了描述膨胀力和膨胀应变的统一模型；Sridharan 和 Thripathy 将双电层模型中的椭圆积分简化为拟合关系式，直接将膨胀压力和干密度联系起来，建立了膨胀力计算的简化模型。

2. 膨胀土的强度特性的研究现状

目前对于抗剪强度的影响因素的研究主要集中在含水率、干密度、吸力、干湿循环方面。

申春妮对粉质土的试验研究表明，黏聚力随着干密度的增加呈指数增大，对内摩擦角几乎不受干密度影响；刘小文对重塑红土进行的直剪试验结果显示，随着含水率的增加内摩擦角先增大后减小，干密度对内摩擦角的影响没有呈现显著的规律，黏聚力随着含水率的增加而减小，随着干密度的增大而增大；孟庆云对重塑膨胀土试样的研究结果同样表明，干密度对内摩擦角的影响较为复杂，没有呈现出统一的规律，干密度对黏聚力的影响十分显著，黏聚力随着干密度增大呈指数增大，当初始含水率增加时，黏聚力和内摩擦角先是增大然后减小。这些研究都表明，膨胀土重塑土样的黏聚力随着初始含水率的增加并不是简单地增加或减小，与干密度存在着指数关系，而内摩擦角随着干密度、含水率的改变则表现出比较复杂的变化。

关于基质吸力对膨胀土强度特性的影响，国外学者 Bishop、Fredlund 先后根据有效应力原理，分别提出了包含吸力参数的非饱和土抗剪强度理论公式；姜彤研究了强度参数随基质吸力的变化规律，从结果看，基质吸力的存在能够增强土体的强度，主要是表现在对黏聚力的增强方面；林鸿州研究了基质吸力对非饱和土的抗剪强度的影响，结果表明随着基质吸力的增加，无论黏土还是砂土的黏聚力都是先增大后减小；在低含水率时，黏土的黏聚力随着含水率的降低而减小，而内摩擦角随着含水率的增加而减小，接近饱和时，内摩擦角不变。

其他因素对抗剪强度的影响方面，关于干湿循环条件下膨胀土的强度变化规律，一般认为随着干湿循环次数的增加，使膨胀土内部的裂隙发展，土体均一性遭到破坏，强度也随之降低，曾召田对南宁膨胀土原状样进行的干湿循环试验中利用压汞试验测定了膨胀土中孔隙的分布；李志清对蒙自膨胀土重塑土样进行了固结排水和固结不排水剪切试验，研究了初始含水率、干密度、围压、剪切速率、排水情况不同时的应力-应变关系，根据临界状态的试验结果，指出了不同试验方法下剪切强度之间的内在联系。

关于工程实际中的强度参数的取值问题。许多学者在膨胀土边坡稳定性分析中考虑土层的风化特性，对划分出的不同土层选取合适的强度参数。根据这些研究，在膨胀土边坡的强度参数选择上，建议应该根据工程实际情况，结合室内土工试验结果，对试验得出的强度参数进行经验性的折减。

在实际情况中，由于膨胀土内部存在的膨胀潜势，使得膨胀内部随着含水量的增加而产生膨胀应力，这种应力是膨胀土自身产生的，作用于土颗粒之上，对于膨胀土的强度产生何种影响，上述研究中都没有涉及。

3. 现行试验手段存在的问题

对于上述两种参数，常规试验内容包括测定自由膨胀率、收缩系数、膨胀率以及膨胀压力。可通过室内试验及相应的野外试验测定。具体试验及计算方法如表 4.1 所示。但是，就目前膨胀土常规试验方法及所需获得的参数，仍存在以下的问题：

（1）膨胀性参数使用和测试条件的适用局限性，自由膨胀率作为膨胀性的初判参数，膨胀力、膨胀量等参数进行膨胀性分级综合评判；测试得到的膨胀力、膨胀量是膨胀土在最恶劣条件下的膨胀性能（最大或极限值），以此为参考进行膨胀土地基基础设计；对于基坑工程，按现行规范测试的参数进行基坑设计，难免造成工程造价的提高。

（2）膨胀土水敏特性的认识，在勘察阶段，对于膨胀性仅局限于初始含水量的膨胀性测试，对于不同含水率的膨胀性等没有相关规定，在勘察资料中也没有相关体现。导致对膨胀土水敏性的变化规律认识不足。

（3）强度参数的选择与使用，虽然已经有直剪、三轴等多种试验的方法，并考虑膨胀土的水敏性，但是缺少对膨胀土裂隙甚至结构面的相应方法和内容。目前多数设计中采用参数折减的方法，折减到试验值的 50% 甚至更多，但即便如此，仍然出现区域性的变形破坏，说明仅仅进行强度参数折减并没有有效地控制膨胀土基坑的变形。

膨胀土常规试验内容表　　　　　　　　　　　　　　　　　表 4.1

试验方式	试验内容	试验手段	计算方法
室内试验	自由膨胀率（δ_{ef}）	人工制备的烘干土，在水中增加的体积与原体积的比	$\delta_{ef} = \dfrac{V_w - V_0}{V_0}$
	膨胀率（δ_{ep}）	某级荷载下，浸水膨胀稳定后，试样增加的高度与原高度的比	$\delta_{ep} = \dfrac{h_w - h_0}{h_0}$
	收缩系数（λ_s）	不扰动土试样在直线收缩阶段，含水量减少 1% 时的竖向线缩率	$\lambda_s = \dfrac{\Delta \delta_s}{\Delta w}$
	膨胀力（p_e）	不扰动土试样在体积不变时，由于浸水膨胀产生的最大应力	（1）压缩膨胀法；（2）自由膨胀法；（3）等容法
野外测试	承载力和浸水时的膨胀变形量	压板试验	 （试验方案示意图）
	湿度系数（ψ_w）	在自然条件下，地表下 1m 处土层含水量可能达到的最小值与其塑限值之比	$\psi_w = 1.152 - 0.726\alpha - 0.00107C$

注：1. 表中系数具体含义参考《工程地质手册》（第五版）相关内容。
　　2. 承载力和浸水时的膨胀变形量试验过程参见《工程地质手册》（第五版）相关内容。

4.3 膨胀性能参数测定改进试验

4.3.1 吸水过程膨胀力试验

近年来，不少学者针对不同含水率条件下的膨胀力进行了大量的试验研究，比如，杨庆利用改装的试验装置测量膨胀岩吸水过程侧向膨胀特性；丁振洲提出了自然膨胀力概念，并且用改进的试验装置测量了膨胀力随含水率变化规律，由于试验设备的制约，采用的是"等同样"做试验。在目前的膨胀力试验研究中，采用单土样含水率连续变化的膨胀力变化过程测试技术一直是待解决的难题，本研究在进行大量不同初始含水率下最大膨胀力测试的同时，还研制了一套单土样持续/阶段吸水条件下膨胀土含水率-膨胀参数全过程曲线试验装置，分别模拟不同降雨工况下的膨胀力测试，以期得到单一土样一系列过程含水率下对应的膨胀力，为实际工程中膨胀力的确定提供理论依据。

1. 连续吸水过程膨胀力试验方法

测力元件为荷重传感器，通过水箱向试样供水，量测水箱中的水量变化得到土样的吸水量，在试验过程中利用摄像头记录试样膨胀力和吸水量的变化情况。试验装置见图 4.1，实物装置见图 4.2。

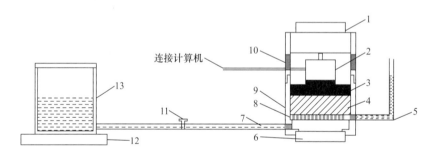

图 4.1　试验原理图

1—反力螺栓；2—荷重传感器；3—不透水钢板；4—土样；5—排气管；6—密封盖；7—进水管；8—有孔钢板；
9—制样容器；10—观察孔；11—阀门；12—电子秤；13—水箱

图 4.2　装置实物图

试验步骤：

（1）试验前需标定出试样底部容水空腔的容水质量 $m_空$，进水管的容水质量 $m_进$；

（2）压制土样，静置 24 小时，之后连接好试验装置，旋紧反力螺栓，使反力螺栓、荷重传感器、不透水钢板之间紧密接触，将荷重传感器读数调零；

（3）关闭阀门，往水箱内加一定量水，将电子秤读数调零，记录电子秤的读数变化 M，打开录像设备，开始录像；

（4）打开阀门，排气管水位稳定后，读出排气管内的水量 $m_{排}$，待两小时内膨胀力的变化量小于 0.1kPa 时，停止试验，拆除装置，取出土样测量含水率；

（5）土样的吸水量依照下式计算：

$$\Delta m_{吸} = M - m_{排} - m_{空} - m_{进} \tag{4.1}$$

2. 断续吸水过程膨胀力试验方法

试验装置为土样表面为有孔钢板，在钢板表面滴水利用毛细作用和重力使其渗入土样内部，在试验过程中对试验装置进行密封，尽量避免水分的蒸发；每次给试样加 3g 水，记录膨胀力变化。试验装置原理图如图 4.3 所示，实物图如图 4.4 所示。

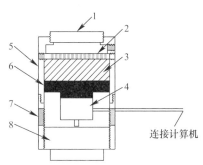

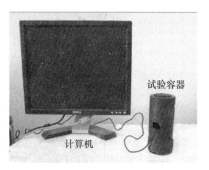

图 4.3　试验装置原理图　　　　　图 4.4　试验装置实物图

1—密封盖；2—有孔钢板；3—土样；
4—荷重传感器；5—制样容器；6—不透
水钢板；7—观察孔；8—反力螺栓图

试验步骤：

（1）压制好土样，静置 24 小时后，连接好试验仪器，旋转反力螺栓，使反力螺栓、荷重传感器、不透水钢板之间紧密接触，将荷重传感器读数调零；

（2）在有孔板表面滴入 3g 水，旋紧密封盖，整体用塑料膜包裹密封，记录膨胀力变化情况；

（3）每两小时膨胀力变化量小于 0.1kPa 时，去除塑料膜，打开密封盖，继续加 3g 水，密封。直到土样完全达到充分吸水状态，拆除试验装置，取出土样称量含水率；

（4）根据式（4.2）计算出加水量和土样的初始状态换算出土样每次加水之后的土样的含水率：

$$w = \frac{\Delta m(1+w_0)}{m_d} \times 100 + w_0 \tag{4.2}$$

式中　w——含水率；

　　　Δm——总加水量；

　　　m_d——土样质量；

　　　w_0——初始含水率。

4.3.2　吸水过程膨胀率试验

膨胀率试验的试验方法较为单一，一般采用无荷侧限的方法进行，试验结果一般用来判定膨胀等级。作者在进行大量不同初始含水率下最大膨胀率测试的同时，研制了一套膨胀土吸水过程膨胀率试验装置和试验方法，供水方法分为连续供水以及断续供水，分别模拟不同降雨工况下的膨胀率测试，以期得到单一土样一系列过程含水率下对应的膨胀率，为实际工程中膨胀力的确定提供理论依据。

1. 连续吸水过程膨胀率试验方法

试验装置设计如图 4.5 所示，实物图如图 4.6 所示。试验时通过底部水箱对土样供水。除图中所标示的元件外，装置外部还架设了一台高清摄像机，同时记录电子秤和百分表的读数变化情况。该试验方法能够有效地实现膨胀土的吸水过程，同时测试吸水过程中产生的膨胀率。

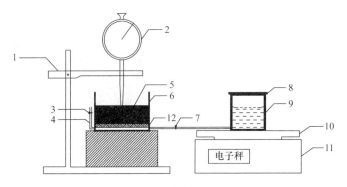

图 4.5 试验装置图

1—支架；2—百分表；3—阀门 1；4—导管；5—试样；6—圆柱形容器；7—阀门；
8—金属盖；9—金属杯；10—托盘；11—电子秤；12—透水石

图 4.6 实物装置图

试验步骤：

（1）试验前需标定出试样底部容水空腔的容水质量 $m_{空}$，进水管的容水质量 $m_{进}$；

（2）压制土样，静置 24 小时，之后连接好试验装置，将百分表读数调零；

（3）关闭阀门，往水箱内加一定量水，将电子秤读数调零，记录电子秤的读数变化 M，打开录像设备，开始录像；

（4）打开阀门，排气管水位稳定后，读出排气管内的水量 $m_{排}$，待 2 小时内膨胀量的变化量小于 0.01mm 时，停止试验，拆除装置，取出土样测量含水率；

（5）土样的吸水量依照式（4.3）进行：

$$\Delta m_{吸} = M - m_{排} - m_{空} - m_{进} \qquad (4.3)$$

　　同时，考虑单轴试验装置的侧向约束，一方面无法满足横向围压的测试，另一方面侧向约束对试验结果会产生一定影响。因此作者将三轴仪进行相应的改装，利用三轴仪对膨胀土进行膨胀率的测定，如图 4.7 所示。此种试验方法由于没有侧向约束，因此更能真实反映土样的膨胀率。

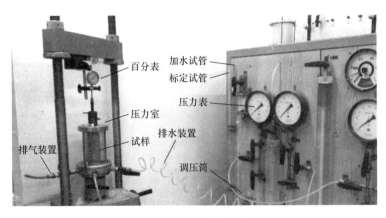

图 4.7　三轴膨胀试验装置

　　将制好的土样放到压力室内，固定好并向压力室注满水密封。打开加水试管相连的阀门开始给土样加水，随着试样吸水，膨胀压力室的水会受到挤压产生压力，压力表读数开始变化。调节调压筒使得压力表回到初始读数，此时通过调压筒的距离变化来换算出的水量即为土样的膨胀体积。

2. 断续吸水过程膨胀率试验方法

　　试验装置设计如图 4.8 所示，实物图如图 4.9 所示。试验时用百分表测量土样的膨胀量变化，将一定量的水均匀地洒在土样表面，待土样膨胀量稳定后，进行下一次加水过程，直至土样达到胀限。

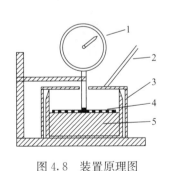

图 4.8　装置原理图　　　　　　　　　　图 4.9　装置实物图

1—百分表；2—注水管；3—密封罩；4—有孔板；5—土样

试验步骤：

　　(1) 压制好土样，静置 24 小时后，连接好试验仪器，调整好百分表读数；

　　(2) 在有孔板表面滴入一定量的水，旋紧密封盖，整体用塑料膜包裹密封，记录膨胀力变化情况；

　　(3) 每 2 小时膨胀力变化量小于 0.01mm 时，视为膨胀稳定，继续加水步骤，直到土样完全达到充分吸水状态，拆除试验装置，取出土样称量含水率；

（4）根据式（4.4）计算出加水量和土样的初始状态换算出土样每次加水之后的土样含水率

$$w = \frac{\Delta m(1 + w_0)}{m_d} \times 100 + w_0 \tag{4.4}$$

式中 w——含水率；

Δm——总加水量；

m_d——土样质量；

w_0——初始含水率。

4.3.3 膨胀土非饱和渗流试验

目前非饱和渗流研究建立在达西定律的基础上，其中固、水和气三相间相互作用非常复杂，基质吸力是影响非饱和土渗透能力的关键因素。求解非饱和渗流系数，其关键问题就是模型的选择、相关参数的选择和边界条件的控制，其中，土-水特征曲线的获取是研究的重点。目前不少学者提出相关数学模型用于研究非饱和黏性土的土-水特征曲线，但对非饱和渗流的研究仍在科研探索与经验积累阶段，且不同地区土质不同，降雨入渗情况不同，仅仅依靠现有数学模型研究成都地区黏土土-水特征曲线很难有说服力。因此，作者按照瞬时剖面法制作了一套非饱和渗流试验装置用以研究成都黏土的土-水特征曲线与非饱和渗透系数。

1. 试验装置设计

基于传统瞬时剖面法，采用含水率和孔隙水压力头分布分别量测的方法，即在一定截面处都设置湿度计与张力计，这样就可同时获得含水率和基质吸力，进而避免了先要专门测定土-水特征曲线的试验步骤。试验装置如图4.10～图4.12所示。

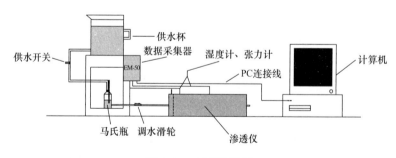

图 4.10 试验装置图

2. 试验步骤

（1）试验准备阶段

1）试验用具：喷壶、电子天平（称量1000g，精度0.01g）、台秤（称量5kg，精度1g）、细筛（孔径0.2mm）、烘箱、称量盒、铝制托盘、木锤、木碾、滤纸、击实筒、千斤顶、方形槽、防水硅胶、标签纸、泥刀、小铲刀、小铝盒、铁质小匙、保鲜袋、马氏瓶、供水杯、调水滑轮、支架、塑胶软管、钢制顶板、直尺、计算机、张力计、湿度计、数据采集器。

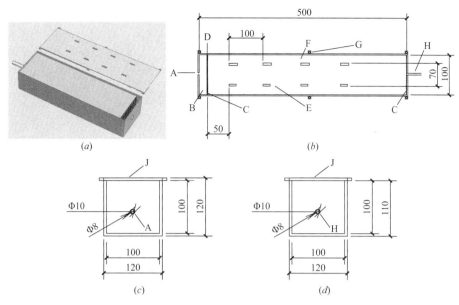

图 4.11　试验渗透仪立体三维图及设计三视图（单位：mm）

(a) 立体图；(b) 平面图；(c) 正立面图；(d) 背立面图

A—进水孔；B—供水腔；C—滤纸；D—孔状隔板；E—湿度计插孔；F—张力计插孔；G—螺栓；H—通气孔；J—上盖

图 4.12　试验器材实物图

2）试样的选取：使用挖土铲从取土场、试坑或填土现场挖取适量土样，然后使用塑料袋或试样箱包装并密封。此外，应对选取的扰动土样进行土样描述，如颜色、土类、气味等，并标以标签。

3）试样的制备：根据试验的应用需求，一般配置干密度 1.7g/cm³、初始含水率15%～17%的非饱和膨胀土土试样。具体制样步骤，分述如下：

① 碾土、烘土、筛土。使用台秤称取适量的从现场取回的土试样，并放在铝制托盘上，使用木锤或木碾等工具将其碾散，注意勿压碎颗粒，若试样含水率较高不易碾散可先风干至易碾散时为止；将碾散的土试样放入烘箱中将其烘干，烘烤温度控制在110℃左右，烘烤时间至少8小时以上；烘干后，将干燥的土体取出，并使用0.2mm粒径的标准网筛进行筛析。为了确保筛析后的试样规定用量，必须注意土样的最大粒径、颗粒级配、含水率在试样制备过程中的变化，因此筛析前所取土样用量应大于试样实际的规定用量。

② 配置一定含水率土样。筛析后，通过电子天平或台秤分批次称取适量的干燥土试样，根据干土质量及所需配置的土样含水率，称取一定质量的蒸馏水倒入喷壶中，使用喷壶湿润干燥土试样，并通过小铲刀和泥刀不断搅拌、碾磨，使土中水分分布均匀。经过多次搅拌后，将配置好的土试样装入保鲜袋中密封、静置。为了使试样中的水分充分均匀分布，静置时间应不小于24h。静置后，测定湿润土试样不同位置的含水率（至少2个以上），要求差值不大于±1%。

③ 装填、夯实土试样。装填与夯实土试样的工作是同时进行的，首先，在渗透仪土样室钢槽的首尾两端放入滤纸（保证浸湿端均匀受湿）；然后，使用直尺在槽壁上绘出高度等分刻度线即分层，将静置好的稍湿润土样，以平铺、分层的方式均匀放置于渗透槽内，其中，分层可根据情况自定，但每一层厚度不宜超过 5cm；最后，每装填好一层时，应进行一次夯实，盖上钢制顶板，使用千斤顶施压钢制顶板的方式，将土样压实至该层处的刻度线附近，依次往复，最终制成试验土试样。夯实后的土试样须满足试验要求，一般不低于 $1.7g/cm^3$。

④ 湿度计标定

其标定方法是：首先按照以上配置土试样的方法，预配置多组不同真实质量含水率的土试样如 10％、15％、20％、25％、28％、30％、32％、35％等，将其依次装填入方槽内并标号。然后，使用 EC-5 湿度计分别测量每组预配置土试样的体积含水率，并在测量结束后用铁质小匙取出探针接触处的若干土试样放入贴有标签的已知重量的小铝盒中，并称量铝盒中土试样烘干前后的质量，计算这部分土试样的真实质量含水率。最后，将该部分土试样的真实质量含水率换算为相应的真实体积含水率，并将换算后的体积含水率真实值与探针测出的测量值进行对比，发现其中偏差并总结变化规律，给出测量值拟合方程式 $y_{测}$ 与真实值拟合方程式 $y_{真}$，即标定校正方程组。这样，在试验过程中得出的测量值，就可通过标定校正方程组来计算得出相应状态下的真实数值。

（2）试验安装阶段

1）安装监测元件

试验中 MPS-2 张力计、EC-5 湿度计的探头都很脆弱，须先挖孔再埋设，并必须保证探头与土体的紧密接触。根据仪器探头的尺寸大小及安插方式，进行挖孔，其孔深大约 5cm~6cm，然后在挖孔处埋置湿度计与张力计，土体与探头须紧密接触。监测元件另一端接口与数据采集器 EM50 连接。

由于测量水势，MPS-2 对于空气孔隙和土壤扰动不像土壤水分传感器那样敏感，但其对于液压连接有较高的要求。较好的办法是取试验土样加以湿润以圆球状包裹传感器，确保湿润的土壤与陶瓷盘相接触，然后再将其埋置在需要测定的位置。若需要测定的土试样较湿润，则不需加湿可取土试样直接以圆球状包裹，以减少其平衡时间。

此外，在埋置回填土试样时，应尽量保证土壤重度不发生改变。传感器连接处的连接线不可过紧的弯曲，以避免内部线路受损，必须保持至少 4 英寸的直线距离之后才可以进行弯曲操作。

2）各构件的组装

在监测元件安装完毕妥当后，按照图 4.13 将各个组成构件组装。

在组装时，确保渗透仪的密封性十分重要，一旦出现漏水的现象，那么试验将会功亏一篑。因此，在渗透仪钢槽与上盖间的合缝处应涂抹防水硅胶，并旋好上盖两侧的螺栓，同时关闭渗透仪尾部的通气孔。在所有

图 4.13 试验装置实物安装图

构件安装完毕后，关闭供水开关，需先静置，并不少于 24h，目的是为了使土样各处含水率近似保持一致，要求差值不大于 ±1%。

（3）试验测量阶段

1）将上述装置安装完毕及静置 24h 后，对 EM-50 数据采集器中的通道测量项、测量/存储数据的时间间隔及数据存储位置等内容进行设定。

2）设定好各项内容后，打开 EM-50 数据采集器，通过实时监测功能观测土体内的含水率或基质吸力是否达到稳定，若不再变化且各处测量值近似一致，则可记录下该数据作为初始值。然后打开尾部通气孔，打开供水开关，开始计时。

3）计时开始后，随着土体的浸湿，通过之前事先对数据采集器做好的设置，可实现每隔一段时间测量并存取一次不同截面处的含水率与吸力值，并可随时从设定好的存储盘中调阅查询。一般情况下，时间可以自行设定，但为了能够全面、动态地了解其变化过程，建议测量保持较高的频率。

4）当靠近渗透仪首端进水口处的截面的孔隙水压力为正或几乎为 0 时，试验测量即可结束，试验周期一般可能需进行 2 周～3 周。

（4）计算方法

1）流速的计算

根据土体渗透性的概念，瞬时剖面法的计算基本原理是：在一段时间过程中，通过土试件某点的水总体积等于该段时间内所考虑之点与试件右端之间发生的水体积变化。简而言之，就是某截面透过的水量等于沿水流方向该截面至尾端这一部分土体增加的水量。这部分水流可通过体积含水率剖面曲线计算出。具体方法如下：

以渗透槽沿着水流方向长度作为 x 轴并记下各截面距离，绘制不同时长体积含水率变化曲线，即体积含水率剖面。

在一段时间内，土体试件某截面与尾端之间，其水的总体积可通过体积含水率剖面在该段时间内积分求得：

$$V_w = \int_j^m \theta_w(x)A\mathrm{d}x \tag{4.5}$$

式中　V_w——某截面 j 与试件尾端 m 点之间的土的总水量（m^3）；

$\theta_w(x)$——该段时间内与距离 x 有关的体积含水率函数；

A——土体试件的断面面积（m^2）。

从两个相邻时间间隔计算出来增加的水体积差就是该段时间内某截面 j 所流出的水量，该截面处流速可按下式计算：

$$V_w = \frac{1}{A}\frac{\mathrm{d}V_w}{\mathrm{d}t} = \frac{\mathrm{d}}{\mathrm{d}t}\int_j^m \theta_w(x)A\mathrm{d}x \tag{4.6}$$

2）水力梯度的计算

孔隙水压力由张力计测出，将孔隙水压力除以水的单位重量可得出压头，某一段时间，在试件内某一截面的水力梯度就等于该点水头剖面的坡度。

某一点的坡度斜率可以得出该位置在此时间的水力梯度，即：

$$i_w = \frac{\mathrm{d}h_w}{\mathrm{d}x} \tag{4.7}$$

3）水渗透系数的计算

通过前面所述的两个相邻时间间隔可计算出来这段时间增加的含水率体积从而得出该截面流出的水体积，继而推出该截面流出水的流速。这一流速相应于两个相邻时间所得水力梯度的平均值。根据柯西定律，将流速除以该平均水力梯度即可算出渗透系数。

需要说明的是，对不同点和不同时间可以重复进行渗透系数的计算。于是，在一个试验中可以计算出不同含水率或吸力值的许多渗透系数，是一个随浸湿时间变化的函数值。

4.4 吸水过程膨胀力变化规律

试验中以四川成都地区膨胀土为例，采用改进的吸水过程膨胀力试验测试不同土体初始含水率成都膨胀土（试验含水率变化范围为5％～25％）在连续/断续吸水过程膨胀力变化规律，并给出膨胀力建议取值方法。具体试验过程参见第4.3.1节相关内容。

4.4.1 连续吸水过程膨胀力变化规律

对试验数据梳理，获得膨胀力随时间的变化、膨胀力随吸水量的变化，共同探讨连续吸水过程膨胀力变化规律。

1. 膨胀力随时间的变化关系

图4.14是不同初始含水率的膨胀土样连续吸水过程膨胀力随时间的变化曲线。

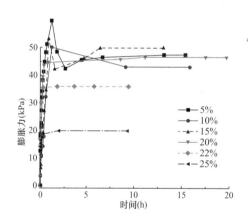

图4.14 成都黏土膨胀力随时间的变化曲线

从图4.14中可见，吸水膨胀时，膨胀力在初始阶段都是急剧增大，初始含水率越低，变化速率越快，但是在后期却经历了不同的变化过程。在试验中，低含水率的土样膨胀力的发展经历了先增大后减小的过程。对于成都黏土（图4.14），当土样的初始含水率低于20％时，膨胀力的发展过程为先增大后减小，在达到最小值后，还会出现小幅度的反弹增大，最终达到一个稳定状态，并且达到稳定状态时的膨胀力大小与初始含水率无关；初始含水率大于22％的成都黏土重塑土样，膨胀力先增大然后到达稳定状态，并且最终稳定时的膨胀力随着初始含水率的增加而减小。

2. 膨胀力随吸水量的变化关系

图 4.15 是膨胀力随吸水量的变化曲线。

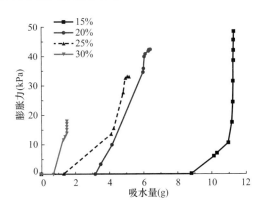

图 4.15 成都黏土膨胀力与吸水量关系曲线

由图 4.15 可见，膨胀土在初始阶段刚开始吸水时，膨胀力没有变化，初始含水率越小，膨胀力发生的起始吸水量越大；当膨胀力开始发生时，曲线的斜率由小变大，显示出明显的滞后现象，吸水量不变时，膨胀力在发生变化。成都膨胀土初始含水率 15%，土样在试验过程的后期，在吸水量不变的情况下，膨胀力经历了增大→减小→增大多个阶段，但是在曲线中并不能表现出来。

曲线同时表明，在试样刚开始吸水的阶段，水首先填充孔隙，而后当孔隙中含水率达到一定程度后，水体一方面开始进入晶层或者吸附在土体颗粒产生膨胀，另一方面水体继续入渗，逐渐进入深部，而且开始阶段土体只有底部吸水产生了膨胀，这部分膨胀力传递到顶部土体，需要克服侧壁摩擦，这样两个方面就导致了曲线的开始阶段，膨胀力的发生晚于吸水过程的发生，并且增长速率较慢；之后，随着试样的吸水量达到一定的程度，大量的土颗粒开始膨胀，膨胀力增长迅速，而后逐渐减缓直到峰值，之后，初始含水率较低的土样膨胀力开始减小，初始含水率较高的土样膨胀力则保持稳定。

4.4.2 断续吸水过程膨胀力变化规律

对试验数据梳理，获得膨胀力随时间的变化、膨胀力与阶段含水率关系，共同探讨断续吸水过程膨胀力变化规律，最终获得膨胀土最大膨胀力与稳定膨胀力关系。

1. 膨胀力随时间的变化关系

图 4.16 是断续吸水试验中膨胀力随时间的变化曲线。

图 4.16 可见，低含水率的土样，每次加水时，膨胀力先迅速增大，达到峰值后，又迅速减小，最后达到稳定状态。在初始含水率较高时（$w=20\%$、25%），土样膨胀力先迅速增大，达到峰值后保持稳定，不再衰减。

2. 膨胀力与阶段含水率关系

在试验过程中的每次加水之后的稳定状态的膨胀力结果如图 4.17 所示。

图 4.17 可见，低含水率时（$w=15\%$），随着含水率的增加膨胀力先增加，达到峰值后开始减小，对于高含水率的土样，膨胀力随着吸水量的增加而增大，不发生衰减。

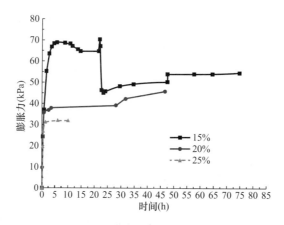

图 4.16　成都黏土膨胀力与时间关系曲线

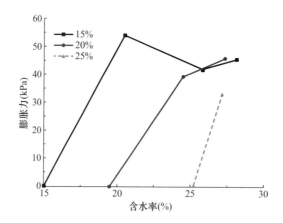

图 4.17　成都黏土膨胀力与阶段含水率关系

3. 最大膨胀力与稳定膨胀力关系

图 4.18 为膨胀力试验过程中最大膨胀力与最终稳定膨胀力的大小关系，可以看出，随着初始含水率的增加，不管是成都黏土还是云南呈贡膨胀土，其峰值膨胀力与最终膨胀力之差逐渐减小，直至相等。

4.4.3　膨胀力取值方法讨论

上述章节讨论了连续/断续吸水过程膨胀力的变化规律，进一步对比不同初始含水率下的膨胀力、毛细管模型得到的膨胀力与含水率增量的关系。其中常规膨胀力试验探讨成都膨胀土初始含水率为 7.36%、11.28%、12.93%、13.57%、15.87%、16.15%、19.30%、19.47%、21.98%、22.40%、24.59%、25.50%、28.00%、28.85%、30.77%，结果显示膨胀力与含水率两种关系为：$p=81.45e^{-0.1w}$；而毛细管模型试验结果与断续吸水膨胀力试验的结果较为相似。

对比分析上述四种试验数据（见图 4.19），可得：膨胀力增量与含水率增量的关系都呈线性关系，可以将膨胀力与含水率增量之间的关系简化为线性关系 $P=\alpha w$，取曲线的上一点的切线斜率来代表系数 α。断续吸水膨胀力试验最符合工程实际情况，因此膨胀力与

含水率增量之间的关系可以由断续吸水膨胀力试验曲线来确定，且可以得到天然状态下成
都膨胀土膨胀力的计算公式：

$$P = 6.4\alpha w \qquad (4.8)$$

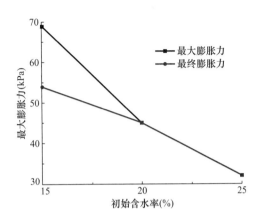

图 4.18　成都黏土最大膨胀力与稳定膨胀力关系

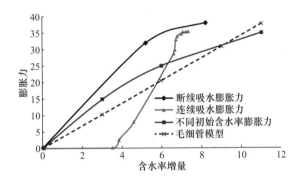

图 4.19　不同方法得到的膨胀力与含水率增量关系曲线

4.5　吸水过程膨胀率变化规律

试验中以四川成都地区膨胀土为例，采用改进的吸水过程膨胀率试验测试不同土体
初始含水率成都膨胀土（试验含水率变化范围为 5%～25%）在连续/断续吸水过程膨
胀率变化规律，并探讨膨胀力-膨胀率两者关系。具体试验过程参见第 4.3.2 节相关
内容。

4.5.1　连续吸水过程膨胀率变化规律

1. 膨胀率与时间关系

成都膨胀土的膨胀率与时间关系曲线见图 4.20。

由图 4.20 可见，在膨胀率随着时间的发展过程中，先期膨胀率增长很快，很短时间

就完成了大部分的膨胀，之后膨胀逐渐减缓，直至达到稳定；在膨胀土吸水过程中，土样的含水率在逐渐增加。

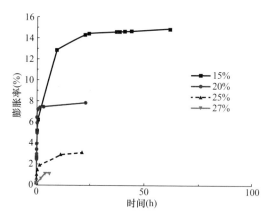

图 4.20　成都黏土的膨胀率与时间关系曲线

2. 含水率与膨胀率关系

成都膨胀土含水率与膨胀率关系曲线见图 4.21。

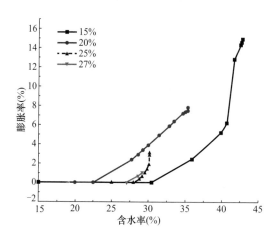

图 4.21　成都黏土含水率与膨胀率关系曲线

从图 4.21 可见，开始时土样迅速吸水，但是土样膨胀率并没有变化，当土样吸水达到一定量时，土样开始膨胀，膨胀速率增大，之后土样吸水速率逐渐减慢，当土样停止吸水时，膨胀率仍在增加。

4.5.2　断续吸水过程膨胀率变化规律

总结每次加水稳定后的膨胀率与该次加水后该阶段土样的含水率的关系，随着加水次数的增加，土样的膨胀率增长幅度组件减小。两者关系见图 4.22。

对比常规膨胀率试验和吸水过程试验结果，可以发现通过常规膨胀率试验方法测得的结果较后两种方式测得的结果大，这是由于供水方式的差异导致的，常规试验中土样完全浸泡在水中，得以充分吸水，土样的膨胀得到充分释放，同样试样最终的含水率也较大。

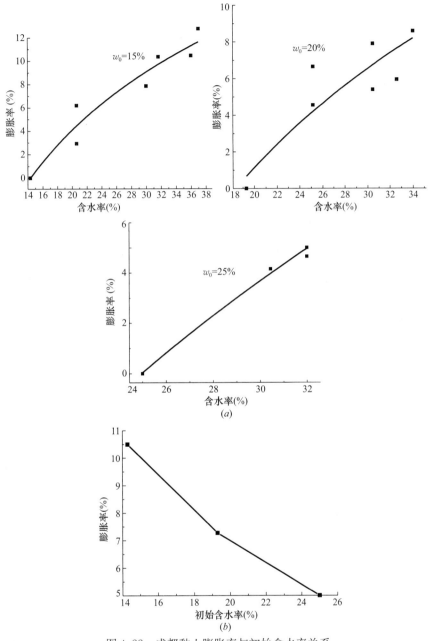

图 4.22　成都黏土膨胀率与初始含水率关系

（a）膨胀率随阶段含水率变化曲线；（b）膨胀率与初始含水率关系

断续吸水膨胀率试验结果得到的是非饱和状态下膨胀土膨胀量与吸水量（过程含水率）的关系。

通过拟合试验结果曲线得到膨胀率与过程含水率的关系：

$$\delta = 12.25\ln w - 32.61, \quad w_0 = 15\%$$
$$\delta = 13.31\ln w - 38.73, \quad w_0 = 20\% \tag{4.9}$$
$$\delta = 19.98\ln w - 64.27, \quad w_0 = 25\%$$

其中，δ 为膨胀率（%）；w 为含水率（%）；w_0 为初始含水率（%）。

其基本关系为 $\delta = a\ln(w) + b$，那么不同初始含水率下的膨胀量与过程含水率的关系：

$$0 = a\ln(w_0) + b, \quad b = -a\ln(w_0),$$

$$\delta = a\ln(w) - a\ln(w_0) = a\ln\left(\frac{w}{w_0}\right) \tag{4.10}$$

式中，参数 a 就代表了不同初始含水率下土样的膨胀性的差异，可以根据试验结果拟合出 a 与初始含水率的关系：

$$a = 5.57e^{0.049w_0} \tag{4.11}$$

所以膨胀率与过程含水率的关系可以表达为：

$$\delta = 5.57e^{0.049w_0}\ln\left(\frac{w}{w_0}\right) \tag{4.12}$$

4.5.3 膨胀力-膨胀率关系初探

由膨胀力与含水率的回归方程和膨胀率与含水率的回归方程可以得到膨胀力与膨胀率之间的关系为：

$$P \approx 1.4\delta \tag{4.13}$$

式中 P——膨胀力（kPa）；

δ——膨胀率（%）。

拟合结果如图 4.23 所示，膨胀力、膨胀量是膨胀潜势不同形式的表现，而且根据试验结果，对于相同土样其膨胀力、膨胀率之间的关系是线性对应的，因此可以用膨胀率指标来预测膨胀力指标，提出膨胀模量 A 的概念，这样可以根据一个膨胀指标预测另一个膨胀指标。

$$P = A\delta \tag{4.14}$$

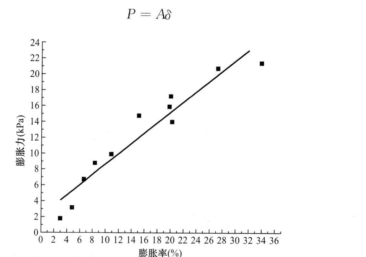

图 4.23 成都黏土膨胀力与膨胀率关系曲线

4.6 吸水过程渗透系数变化规律

作者按照瞬时剖面法制作了一套非饱和渗流试验装置用以研究成都膨胀土的吸水过程

渗透系数变化规律。试验主要结果为土-水特征曲线、渗透系数随浸湿时长的变化关系曲线等。特别需要指出的是，非饱和土的渗透系数是一个变量，而非像饱和土渗透系数是一个常数值。具体试验过程参见第 4.3.3 节相关内容。

4.6.1　土-水特征曲线

根据试验土体中每个截面所安插的 EC-5 湿度计和 MPS-2 张力计，可以实时监测进水过程中，不同截面的含水率和基质吸力的变化。通过同一侧面的湿度计和张力计的实时监测，随着不断注水，可得出不同含水率下的吸力值，将其整理绘制曲线，即土-水特征曲线，见图 4.24。

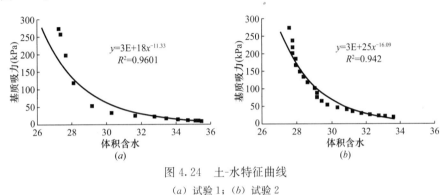

图 4.24　土-水特征曲线
（a）试验 1；（b）试验 2

根据曲线，发现干密度为 $1.7g/cm^3$ 的成都龙泉驿地区非饱和膨胀土重塑土样在体积含水率 36% 左右，其吸力值接近 0，此时土体接近饱和。土-水特征曲线显示出，基质吸力与含水率呈反比关系，这主要是由于孔隙内水分越少气体越多，其土水界面处的表面张力也就越大的原因。曲线中的拐点大约为 29% 含水率左右，这时说明水分状态可能渐渐以自由水为主，此时结合水水环互相连接，孔隙内的小气泡随自由水而运动，并逐渐缓慢排出，直至土体接近饱和。通过对体积含水率与基质吸力实测数据的曲线拟合，并选取最优拟合曲线，土-水特征曲线可呈幂函数关系，方程形式为 $y=Ax^B$，其中 A、B 为常数。

此外，需要说明的是，利用瞬时剖面法测得的土-水特征曲线相较常规方法更为简便，不需单独制多组样本，但一方面，张力计和湿度计的测量稳定时间可能会稍有不同步，并造成一定误差；另一方面，张力计和湿度计量程有限，不能展现完整的从低含水率到趋近饱和的土-水特征曲线。

4.6.2　渗透系数与浸湿时长的关系

试验从注水开始到趋近饱和，测试周期为 138 个小时，EM-50 数据采集器以每 1 分钟的间隔自动读取并存储读数，试验结束后选取第 1 截面按照 6 小时的时间间隔来计算成都地区非饱和膨胀土的不同浸湿时长下的渗透系数，并将其进行整理后绘制成都地区非饱和膨胀土的渗透系数与浸湿时长之间的变化关系曲线，如图 4.25 所示。

根据试验结果，首先，我们发现成都地区非饱和膨胀土的渗透性非常低，数量级一般是 $10^{-10}m/s \sim 10^{-11}m/s$，可以认定为极弱透水性或不透水的；其次，渗透系数随注水时间并不是呈线性递增或递减，而是先降低后增大一个过程，72h 左右，试验土样的渗透性降至最低，为 $3.19 \times 10^{-11}m/s$。

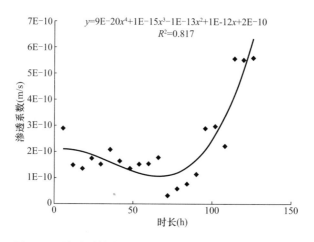

图 4.25 渗透系数-浸湿时长关系曲线及拟合方程关系式

考虑到膨胀土的特殊性质,作者认为这种现象与膨胀土自身特殊的结构及水分形态密切相关。初入水阶段,渗透系数开始由 2.88×10^{-10} m/s 降低至最小值 3.19×10^{-11} m/s,这可能是由于膨胀土初吸水时发生膨胀,亲水性矿物吸水,土体颗粒表面形成的结合水膜增厚,自由水所能通过的有效孔隙被缩小且一部分仍有气泡存在的原因,因此渗透系数降低;随着注水的进行,土体渐渐饱和,渗透系数开始增大,原因是土体内结合水逐步扩展,渐渐连成一体,孔隙内水分流通,气体渐渐排出气泡减少,因此被截留的水分减少,并不断沿着水流方向流动,土体中的水的渗透性得到增强。

需要说明的是,室内试验反映的只是成都地区非饱和膨胀土试样的渗透性能,没有反映工程实践中裂隙对膨胀土体的渗透性能的影响。实际工程中,由于裂隙的存在,膨胀土含水率越低,土体越容易发生开裂,也越容易有水分渗透。

4.6.3 渗透系数与基质吸力的关系

非饱和渗透系数与基质吸力的关系如图 4.26 所示。成都黏土的 k-s 曲线具有明显的非线性,可以分为两段。高吸力段,基质吸力由 270kPa 降至 41kPa 时,非饱和渗透系数变化不大。低吸力段,即基质吸力低于 41kPa 时,渗透系数随基质吸力的降低快速增大。该

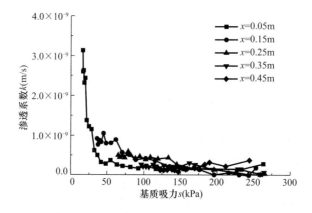

图 4.26 不同吸力下的非饱和渗透系数

试验结果与叶为民和 Cui "膨胀土、膨润土或砂-膨润土混合物渗透试验" 的结论类似。产生这一试验现象，可能是因为膨胀土土颗粒具有胀缩性。侧限条件下的入渗试验初期，一方面膨胀土中孔隙体积逐渐减小，降低了土体的渗透性，另一方面，吸力降低，土的持水力减弱，透水性增强，致使渗透系数未出现明显变化。吸水后土颗粒膨胀潜-势逐渐减小，一段时间后，吸力降低对渗透性的增强成为主导因素，渗透系数随吸力的减小而增大。

试验结束土样未完全饱和，因此，结合室内测得的饱和渗透系数 $2.73 \times 10^{-8}\,\mathrm{m/s}$，采用 VG 模型对 5cm 截面处的 k-s 曲线进行拟合（图 4.27），拟合参数 $\alpha = 0.048\mathrm{kPa}^{-1}$，$n = 1.79$，$m = 0.48$，该曲线可以用于成都黏土地区的渗流分析。

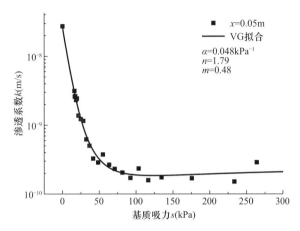

图 4.27　VG 模型拟合成都黏土 k-s 曲线

4.7　不同含水率条件下膨胀土强度变化

进一步对不同初始含水率条件下成都膨胀土的抗剪强度参数进行试验，求得不同初始含水率土样强度参数的均值，分别获得了不同初始含水率条件下成都膨胀土黏聚力、成都膨胀土内摩擦角与含水率之间的关系（图 4.28、图 4.29），意为探明膨胀衰减机理。

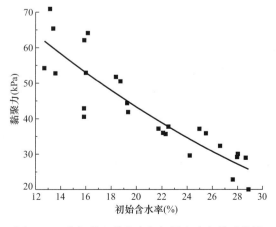

图 4.28　成都黏土黏聚力与初始含水率关系曲线

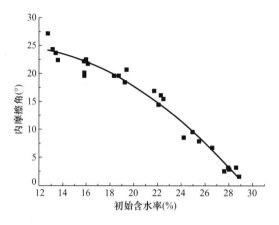

图 4.29 成都黏土内摩擦角与初始含水率关系

根据试验结果曲线,拟合出黏聚力 c 值、内摩擦角 φ 与初始含水率相关关系的回归方程:

$$c = 140.61e^{-0.058w} \tag{4.15}$$

$$\varphi = -0.0606w^2 + 1.0953w + 20.004 \tag{4.16}$$

式中 c——黏聚力(kPa);

    φ——内摩擦角(°);

    e——自然对数;

    w——初始含水率(%)。

4.8　本章小结

现行试验研究中,膨胀土膨胀性试验规程和方法均不能满足工程实践膨胀力计算所需参数的要求。在大量研究、反复试制基础上,建立了以研制专用装置和改制常规土三轴仪为设备、单土样含水率连续变化的膨胀参数试验方法。通过试验获得以下成果:

(1) 自行设计研制成功了膨胀土单土样持续/阶段吸水条件下获取含水率-膨胀力(率)全过程膨胀曲线的专用试验装置。通过膨胀力以及膨胀率试验结果分析,拟合了膨胀率与过程含水率间的方程:$\delta = 5.57e^{0.049w_0}\ln(w/w_0)$;提出了膨胀力可采用简明计算公式($P = \alpha w$)进行计算。

(2) 采用瞬时剖面法制作了一套非饱和渗流试验装置对成都黏土的土-水特征曲线与非饱和渗透系数进行试验研究,试验结果表明,土-水特征曲线可呈幂函数关系,方程形式为 $y = Ax^B$,非饱和渗流系数采用 VG 模型进行拟合,拟合参数 $\alpha = 0.048\text{kPa}^{-1}$,$n = 1.79$,$m = 0.48$。

(3) 不同初始含水率条件下的强度参数试验结果表明,膨胀土内摩擦角、黏聚力随着含水率的增加而降低,试验结果拟合曲线:$c = 140.61e^{-0.058w}$、$\varphi = -0.0606w^2 + 1.0953w + 20.004$。

第5章 基于降雨入渗深度的膨胀力分布研究

5.1 概述

基坑降雨入渗深度的确定一直是基坑支护设计中的难题，目前在工程设计中，入渗深度的确定较为常见的处理是通过当地的大气影响深度进行经验取值，忽略了具体场地因降雨强度、时长、岩土特性的不同而造成入渗深度的变化，采用大气影响深度进行支护设计往往会造成支护结构的设计不足或者过于保守。现阶段对降雨入渗深度的理论计算主要采用饱和-非饱和理论计算土坡内部的水分分布，或者借用狭义的达西定律推导出的计算公式进行计算，但这种确定方法存在计算过程复杂，参数多且难以取得等问题，其工程应用能力差，需要大量工程实例的证明。本书以成都膨胀土地区基坑为例，通过大量的室内外模型试验、数值试验研究膨胀土基坑的降雨入渗深度范围，基于此进一步研究膨胀土基坑膨胀力分布规律。

5.2 膨胀土基坑降雨入渗特征室内模型试验研究

为研究降雨条件下成都膨胀土基坑入渗深度，首先需要弄清成都膨胀土作为均质土的入渗深度的变化规律，且为了更好地控制边界，有针对性地研究降雨入渗深度的变化规律，首先进行模型试验研究。主要探讨以下三个方面的问题：

1. 降雨时长

为研究降雨时长对成都膨胀土基坑入渗深度的影响，设置降雨时长分别为 1h、4h、7h、24h，总降雨量分别为 1mm、4mm、7mm、24mm，降雨强度为中雨强度 12mm/12h，测试降雨结束前后土壤含水率，得到入渗深度变化规律。

2. 降雨强度

为研究降雨强度对成都膨胀土基坑入渗深度的影响，设置降雨强度分别为小雨（4mm/12h）、中雨（12mm/12h）、大雨（24mm/12h）、暴雨（100mm/12h），降雨时长4h，总降雨量分别为 4/3mm、4mm、8mm、33mm，测试降雨结束前后土壤含水率，得到入渗深度变化规律。

3. 边坡坡率

为研究边坡坡率对成都膨胀土基坑入渗深度的影响，设置边坡坡率为直立、1:0.5、1:1、1:2，降雨强度为中雨 12mm/12h，降雨时长 4h，降雨量为 4mm，测试降雨结束前后土壤函数率，得到浸润深度变化规律。

5.2.1 室内模型试验设计与实施

1. 模型原型

模型试验原型为成都市某膨胀土基坑（见图 5.1），基坑深 6m，悬臂桩支护的直立边坡，主要地层为成都膨胀土，其中上部为黄色成都膨胀土，厚约 8m，下部为红色成都膨胀土。

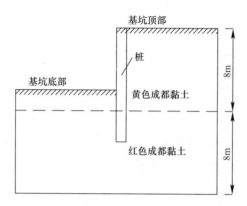

图 5.1　模型原型示意图

通过试验得到黄色成都膨胀土和红色成都膨胀土物理、水理参数见表 5.1。

基本物理、水理及力学指标　　　　　　表 5.1

黏土	天然含水率（%）	液限（%）	塑限（%）	C(kPa)	φ(°)	自由膨胀率（%）	侧限膨胀率（%）	侧限膨胀力（kPa）	饱和渗透系数（m/s）
黄色	20.6~25.9	42.26	18.55	86.2	18.8	50	13.5	54.2	2.94×10^{-8}
红色	20.6~25.9	42.91	20.59	71.4	16.7	53	12.2	46.1	1.9×10^{-8}

2. 模型相似条件

模型的相似条件是模型试验的基础，需要满足渗流的空间尺度、运动学尺度、动力学尺度均相似。依据相似三大定理及 π 定理，采用量纲分析方法，确定三个基本物理量为长度 L、时间 T 和质量 M。综合考虑模型尺寸及测试结果的有效性，取模型相似比 1：10。

3. 模型材料

模型材料应满足渗流的相似条件，关键参数是渗透系数。忽略非饱和状态下，基质吸力对渗透系数的影响；重点考虑饱和状态下成都膨胀土的渗透系数。采用重塑黄色成都膨胀土作为模型材料。为保证渗透系数满足相似准则，见公式（5.1）：

$$k = f(e), \quad e = g(\rho) \tag{5.1}$$

可知，$k = h(\rho)$，即可通过控制土的密度，来控制土的渗透系数。

采用变水头渗透试验的方法测试不同密度下的黄色成都膨胀土的渗透系数，取密度 1.7g/cm³ 时，浸水 24h 的浸水深度约为 20cm，满足测试尺度。采用瞬态法，见图 5.2，测试其饱和渗透系数，为 8.8×10^{-9} m/s，基本满足相似条件。

4. 模型搭建

根据模型原型及相似条件，建立长×宽×高＝3.7m×0.8m×1.0m 的模型槽，见图 5.3，砖砌 12 墙，并水泥砂浆刷墙，保证模型槽内壁平直。该模型槽满足强度及变形要求，四周及底部可视为不透水边界，模型上表面模拟自然地面接受人工模拟的降雨。模型槽附蓄水池蓄水，作为人工模拟降雨的水源和汇水装置。

图 5.2　南-55 渗透仪

图 5.3　模型槽实物图

5. 人工模拟降雨系统

通过水泵供水，水表测水量，水压表测水压，水阀控制流速流量，给水管输水，雾化器喷嘴喷水，组合成为人工模拟降雨系统。其中，主要装置的相关参数分别为：水泵，流量 $12.5m^3/h$，扬程 12.5m，电机功率 1.1kW，220V 交流；水表，精度 $0.00001m^3$；水压表，精度 0.002MPa；给水管，$\phi20$ 蓝色 pvc 管；雾化器喷嘴，喷嘴孔径 0.15mm，水喷出后可扩散洒落，见图 5.3（图中框架为搭设的降雨系统）。

该人工模拟降雨系统，在一定压力下，雨滴分布均匀，效果较好。测试降雨强度与水压之间的关系，可得关系式为：

$$q = 0.1583P + 9.441 \tag{5.2}$$

该降雨系统适用于降雨强度在 10mm/12h 以上的降雨条件，当降雨强度过低时，需通过其他方式进行降雨。

先研究降雨时长对膨胀土基坑入渗深度的影响，并测试降雨前、降雨 1h 后、降雨 4h 后、降雨 7h 后、降雨 24h 后的成都膨胀土基坑土的含水率。再研究降雨强度对膨胀土基坑入渗深度的影响，测试小雨、中雨、大雨、暴雨降雨强度降雨前后土的含水率，降雨结束后需连续测试，直至读数稳定，含水率降低到 20% 时，再进行下一次降雨，且降雨前清除表层开裂土，如有需要，应回填部分土。最后研究边坡坡率对膨胀土基坑入渗深度的影响，在模型的另一侧先后开挖出 1:0.5、1:1、1:2 坡度的边坡，测试降雨前后土的含水率，每次降雨时间间隔为 7 天，且清除表层开裂土。

6. 土的含水率测点布置

该试验基于电阻法原理，通过测试土的电阻间接测试土的含水率。

（1）测试元件

采用 VH3.96～2P 接插件的 3.96mm 间距的接线端子插头，两极之间间距 3.96mm，极的直径 1.1mm，长 7.3mm，通 12V 低压直流电，元件实物图见图 5.4。

图 5.4　测试元件实物图

（2）读数仪研制

基于惠斯通电桥原理研制电阻读数仪，设计该读数仪量程 $0k\Omega \sim 100k\Omega$，精度 $0.01k\Omega$，电桥实物见图5.5。

（3）测点布设

模型含水率监测点布置断面图见图5.6，主要监测坡后含水率在降雨条件下的响应特征，布置两个断面。

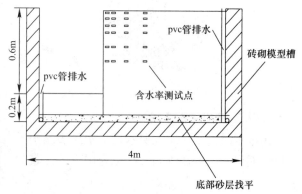

图5.5　制作电桥实物图　　　　图5.6　土的含水率监测点布置断面图

7. 数据处理及结果分析

试验过程中，观察模型降雨入渗过程，在人工模拟降雨条件下，雨水达到模型表面，发生入渗，若降雨强度足够大，则模型表面开始积水，填充低洼部分，逐渐形成地表径流。首先，模型表层土因入渗的雨水而发生低含水率非饱和状态到高含水率非饱和状态，最终达到饱和状态，同时随着降雨的水源补给，浸润线逐渐下移，饱和区也逐渐向下扩展。在整个过程中，降雨强度和降雨时长影响着浸润线的下移速度和饱和区的扩展速度。

5.2.2　降雨时长对入渗深度的影响规律

1. 降雨不同历时与入渗深度关系

人工模拟降雨1h、4h、7h、24h，绘制不同降雨历时的入渗范围曲线，见图5.7。图中红色部分含水率变化大，黄色、绿色表示土的含水率有一定的增量，但相对较小，绿色下边缘可视为浸润线；青色部分表示含水率无变化。

图5.7（a）可见，降雨1h后，基坑顶面含水率达6%，浸润线深度约为2cm～4cm；但距离坡面3cm位置的元件含水率无明显变化，可判断坡面位置入渗范围小于3cm，只是表层土体吸水。

图5.7（b）可见，降雨4h后，基坑顶面含水率增加约8%，浸润线深度达8cm～9cm。距离坡面3cm位置的元件含水率仍无明显变化。

图5.7（c）可见，降雨7h后，基坑顶面含水率变化值达8%，浸润线深度达13cm～14cm。距离坡面最近的3cm位置的元件含水率变化值小于4%。

图5.7（d）可见，降雨24h后，基坑顶面含水率变化值最大达9.5%，表层可认为形成足够深度的暂态饱和区，入渗深度达15cm～22cm。坡面位置浸润范围达到8cm～9cm。

降雨结束后，继续测试成都膨胀土基坑土壤含水率，得到湿度场云图见图5.8，从图中可以看出，降雨结束 1 天后，表面土体已开始失水，相对于降雨刚结束时，浸润线没有发生明显变化，因此，可以认为降雨结束后测得的入渗深度可以作为该次降雨的最大入渗深度。

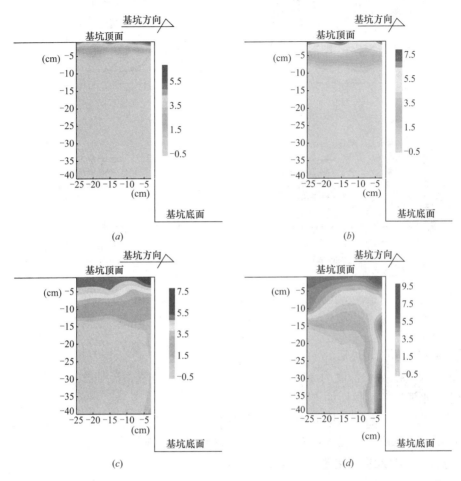

图 5.7　不同历时基坑降雨入渗范围曲线
(*a*) 1h；(*b*) 4h；(*c*) 7h；(*d*) 24h

2. 坡后不同位置湿度变化值-深度关系

　　坡后不同距离（3m、8m、15m、25m）竖向上的含水率变化见图 5.9。总体上，随着降雨时间的加长，入渗深度逐渐加大。

　　图 5.9（*a*）可见，坡后 3m 位置，降雨 4h 表层降雨入渗深度达 10cm，但坡面位置入渗深度仍小于 3cm。说明初始阶段，含水率以地面入渗为主，坡面入渗为辅。随着降雨的继续，直至 24h 时，坡面位置含水率才有所增大（大于 4%），顶部和底部增湿量大，中部含水率增加量反而偏小的现象。

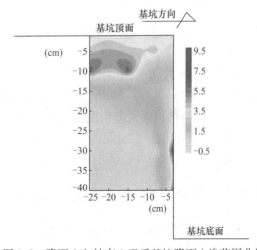

图 5.8　降雨 24h 结束 1 天后基坑降雨入渗范围曲线

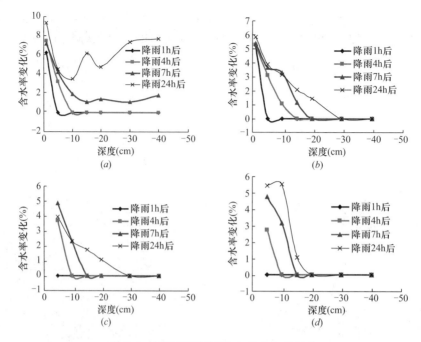

图 5.9 坡后不同距离向上的含水率变化

(*a*) 坡后 3m 处；(*b*) 坡后 8m 处；(*c*) 坡后 15m 处；(*d*) 坡后 25m 处

图 5.9 (*b*) 可见，坡后 8m 位置，1h 入渗深度为 5cm，4h 入渗深度为 15cm，7h 入渗深度为 20cm，24h 入渗深度为 30cm。对比分析坡后 3m 位置，该处含水率受到坡面入渗的影响小，水源以基坑顶面的入渗为主。

坡后 15m、25m 位置（图 *c*、图 *d*），具有与图 (*b*) 一样的规律，但是随着远离坡后距离，降雨入渗深度逐渐变浅，坡后 25m 位置降雨 24h 入渗深度仅为 20cm。

3. 降雨时长对入渗深度的影响规律

根据室内模型试验结果，分析降雨时长对入渗深度的影响，分别得出入渗深度随时间变化曲线、入渗速度与距坡面距离的关系，见图 5.10。

从图中可以看出，降雨时长对边坡入渗深度影响大，在坡顶面处，入渗深度随降雨时长的增大而增大，但入渗的速度逐渐减小，坡面位置入渗深度随着降雨时长的增大而近线性增大。

（1）降雨时长小于 4h 时，入渗深度达 10cm 或略大于 10cm，浸润线下移的速度约为 2.5cm/h，如图 5.10 (*b*) 所示，坡面入渗影响范围小于 3cm，故入渗速度应小于 0.75cm/h。基坑顶面入渗速度是坡面入渗速度的 3.3 倍以上。

（2）在 24h 的降雨时间内，随着降雨时长的增大，入渗速度从最初的 2.5cm/h，降低到 0.6cm/h～0.8cm/h，入渗速度明显减小，表明随降雨时间增大，入渗越难。

5.2.3 降雨强度对入渗深度的影响规律

1. 降雨不同强度与入渗深度关系

降雨强度考虑小雨（4mm/12h）、中雨（12mm/12h）、大雨（24mm/12h）、暴雨

（100mm/12h）四种降雨强度，降雨历时 4h，探析膨胀土直立基坑坡后湿度场变化，不同降雨强度下湿度场云图见图 5.11。图中不同颜色意义同 5.2.2 节所述。

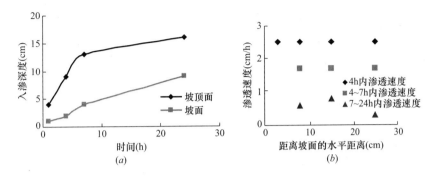

图 5.10   降雨时长对入渗深度的影响

（a）入渗深度随时间变化曲线；（b）入渗速度与距坡面距离的关系

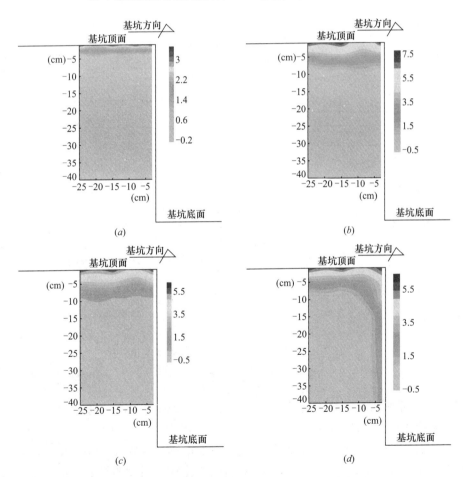

图 5.11   不同降雨强度基坑降雨入渗范围曲线

（a）小雨 4h 后；（b）中雨 4h 后；（c）大雨 4h 后；（d）暴雨 4h 后

图 5.11（a）可见，小雨降雨强度下，基坑顶面位置处浸润线深度为 4cm～5cm；距离坡面最近的 3cm 位置的元件含水率无明显变化。

图 5.11 (b) 可见,中雨降雨强度下,基坑顶面位置处浸润线深度为 7cm～8cm;距离坡面最近的 3cm 位置的元件含水率无明显变化。

图 5.11 (c) 可见,大雨降雨强度下,基坑顶面位置浸润线深度为 7cm～9cm;距离坡面最近的 3cm 位置的元件含水率无明显变化。

图 5.11 (d) 可见,暴雨强度下,基坑顶面位置处浸润线深度为 8cm～9cm,相比较于中雨降雨强度,无明显变化;距离坡面最近的 3cm 位置;入渗深度达到 5cm～6cm,坡面入渗明显。

结合坡面位置和基坑顶面位置的湿度场变化,坡顶位置浸润线呈上凸的圆弧状。但是降雨强度对基坑降雨入渗深度影响较小。

2. 坡后不同位置湿度变化值-深度关系

坡后不同距离(3m、8m、15m、25m)竖向上的含水率变化见图 5.12。

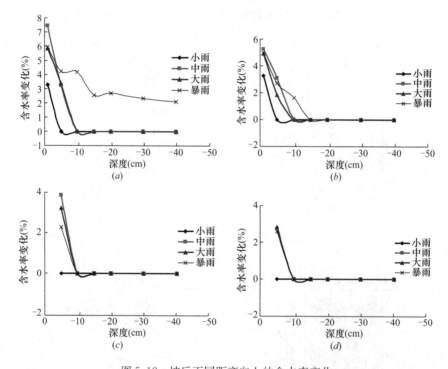

图 5.12 坡后不同距离向上的含水率变化

(a) 坡后 3m 处;(b) 坡后 8m 处;(c) 坡后 15m 处;(d) 坡后 25m 处

由图 5.12 可见,坡后不同位置处,随着降雨强度的增大,降雨入渗深度均有一定的变化。降雨强度太低时,入渗深度明显降低,这是因为降雨强度太低,其水源不足,形成地表径流所需时间也明显加大,降雨入渗的水量偏少,故入渗深度小。可如果降雨强度足够,如达到 12mm/12h 时,其入渗速度已不受降雨强度的影响。但是,当降雨强度为暴雨 100mm/12h 时,雨水可通过坡面入渗,导致 3m 位置土体吸水。产生这个现象的原因可能是高强度的降雨,导致边坡变形更大,坡面位置变形大,从而水体更容易入渗。

3. 降雨强度对入渗深度的影响规律

根据室内模型试验结果，分析降雨强度对入渗深度的影响，分别得出入渗深度随时间变化曲线、入渗速度与距坡面距离的关系，见图 5.13。

由图 5.13 可以看出，降雨强度低时对坡顶面入渗深度影响大，降雨强度大时，对坡面入渗深度影响相对较大。

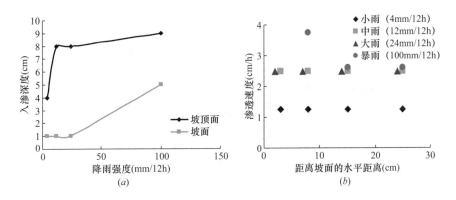

图 5.13　降雨强度对入渗深度的影响
(a) 入渗深度随降雨强度关系曲线；(b) 入渗速度与距坡面距离的关系

（1）小雨—中雨：降雨强度对入渗速度的影响较大，小雨时降雨 4h 的平均入渗速度为 1.25cm/h；中雨时平均入渗速度为 2.5cm/h。

（2）中雨—大雨—暴雨：降雨强度对入渗速度的影响很小，4h 平均入渗速度为 2.5cm/h。认为降雨强度太大时，边坡产生较大的变形，导致坡面附近渗透系数加大，坡面附近的入渗速度加大。故工程上，对成都膨胀土基坑的变形控制很重要。

5.2.4　边坡坡率对入渗深度的影响规律

1. 边坡坡率与入渗深度关系

边坡坡率考虑 1∶0.5、1∶1、1∶2 三种坡度，在人工模拟降雨 4h，中雨强度下，膨胀土基坑湿度场变化情况，不同边坡坡率下湿度场云图见图 5.14。图中不同颜色意义同 5.2.2 节所述。

由图 5.14 (a) 可见，边坡坡率为 1∶0.5 时，边坡顶部入渗深度约为 8cm，边坡中部垂直坡面防线入渗深度约为 20cm，边坡底部入渗深度约为 6cm。

由图 5.14 (b) 可见，边坡坡率为 1∶1 时，边坡顶部入渗深度约为 7cm，边坡中部垂直坡面防线入渗深度约为 17cm，边坡底部入渗深度约为 7cm。

由图 5.14 (c) 可见，边坡坡率为 1∶2 时，边坡顶部入渗深度约为 8cm，边坡中部垂直坡面防线入渗深度约为 15cm，边坡底部入渗深度约为 9cm。

三者之间，坡面的入渗深度最大，这可能是因为坡面位置在吸水后能够产生的膨胀变形更大，且容易形成一些竖向裂隙，方便水体入渗。坡顶位置和坡底位置入渗深度大致相同，但是坡顶位置相对更大，这与一般理解不同，这是因为坡脚的水能够马上排出，积水量很小，没有这个因素，故坡脚入渗深度不大；而与此同时，坡顶位置更易发生膨胀变形，一定程度上促使了降雨入渗。

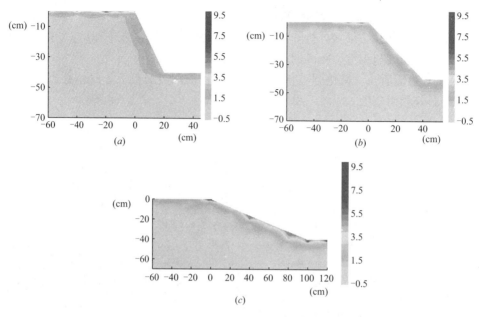

图 5.14 不同边坡坡率下基坑降雨入渗范围曲线
(a) 坡度 1：0.5；(b) 坡度 1：1；(c) 坡度 1：2

2. 边坡坡面中部入渗深度随边坡坡率变化

边坡坡率对膨胀土基坑入渗深度有一定的影响，主要影响规律见图 5.15。

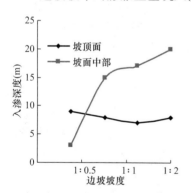

图 5.15 边坡坡面中部入渗深度
随边坡坡率变化规律图

从图 5.15 可见，边坡坡率对坡面位置的入渗深度的影响较大，对坡顶面位置的入渗深度影响小。当边坡坡率为 0 时，边坡入渗深度约为 7cm，但当边坡坡率为 1：2 时，其边坡中部入渗深度达到 20cm，此时，随着边坡坡率的逐渐增大，其渗透逐渐减小。分析坡度为 1：2 时，其渗透深度为最大值的原因，主要表现在两个方面，一是此时边坡有一定的坡度，其相对于边坡顶面有一定的坡度，水更加容易径流到坡面，导致入渗量增大；二是相对于坡度更大的边坡，此坡度下的坡面更长，受水面积更大，入渗面积增大，水更容易入渗。不同坡度边坡的坡面位置的入渗速度在 3.75cm/h～5cm/h 之间，均远远大于直立边坡和地面，可是，若直立边坡的支护不足，将导致直立边坡大变形，产生的裂隙能极大地扩大浸润范围。

5.3 膨胀土基坑降雨入渗特征现场试验研究

现场试验基于某成都膨胀土基坑，位于成都市龙泉驿区西河镇，通过不同降雨历时条件下的边坡降雨入渗深度，研究降雨条件下膨胀土基坑湿度场变化规律。

5.3.1　试验场地概况

试验场地位于成都市龙泉驿区西河镇，地势平缓，属成都平原Ⅲ级阶地。场区地层为沉积层黏土，该层黏土为褐色—褐黄色、湿、硬塑。经风化作用，土体失水产生裂隙，裂隙深约 5cm。

选取该基坑一临时边坡试验，边坡土质为成都膨胀土，坡高 2.3m，上覆厚 0.8m 翻新土，0.3m 腐殖层，成都膨胀土厚 1.5m，见图 5.16。

该成都膨胀土自由膨胀率为 48%，侧限膨胀力为 53.2kPa，属弱膨胀土。根据《成都地区建筑地基基础设计规范》DB51/T 5026—2001 规定，湿度系数 ψ_w 取 0.89，大气影响深度为 3.00m，大气影响急剧层深度 1.35m。

采用酒精法测该处初始天然湿度场（试验方法见后续 5.3.2 节所述），见图 5.17。从图中可以看出，除开表层局部失水，试验区内平均含水率在 20% 左右。初始含水率显示，在一定深度内，随着深度的增加，含水率首先增大然后减小，1.5m 位置处的含水率约为 18%。

图 5.16　临时边坡实物图

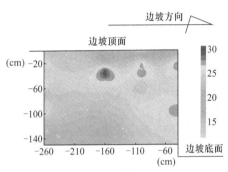

图 5.17　降雨前初始天然湿度场云图

5.3.2　膨胀土边坡湿度场现场模型试验设计与实施

1. 试验场地处理

通过清理表层翻新土、耕植土，平整场地，并设置截排水沟、砖砌边墙控制边界条件，进行降雨试验。试验场地分为两个部分，中间采用砖砌矮墙地表隔水，每个部分长×宽＝4m×3.5m。边坡实物图如图 5.18 所示。

2. 人工模拟降雨系统

采用喷淋式人工模拟降雨系统，包括水泵（扬程 15m，流量 3.5m³/h）、水表（精确到 0.1L）、水压表（量程 0.06MPa，精度 0.002MPa）、φ20 给水管、喷头（16 个，4×4 网格布置，间距 0.5m，出水孔径 1mm）。该系统通过控制水压调节水的流量，从而控制降雨强度。

3. 含水率测试方法及测试点布置

含水率测试通过麻花钻＋取土器钻芯取土，酒精法测试，每个土样加 4 次酒精，酒精度为 95°。含水率测试点按照坡后 0.4m、1.0m、1.6m、2.6m 布置四个测试孔，钻孔测试时，取土间距为 10cm，直至连续 3 次含水率值变化 1% 为止。同时坡面处按照从上到下

0.2m、0.5m、0.8m、1.1m布置测试孔，孔深20cm，取土间距5cm，见图5.19。

图 5.18　现场成都膨胀土边坡实物图

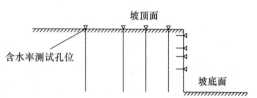
图 5.19　土的含水率测试布置图

4. 试验历时

首先在1号场地人工降雨中雨（12mm/12h），历时4h，结束后取土测试湿度场，此后每24h测试1组数据，直至相隔两次数据变化不大。

在2号场地人工降雨中雨强度12mm/12h，历时24h，降雨结束后取土测试湿度场，此后每24h测试1组数据，直至相隔两次测试得到的入渗深度不变。

5.3.3　降雨时长对入渗深度的影响规律

以中雨降雨4h为例，分析降雨4h后0天、1天湿度场的变化规律，以及坡后40cm、100cm、160cm、260cm四个不同位置含水率-深度变化规律。

1. 降雨不同天后湿度场的变化规律

中雨降雨强度下，成都膨胀土基坑现场试验测试的湿度场变化云图见图5.20。

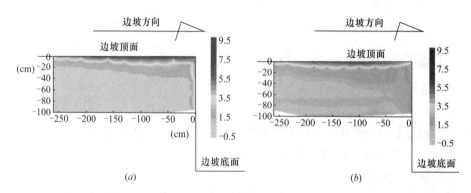
图 5.20　基坑降雨入渗范围曲线
(a) 0天后；(b) 1天后

由图5.20 (a) 可见，降雨4h后，边坡顶面处，距离坡面位置越近，入渗深度越深，在坡后40cm处，入渗深度达到30cm～40cm，而坡后250cm处，入渗深度只有20cm。坡面位置，浸润范围呈现上大下小的规律，在坡面50cm深位置，入渗深度达20cm，而坡面100cm深处，浸润范围只有15cm左右。

由图5.20 (b) 可见，降雨4h，结束1天后，坡后50cm深处水体继续入渗，但入渗量小，浸润范围小，20cm 深度范围内，含水率急剧减小，这是降雨结束后，表层开始蒸发所致，特别是边坡坡面位置，因为通风性更好，其失水的速度更快。

2. 坡后不同位置湿度变化值-深度关系

分析坡后不同位置含水率随深度的变化规律，绘制坡后 40cm、100cm、160cm、260cm 四个不同位置含水率-深度变化规律。见图 5.21。

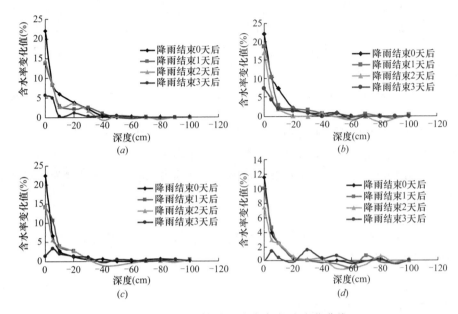

图 5.21　坡后不同位置含水率-深度变化曲线

（a）坡后 40cm 位置；（b）坡后 100cm 位置；（c）坡后 160cm 位置；（d）坡后 260cm 位置

由图 5.21 可见，坡后 40cm 位置，降雨 4h 后，浸润范围达 40cm～50cm；坡后 100cm 位置，降雨 4h 后，浸润范围达 30cm～40cm；坡后 160cm 位置，降雨 4h 后，浸润范围达 30cm 左右；坡后 260cm 位置，降雨 4h 后，浸润范围达 30cm 左右。不论测点距离坡后距离远近，降雨结束后，含水率均逐渐降低，降雨结束 3 天后，含水率基本降低到降雨前的状态。

5.4　膨胀土基坑降雨入渗特征估算方法

5.4.1　降雨入渗规律

降雨时，雨水达到地表，此时地表水力传导率较大，含水率梯度大，且表层裂隙张开，故入渗率高，降雨强度与入渗强度相等，无地表径流，此时的入渗一般叫作自由入渗，这种入渗边界模型可视为"灌溉模型"。随着入渗量的加大，地表水力传导率逐渐减小，含水率梯度逐渐减小，甚至土体达到饱和状态，此时降雨强度大于地表入渗强度，雨水开始在地表汇集，首先填充张开度较大裂隙，裂隙填充完后，开始在地表低洼处汇水，填充地表凹地，与此同时，表层成都膨胀土在吸水后发生膨胀，裂隙逐渐闭合，进一步降低入渗速度，促进地表汇水。随着地表低洼处汇水量的逐渐加大，开始形成分散的局部地表径流，流向地势更低的低洼处，最终地表水位升高，形成统一的地表径流。地表径流形成后的降雨入渗为有压入渗，这种边界模型为"降水模型"。

观察裂隙对降雨入渗的影响发现，裂隙对降雨入渗具有控制作用。现场无支护成都膨胀土边坡在新鲜开挖3天后才进行人工模拟降雨。降雨前，观察裂隙分布情况，主要分为两类裂隙，分别为本次失水收缩裂隙、卸荷裂隙、历史风化裂隙和原生构造裂隙。坡顶面出现大量本次失水收缩裂缝，裂隙大多呈竖直方向发育，贯通度在5cm左右，横向断面上呈V字形；坡面出现大量失水收缩裂隙或者卸荷裂隙，裂隙以竖向发育为主，贯通度较大，可达20cm～30cm，可与原生构造裂隙切割土体；原生构造裂隙在试验层较为发育。降雨后，雨水到达土体表面，土体吸水，吸水到一定程度后，土体吸水能力降低，开始形成地表水，地表水首先填充裂隙，并浸湿裂隙壁的土体，降低裂隙壁的吸水能力，一定程度后，裂隙中的水开始流动，由于部分失水收缩的裂隙在坡面上有出露，水可通过裂隙直接到达坡面，导致坡面上逐渐形成径流，而不需经过坡顶点。且初始时，水从裂隙底部开始流动，由于土的入渗能力逐渐降低，水的径流量逐渐加大，裂隙中的水逐渐增多，坡面处出露的裂隙流出的水量逐渐加大，出水的位置逐渐向上扩展，最终裂隙全部为水填充，坡顶位置也有水流过。

5.4.2　浸润线形态

总结模型试验、现场试验及数值模拟的结果，降雨条件下，基坑坡后浸润线的分布形态，见图5.22，有以下几个特征：

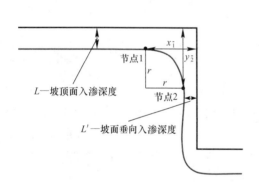

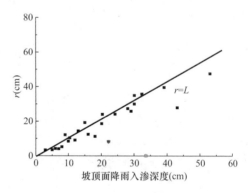

图5.22　浸润线形态示意图　　图5.23　坡顶弧形半径与坡顶面入渗深度关系

（1）坡顶面位置，在坡后一定范围以外，降雨入渗深度一致，作为坡顶面入渗深度。

（2）坡面位置，在距坡顶一定范围以外，降雨入渗深度一致，作为坡面垂向入渗深度。

（3）坡顶位置，浸润线呈上凸弧形，将该弧形简化为1/4圆弧，欲得到该弧形的大小，需要知道该弧形的半径r。汇总弧形半径r与坡顶面入渗深度的关系，见图5.23，可以看出$r=L$这条线能够很好地反映弧形半径与坡顶面入渗深度的关系，所有的数据点在这条线的附近或者这条线的下方，可以用这条$r=L$的关系代表圆弧的半径。

5.4.3　降雨入渗深度定性确定方法

联合上述室内模型试验、现场模型试验、数值试验计算的结论，以降雨时长4h、降雨强度12mm/12h、边坡坡率直立、饱和渗透系数$2.78×10^{-9}$m/s、裂隙深度0cm的模型为基准模型。通过归纳单一变量后膨胀土边坡湿度场的分布特点，研究各变量对降雨入渗深度的影响，建立入渗深度与各因素的关系，最后通过多元线性回归，建立定性计算模型。

坡顶面、垂直坡面入渗深度与各影响因素关系汇总表见表5.2。

进一步经过多远线性回归，获得坡顶面降雨入渗深度 L 与降雨时长 t、降雨强度 P、边坡坡率 A、饱和渗透系数 k 和裂隙深度的相关性；边坡坡面位置垂直坡面方向入渗深度 L' 与降雨时长 t、降雨强度 P、边坡坡率 A、饱和渗透系数 k 和裂隙深度的相关性。

坡顶面、垂直坡面入渗深度定性计算模型见表5.3和表5.4。

坡顶面、垂直坡面入渗深度与各影响因素关系汇总表　　　　表5.2

相互关系	坡顶定性关系	坡面定性关系	数据来源
入渗深度与降雨时长的关系	$L=1.9848t\quad t\leqslant 9.85$ $L=0.0494t+14.684\quad t>9.85$	$L=0.4058t\quad t\leqslant 25.9$ $L=0.05t+9.2168\quad t>25.9$	1. 室内模型试验得到降雨时长分别为 1h、4h、7h、24h 时的结果； 2. 通过数值模拟补充分析的结果
入渗深度与降雨强度的关系	$L=1.3214P\quad P\leqslant 6.097$ $L=0.0104P+7.9933$ $P>6.097$	$L=0.0536P$	1. 室内模型试验得到降雨强度为 4mm/12h、12mm/12h、24mm/12h、100mm/12h 的结果； 2. 通过数值模拟补充分析的结果
入渗深度与边坡坡率的关系	影响很小	$L=3.737A+12.806$	1. 室内模型试验得到边坡坡率为直立、1:0.5、1:1、1:2时的结果； 2. 通过数值模拟补充分析的结果
入渗深度与饱和渗透系数的关系	$L=3\times10^{8}k+10.395$	$L=3\times10^{8}k+1.0585$	1. 模型和现场试验分别为饱和渗透系数为 2.78×10^{-9} m/s、5.72×10^{-8} m/s 时的结果； 2. 通过数值模拟补充分析结果

相互关系	坡顶定性关系	坡面定性关系	数据来源
入渗深度与裂隙深度的关系	 $L=1.0766S+8.1$	 $L'=0.99S+0.9$	1. 已得到裂隙深度为15cm、土的饱和渗透系数4.4×10^{-8}m/s、在4h中雨和24h中雨的入渗深度结果； 2. 采用数值模拟方法研究土的饱和渗透系数为2.78×10^{-8}m/s（基本模型的渗透系数），4h中雨条件下不同裂隙深度对应的入渗深度的结果

表中各参量示意：

L——坡顶降雨入渗深度，单位 m；

L'——直坡面入渗深度，单位 m；

t——降雨时长，单位 h；

P——降雨强度，单位 mm/12h；

A——边坡坡率，单位 1；

k——饱和渗透系数，单位 m/s；

S——裂隙深度，单位 cm。

坡顶面入渗深度定性计算模型　　　　　　　　　　　　　　　　表 5.3

数学表达式	自变量区间
$L=1.9848t+0.0104P+3\times10^8k+1.0766S-10$	$t\leqslant9.85$、$P\leqslant6.097$
$L=1.9848t+0.8228P+3\times10^8k+1.0766S-0.8$	$t\leqslant9.85$、$P>6.097$
$L=0.0494t+0.8228P+3\times10^8k+1.0766S+9$	$t>9.85$、$P\leqslant6.097$
$L=0.0494t+0.0104P+3\times10^8k+1.0766S+13.8$	$t>9.85$、$P>6.097$

垂直坡面入渗深度定性计算模型　　　　　　　　　　　　　　　　表 5.4

数学表达式	自变量区间
$L'=0.0458t+0.0536P+3\times10^8k+0.9889S'-2.2$	$t\leqslant29.5$边坡直立
$L'=0.05t+0.0536P+3\times10^8k+0.9889S'+8.2$	$t>29.5$边坡直立
$L'=0.0458t+0.0536P+3.7481A+3\times10^8k+0.9889S'+10.31$	$t\leqslant29.5$边坡倾斜
$L'=0.05t+0.0536P+3.7481A+3\times10^8k+0.9889S'+19.5$	$t>29.5$边坡倾斜

5.4.4 定性计算模型的讨论

分析定性计算模型，虽然基坑降雨入渗深度与降雨时长、降雨强度、边坡坡率、饱和渗透系数和裂隙深度有关，但结合工程实际，每个因子的影响大小又各不相同，现分析各因子对坡顶面入渗深度的影响大小：

（1）降雨时长，工程实际表明，对工程产生严重影响的降雨一般持续数天，故降雨时长足够长时，以5天为标准进行计算，得到降雨时长产生的入渗深度变化最大值5cm，影响小。

（2）降雨强度，工程实际表明，降雨强度足够大时，如成都地区多年日最大降雨量为195.0mm，以此计算，取最大降雨强度100mm/12h，得到降雨强度产生的入渗深度变化最大值为1cm，影响小。

（3）边坡坡率，边坡坡率对坡顶面入渗深度的影响小。

（4）饱和渗透系数，成都地区地质资料表明，成都地区的渗透系数为 1×10^{-8} m/s，得到饱和渗透系数产生的入渗深度变化最大值 3cm，渗透系数为 1×10^{-6} m/s，入渗深度变化最大值为 300cm，故影响大。

（5）裂隙深度，研究表明，成都膨胀土长期的失水作用后，其裂隙深度可达 100cm 时，得到裂隙深度产生的入渗深度变化最大值达 108cm；裂隙深度为 200cm 时，入渗深度变化最大值为 216cm，影响大。

由此可见，降雨入渗深度的关键参数是饱和渗透系数和裂隙深度。

考虑成都地区降雨的最不利工况，即降雨时间长、降雨强度大时，得到成都膨胀土基坑坡顶面降雨入渗深度的计算方法可继续化简为

$$L = 1.0766S + 3 \times 10^8 k + 23 \tag{5.3}$$

式中　S——坡顶面裂隙深度（cm）；

　　　k——饱和渗透系数（m/s）。

同理得到直立边坡坡面位置入渗深度可简化为

$$L' = 1.0766S' + 3 \times 10^8 k + 12 \tag{5.4}$$

式中，S' 为坡面裂隙深度（cm）。

式（5.3）、式（5.4）可应用于勘察设计阶段对入渗深度的取值。

5.5　基于降雨入渗规律的膨胀力确定

在膨胀土基坑膨胀力研究方面，现阶段并未有一个具有普遍适用性的膨胀土基坑膨胀力计算方法。通过对膨胀土地区基坑的调查研究发现，基坑支护的破坏都伴有降雨和管道渗水等影响边坡含水量分布情况。膨胀土吸水后产生的膨胀力引起土压力的增加，往往会导致基坑支护的变形破坏。因此可以认为含水量等引起的膨胀力及土体软化是基坑变形破坏的主要因素。结合现有膨胀土基坑调研资料分析发现，基坑中的膨胀土体，在降雨等工况下，部分土体含水率升高，引起基坑降雨入渗深度变化，结合室内试验确定的岩土工程参数，例如变形参数、强度参数以及膨胀特性参数，随含水量的变化关系，采用 FLAC3D 数值计算软件的二次开发程序实现膨胀土弹塑性本构的开发和数值实现，计算膨胀土基坑在降雨入渗深度变化时引起的土体内部膨胀力场。

5.5.1　工程实用型膨胀土弹塑性本构模型

本书作者根据现阶段膨胀土本构模型的研究进展，提出一个以降雨入渗深度理论为基础，具有工程实用价值的膨胀土弹塑性本构模型，简化目前膨胀土弹塑性本构研究中的塑形法则，在摩尔-库仑准则的基础上，结合室内试验得到的含水量变化与变形、强度以及膨胀参数变化之间的关系，提出基于摩尔-库仑准则的膨胀土弹塑性本构模型，并通过 FLAC3D 软件所提供的二次开发程序接口实现自定义本构计算。

1993 年缪协兴受温度应力场理论的启发，提出了一种弹性湿度应力场理论。膨胀土吸水自由膨胀时，给定湿度场 (x, t)，在弹性范围内的总应变为：

$$\varepsilon_{ij}' = \alpha \delta_{ij} \omega \tag{5.5}$$

其中，α 为湿度膨胀系数；ε'_{ij} 为 Kornecker 记号。

在受到约束情况下，ε'_{ij} 不能自由发生，于是产生了湿度应力，这部分应力也要引起附加应变。因此，总的应变增量为：

$$\varepsilon_{ij} = \varepsilon''_{ij} + \varepsilon'_{ij} \qquad (5.6)$$

其中，ε''_{ij} 为附加应变，与附加应力之间服从 Hooke 定律，则总应变可表示为：

$$\varepsilon_{ij} = \frac{1+\upsilon}{E}\sigma_{ij} - \frac{\upsilon}{E}\delta_{ij}\sigma + \alpha\delta_{ij}\omega \qquad (5.7)$$

同时可写成总应力形式：

$$\sigma_{ij} = \frac{\upsilon E}{(1+\upsilon)(1-2\upsilon)}\delta_{ij}\varepsilon_{kk} + \frac{E}{1+\upsilon}\varepsilon_{ij} - \alpha\frac{E}{1-2\upsilon}\delta_{ij}\omega \qquad (5.8)$$

其中，E、υ 分别为弹性模量、泊松比，均为含水量的函数。

上式即为湿度应力场弹性状态下的总应力表达式，结合在摩尔-库仑模型中，当应力超过剪切、拉伸屈服准则，则进行塑性修正。

$$f^s = \sigma_1 - \sigma_3 N_\varphi + 2c\sqrt{N_\varphi} \qquad (5.9)$$

$$N_\varphi = \frac{1+\sin(\varphi)}{1-\sin(\varphi)} \qquad (5.10)$$

$$f_t = \sigma_3 - \sigma^t \qquad (5.11)$$

$$\sigma'_{max} = \frac{c}{\tan\varphi} \qquad (5.12)$$

上述方程再加上几何方程和协调方程及边界条件等就构成了湿度应力场的控制微分方程系统，从而实现基于摩尔-库仑模型的膨胀土弹塑性本构模型，该本构模型中变形参数采用勘察报告相关试验结果进行取值，强度和膨胀参数与含水量的变化关系均可通过第 4 章中岩土工程参数试验研究中得到，含水量分布即为第 5 章中膨胀土基坑湿度场分布。

5.5.2 本构模型验证

目前，FLAC3D 版本的自定义本构模型可采用 Visual Studio 2005 的版本来创建。用户通过 Visual Studio 顶部的生成命令创建一个动态链接库文件（后缀名为 .dll），这个动态链接库文件就是用来作为自定义本构模型的文件。在计算过程中主程序会自动调用用户指定的本构模型的动态链接库 DLL 文件，从而实现自定义本构模型的计算。根据 FLAC3D 中摩尔-库仑本构模型的编写过程，考虑基于摩尔-库仑准则的膨胀土弹塑性本构模型程序流程图见图 5.24。

根据膨胀土本构模型程序流程图采用 FLAC3D 二次开发软件进行自定义本构，膨胀土自定义本构模型的开发是在 Visual Studio 2005 的环境中进行的，主要开发工作包括头文件（后缀为 .h）和 C++ 源文件（后缀为 .cpp）的修改。在编译动态连接库文件过程中，有 3 个头文件可不用修改，分别是 stensor.h、axes.h 和 conmodel.h。其中 stensor.h 文件为张量头文件，用户根据定义在 stensor.h 文件可以得到当前单元应力场的三个主应力大小及方向，输出的主应力大小是按照弹塑性理论的应力符号约定的；Ases.h 文件是坐标系头文件，主要用来定义坐标系。Conmodel.h 文件是本构模型结构体头文件，包含两个结构体和一个纯虚本构模型类，结构体类型 State 包含描述一个子单元状态的 24 个变量。

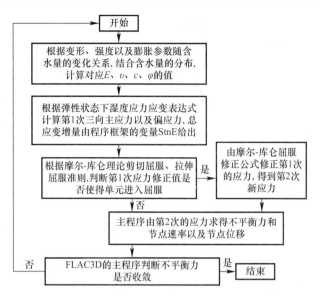

图 5.24 膨胀土本构模型程序流程图

头文件的修改要包括模型 ID 编号以及重新定义私有变量,包括模型的参数及迭代所需要的中间变量。源文件的修改是二次开发的关键所在,同时,由于本次研究采用的是 Mohr-Coulomb 屈服准则,所以也必须在函数中检验摩擦角、黏聚力、膨胀角和抗拉强度是否大于 0。第 2 个函数是整个模型开发中最重要的函数,主要包括塑性状态判断、根据弹性状态下湿度应力应变关系计算三向主应力以及偏应力以及塑形判断与修正。在 FLAC3D 在求解时会在每一个计算时间步内对每一个单元的子单元调用此函数。本构方程就是通过重载这个函数来实现的,具体来说,就是根据子单元 State 数据类型所提供的量值来得到新的应力值。

根据以上二次开发程序流程图以及核心技术,便可实现基于摩尔-库仑准则的膨胀土弹塑性本构模型的二次开发,通过成都地区某膨胀土基坑的实例计算,验证本构模型的正确性。

1. 模型建立

以膨胀土基坑为基本概化模型,根据实际的支护结构分布建立全模型如图 5.25 所示,模型长×宽×高分别为 66.8m×30m×30m。模型中共有 3 层地层,从上自下分别为黏土层 0m~8m,强风化层泥岩 8m~12m,中风化泥岩 12m~30m。支护形式为悬臂桩支护,悬臂桩桩径 1.0m,桩长 11.0m,桩间距依据现场实测结果进行布置。模型边界为向基坑边缘扩展 15m。满足一般数值模型中模型边界距离计算基坑边缘 3 倍以上桩径的要求。为了实现桩土之间的相互作用,在模型中桩土之间设置接触面,并综合考虑该基坑岩土工程勘察报告中提出的黏土层、强风化泥岩和中风化泥岩桩侧摩阻力建议值,对处于不同地层中的接触面分别设置了不同的接触面参数。模型中接触面设置示意如图 5.26 所示。

2. 模型参数

天然工况下,模型中不同地层的物理力学指标按照勘察报告中岩土工程特性指标建议值取值。模型中各材料的物理力学参数如表 5.5 所示。

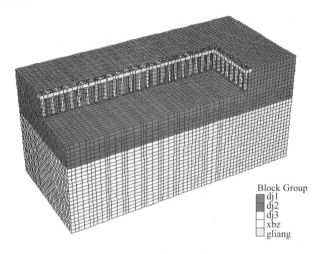

Block Group
■ dj1
■ dj2
□ dj3
□ xbz
□ gliang

图 5.25　模型示意图　　　　　　　　图 5.26　桩土接触面设置示意图

岩土的工程特性指标建议值　　　　　　　　　表 5.5

特性指标 岩土名称	重度（kN/m³）	体积模量（MPa）	剪切模量（MPa）	黏聚力（kPa）	内摩擦角（°）
黏土层	20.1	23.8	16.3	25	17.0
强风化泥岩	21.0	16.7	7.6	100	30.0
中风化泥岩	22.0	833.3	384.6	250	35.0
悬臂桩	21.0	113.6	58.5	—	—
冠梁	25.0	12.2×10^3	9.1×10^3	—	—

在模型中接触面参数综合考虑勘察报告中提供的极限侧阻力标准值和现场试验结果进行设置，桩极限侧阻力标准值如表 5.6 所示。

桩极限侧阻力标准值　　　　　　　　　表 5.6

特性指标 岩土名称	桩极限侧阻力标准值（kPa）
黏土层	130
强风化泥岩	80
中风化泥岩	160

3. 模型边界

模型施加的边界条件为：（1）约束模型底部边界上所有节点 Z 方向的变形；（2）约束模型 Y 方向两侧边界面上的所有节点 Y 方向的变形；（3）约束模型 X 方向两侧边界面上的所有节点 X 方向的变形。

4. 数值计算结果分析

（1）生成初始应力

加载前模型应首先得到初始地应力。初始地应力计算时，将地层岩土单元本构关系设置为摩尔-库仑模型。为了防止岩土体单元在计算中达到塑性状态，先将模型参数中的抗拉强度和黏聚力设置成极大值；得到模型初始地应力后，再按照模型的真实参数进行设置，其中岩土体单元采用摩尔-库仑模型，悬臂桩及冠梁等结构物单元采用弹性模型。

计算得出的初始地应力如图 5.27 所示。从图中可以看出，模型中初始地应力从上至下依次增大，模型底部最大竖直方向应力约为 665kPa，与 30m 范围内按厚度加权平均重度（21.75kN/m³）计算的土体自重压力 652kPa 相近，可以认定基本相同。

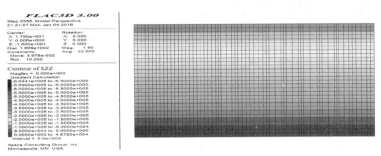

图 5.27　模型初始地应力云图

（2）原始工况下膨胀土基坑位移特征分析

初始应力计算完成后，进行基坑开挖，模型垂直基坑方向位移云图如图 5.28 所示。悬臂桩支护段基坑位移表现出基坑转角处位移小、基坑中部大的特征，呈抛物线形态，计算得到的最大位移量为 16mm，最小位移量为 0.3mm，差值位移约 15.7mm。

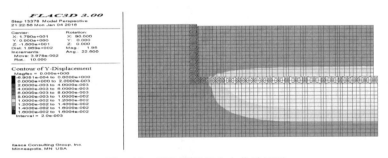

图 5.28　基坑模型 Y 方向位移云图

根据现场监测桩身位移以及数值计算桩身位移绘制对比曲线，如图 5.29 所示。由图可知，现场监测桩身位移与数值计算桩身位移较为相符。由此可证明数值计算模型的正确性，可进行进一步的计算分析。

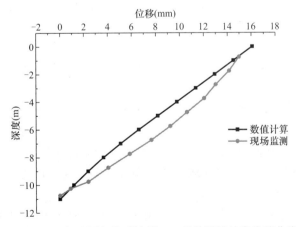

图 5.29　现场监测与模型计算 405 号监测桩桩身位移曲线

（3）降雨工况下膨胀土基坑位移特征分析

初始应力和开挖工况计算完成后，进行降雨工况下膨胀土基坑的计算，现场气象站监测降雨量结果如图 5.30 所示，简化为均匀降雨，即连续 12 小时平均降雨强度为 1.875mm/h 后连续 15 小时平均降雨强度为 1.333mm/h。

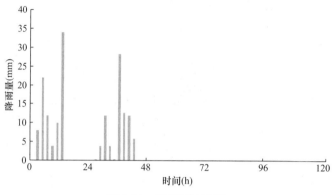

图 5.30　降雨强度监测

根据现场试验基坑的几何尺寸，建立 SEEP/W 数值分析模型，模型尺寸示意图见图 5.31，模型长 30m，高 11m，其中基坑坡高 6m。根据成都地区大气急剧影响深度 1.5m 左右，基坑顶面考虑裂隙深度 1m，基坑坡面以及基坑底面由于新鲜开挖面，裂隙深度考虑为 0.5m。

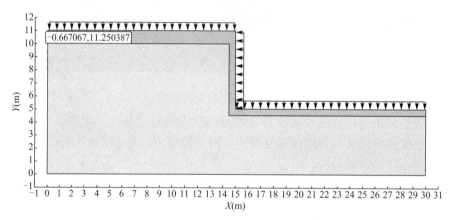

图 5.31　膨胀土基坑湿度场模型示意图

模型计算的参数参考勘察报告中的岩土工程特性指标建议取值。

1）土-水特征曲线见图 5.32。

2）水力传导曲线采用 Van Genuchten 估值方法，水力传导曲线见图 5.33。

模型的初始含水率状态通过降雨前实测含水率 20% 为准，将实测含水率按照试验所得土-水特征曲线换算成负孔隙水压力，通过空间函数的方法赋值给模型。然后进行降雨渗流计算，计算结果见图 5.34，同时根据试验结果给出坡顶含水量随深度变化曲线以及坡面含水量随深度变化曲线如图 5.35、图 5.36 所示。

降雨计算结果显示：最终基坑坡顶降雨入渗深度为 1.3m，坡面降雨入渗深度为 0.8m。

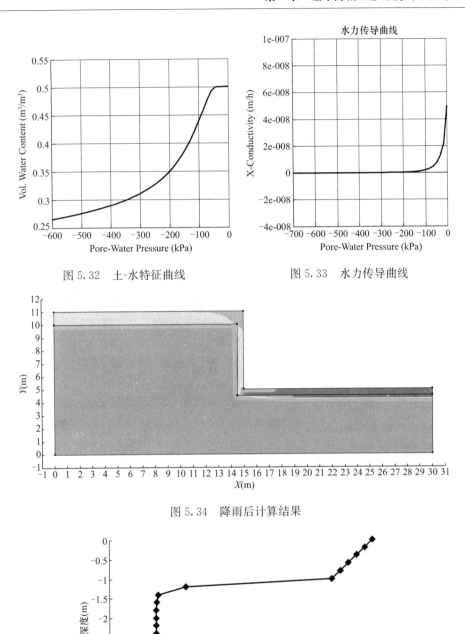

图 5.32　土-水特征曲线　　　　　　图 5.33　水力传导曲线

图 5.34　降雨后计算结果

图 5.35　坡顶含水量随深度变化曲线

在入渗深度范围内，考虑模型为工程实用型膨胀土弹塑性本构模型，天然含水量 20％，模型重新赋值后计算，计算结果如图 5.37 所示。悬臂桩支护段基坑位移表现出基坑转角处位移小、中部大的特征，呈抛物线形态，计算得到的最大位移量为 33.1mm，最小位移量为 0.87mm，差值位移约 32.23mm。

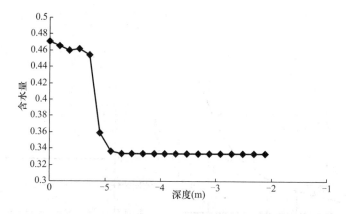

图 5.36　坡面含水率随深度变化曲线

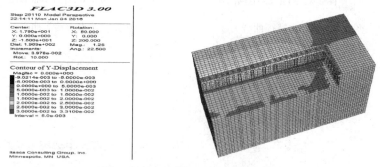

图 5.37　基坑模型 Y 方向位移云图

根据现场监测桩身位移以及数值计算桩身位移绘制对比曲线，如图 5.38 所示。由图可知，现场监测桩身位移与数值计算桩身位移较为相符。证明了课题组提出的工程实用型膨胀土弹塑性本构模型的正确性。

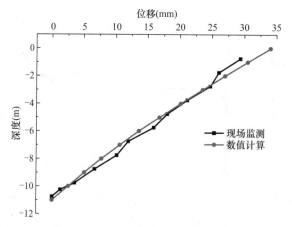

图 5.38　现场监测与模型计算 405 号监测桩桩身位移曲线

5.5.3　膨胀力分布规律数值分析

根据理论推导以及数值计算结果提出并验证了工程实用型膨胀土弹塑性本构模型，为进一步研究膨胀力场的分布，分别计算降雨工况下未考虑膨胀土基坑模型的边坡模型以及降雨工况下考虑膨胀效应膨胀土基坑模型，两者计算模型的边坡应力场的差值，即为膨胀土吸水膨胀产生的膨胀力场。但是不同工况下边坡位移不同，位移增大导致应力释放。为了研究降雨工况下膨胀土基坑膨胀力场的分布，建立简化单宽模型如图 5.39 所示。

基坑模型采用约束开挖面的方式控制位移，如图 5.40 所示。模型施加的边界条件为：1）约束模型底部边界上所有节点 Z 方向的位移；2）约束模型 Y 方向两侧边界面上的所有节点 Y 方向的位移；3）约束模型 X 方向两侧边界面上的所有节点 X 方向的位移；4）约束模型基坑开挖面所有节点 Y 方向的位移。

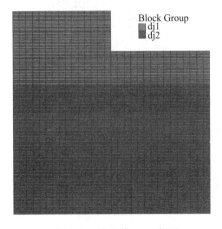

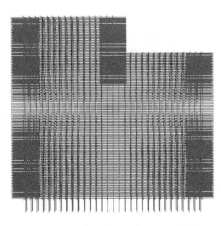

图 5.39　单宽模型示意图　　　　图 5.40　单宽模型约束边界示意图

根据初步分析，膨胀土基坑的应力场分布与边坡的初始含水量以及降雨入渗深度有关，因此，根据初始含水量以及入渗深度进行系列计算，分析成都地区膨胀土基坑应力场分布的普遍规律。初始含水量计算序列为：坡顶入渗深度 1m，坡面入渗深度 0.5m，初始含水量为 16%、18%、20%、22%、24%，考虑最不利情况，入渗深度以内膨胀土达到饱和含水量；入渗深度计算序列为：初始含水量 20%，坡面入渗深度 0.5m，坡顶入渗深度为 1m、1.5m、2m、2.5m，入渗深度以内膨胀土达到饱和含水量。以初始含水量 20%，坡顶入渗深度 1m，坡面入渗深度 0.5m 为例，计算过程如下。

（1）生成初始应力

计算得出的初始地应力如图 5.41 所示。从图中可以看出，模型中初始地应力从上自下依次增大，模型底部最大竖直方向应力约为 670kPa，与 30m 范围内按厚度加权平均重度（21.75kN/m³）计算的土体自重压力 652kPa 相近，可以认定基本相同。

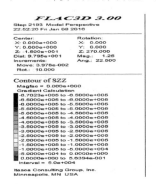

图 5.41　初始地应力云图

（2）降雨工况下未考虑膨胀基坑应力分布

初始应力计算完成后，进行基坑开挖，然后进行降雨工况下考虑变形参数、强度参数随含水量变化的模型计算，模型 Y 方向（垂直基坑方向）应力云图如图 5.42 所示。

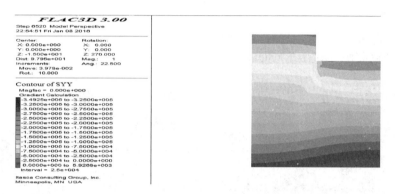

图 5.42　降雨工况下 Y 方向应力云图

在降雨工况下考虑变形参数、强度参数随含水量变化的模型计算结果的基础上，考虑膨胀效应再次计算，模型 Y 方向（垂直基坑方向）应力云图如图 5.43 所示。

 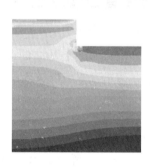

图 5.43　降雨工况下考虑膨胀效应 Y 方向应力云图

降雨工况下膨胀土基坑模型的边坡应力场与降雨工况下考虑膨胀效应膨胀土基坑模型的边坡应力场的差值如图 5.44 所示。

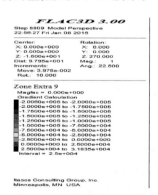 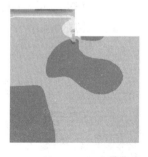

图 5.44　降雨工况下未考虑与考虑膨胀效应 Y 方向应力差云图

提取基坑开挖面应力差即为膨胀力分布如图 5.45 所示。

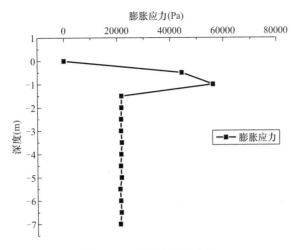

图 5.45　膨胀力分布曲线

同理，对计算序列中其他工况进行降雨工况下未考虑膨胀效应膨胀土基坑模型以及降雨工况下考虑膨胀效应膨胀土基坑模型的计算，提取两个模型的应力场，得到坡顶入渗深度 1m，坡面入渗深度 0.5m，初始含水量为 16%、18%、20%、22%、24% 计算结果如图 5.46 所示；入渗深度计算序列为：初始含水量 20%，坡面入渗深度 0.5m，坡顶入渗深度为 1m、1.5m、2m、2.5m 计算结果如图 5.47 所示。分析不同初始含水量条件下膨胀力场以及不同入渗深度条件下膨胀力场的分布特征，基坑顶部由于变形应力释放，膨胀力为零，随着深度的增加，膨胀力逐渐增大，坡顶入渗深度处，膨胀力达到最大值；随后由于坡面降雨入渗深度有限，膨胀力急剧降低，一直到基坑深度 7m 处，膨胀力值大小基本保持不变。

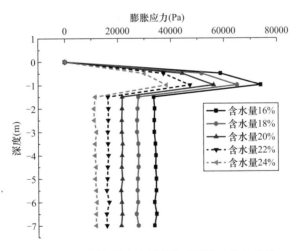

图 5.46　不同初始含水量条件下膨胀力分布曲线

提取不同初始含水量条件下最大膨胀力值以及坡面膨胀力值随初始含水量的变化数据，又因含水量与膨胀土膨胀率存在相关关系，分别进行线性拟合可知膨胀力最大值以及坡面膨胀力随膨胀率的变化关系为：

$$\sigma_1 = 442808\varepsilon_p + 11820 \tag{5.13}$$

$$\sigma_2 = 281830\varepsilon_p + 6622 \tag{5.14}$$

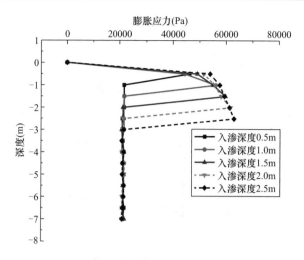

图 5.47　不同入渗深度条件下膨胀力分布曲线

同理，提取不同入渗深度条件下最大膨胀力值随入渗深度的变化数据，分别进行线性拟合可知膨胀力最大值以及坡面膨胀力随含水量的变化关系为：

$$\sigma_1 = 7845h_1 + 45653 \tag{5.15}$$

膨胀力值与含水量变化产生的膨胀应变 ε_p 以及坡顶入渗深度 h_1 有关，经过多元线性回归，得到膨胀力最大值以及坡面膨胀力值的表达式，因此，成都地区膨胀力的分布曲线如图 5.48 所示。其中，h_1 为成都地区膨胀土坡顶入渗深度，h_2 为成都地区坡面入渗深度，ε_p 为含水量变化产生的膨胀率。

$$\sigma_1 = 442808\varepsilon_p + 7845h_1 + 3975 \tag{5.16}$$

$$\sigma_2 = 281830\varepsilon_p + 6622 \tag{5.17}$$

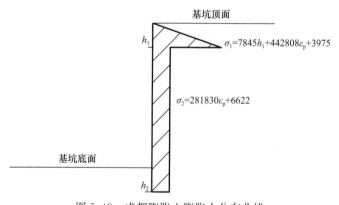

图 5.48　成都膨胀土膨胀力分布曲线

5.6　本章小结

本章通过模型试验、现场试验和数值模拟方法研究成都膨胀土基坑在不同降雨条件下的入渗特征，并将三者得到的结果进行相互对比分析，总结成都膨胀土基坑降雨入渗特征的计算方法，并进一步推导出基于膨胀土基坑降雨入渗范围内膨胀力的分布规律和简化计算方法，得到的结果如下：

（1）膨胀土边坡湿度场室内模型试验研究结果表明，降雨时长对成都膨胀土基坑边坡坡后土体入渗深度影响较大。降雨入渗以地面为主，地面入渗速度是坡面入渗速度的 3 倍以上；降雨强度对成都膨胀土基坑边坡入渗深度的影响视降雨强度的大小而定，当降雨强度超过中雨（12mm/12h）时，降雨强度对入渗速度影响小。边坡坡率对成都膨胀土基坑边坡入渗深度有一定的影响，其中倾斜边坡坡面比直立边坡坡面降雨入渗的速度大得多。

（2）膨胀土边坡湿度场现场试验研究结果表明，边坡顶面处，距离坡面位置越近，入渗深度越深；坡面位置，浸润范围呈现上大下小的规律。降雨 24h 后在坡后 40cm 处，入渗深度达到 50cm，而坡后 250cm 处，入渗深度只有 30cm。在坡面 50cm 深位置，入渗深度达 25cm，而坡面 100cm 深处，浸润范围只有 20cm 左右。

（3）通过建立入渗深度与降雨时长、降雨强度、边坡坡率、饱和渗透系数、裂隙深度的关系，再进行多元线性回归，得到入渗深度定性计算模型，同时提出成都膨胀土基坑边坡长时间暴雨工况下入渗深度的定性计算公式。

坡顶降雨入渗深度：$L = 1.0766S + 3 \times 108k + 23$

坡面降雨入渗深度：$L' = 1.0766S' + 3 \times 108k + 12$

（4）膨胀力值与含水量变化产生的膨胀应变 ε_p 以及坡顶入渗深度 h_1 有关，经过多元线性回归，得到膨胀力最大值以及坡面膨胀力值的表达式。

坡顶降雨入渗深度：$\sigma_1 = 442808\varepsilon_p + 7845h_1 + 3975$

坡面降雨入渗深度：$\sigma_2 = 281830\varepsilon_p + 6622$

第6章 膨胀土基坑非极限状态土压力研究

6.1 概述

膨胀土基坑的支护现行设计方法主要是在一般黏性土的基础上，依据工程经验进行设计，缺乏理论依据和实践支持。随着基坑开挖，大部分基坑出现位移过大、坡脚软化、悬臂桩倾斜、锚索失效甚至整体破坏的现象，表明依据经验取值的支护结构设计并没有取得较为理想的支护效果。本章结合室内模型试验、现场模型试验、数值分析和理论分析等手段的研究成果，针对膨胀土基坑，基于单元状态分析，建立考虑膨胀力作用、膨胀土软化等特性的膨胀土非极限状态土压力计算方法。

6.2 膨胀土基坑非极限土压力研究

在土力学理论中，当侧向挡墙向墙外位移变形时，墙后土体产生位移，此时作用在墙上的土压力是主动土压力；反之，当侧向挡墙向墙后位移变形时，墙后土体被挤压，此时作用在墙上的土压力是被动土压力。近年来土压力的研究主要集中在两点：一是考虑墙的移动、转动，导致墙背附近最小主应力方向不再水平，则侧压力的大小和方向按水平假定的计算就会出现误差，破裂面也并非假设的平面而是曲面，需要重新推导计算式；二是研究实测表明，墙的位移并非都能到达土体破坏的极限状态，因此经典土压力计算结果是过大的，应该建立非极限状态的土压力公式。

针对膨胀土基坑非极限土压力的研究，可分解为以下 7 个问题：①基于经典土压力理论；②考虑支护结构的变形后的几何特征和实际位移；③不能假定破裂面形态；④用微层法建立计算模型；⑤膨胀力按附加应力考虑；⑥强度准则采用非饱和土的强度准则；⑦同时建立主动、被动土压力算式。

6.2.1 非极限位移条件下抗剪强度研究

1. 内摩擦角与位移的关系

目前经典的土压力理论均假设墙后填土的内摩擦角和墙土之间的外摩擦角都是常数，而实际上挡土墙产生位移而使墙后土体发生破坏的过程是一个逐渐变化的过程。考虑主动状态时，土压力从静止土压力逐渐减小，经历中间主动状态，最后达到主动极限状态。在这个过程中，土的内摩擦角和墙土之间的外摩擦角是逐渐发挥的，随着挡土墙位移的增加从初始值逐渐增加到极限值。

　　当墙体背离土体移动而处于中间主动状态时，土的内摩擦角没有全部发挥，而是处于初始值和极限值（即通常单轴（三轴）试验得到的抗剪强度指标）之间的某个值。

　　如图 6.1 所示为黏性土的应力摩尔圆，σ_1 为初始态时的最大主应力，σ_0 为初始状态时的最小主应力，σ_a 为极限状态时最小主应力，σ_m 为中间状态时的最小主应力。可以看到，σ_1 和 σ_0 确定初始应力状态，σ_1 和 σ_a 确定极限状态，非极限状态时的土压力 σ_m 处于 σ_a 与 σ_0 之间。

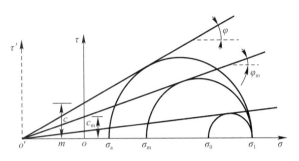

图 6.1　黏性土应力摩尔圆

　　如图 6.1 所示为一般黏性土在初始含水率情况下不同位移条件的应力状态。膨胀土基坑往往是在降雨等涉水条件下出现较大的位移。因此，膨胀土在含水率变化下的应力摩尔圆如图 6.2 所示。莫尔圆 1 为初始含水率下的初始以及极限状态下的应力状态。针对膨胀土基坑，降雨等涉水条件下，含水率分布出现变化，结合膨胀土的岩土参数随含水量的变化特性，膨胀土边坡出现以下变化：

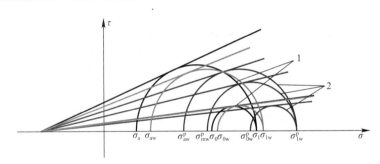

图 6.2　不同状态下膨胀土应力莫尔圆

　　1）含水率变化时，土中应力由于土体自重的增加而增加，同时土体强度参数出现衰减；由此可画出绿色摩尔圆为含水率变化下的黏性土应力状态，其中 σ_{1w} 为含水率变化后最大主应力，σ_{0w} 为含水率变化后最小主应力；

　　2）含水率变化时，土体吸水膨胀，产生膨胀力，从而引起应力变化。由此可画出摩尔圆 2 为含水率变化下膨胀土应力状态。其中 σ_{1w}^p 为含水率变化后膨胀土最大主应力，σ_{0w}^p 为含水率变化后膨胀土最小主应力。

　　假设边坡中某一土体单元在降雨条件下含水率出现 dw 的变化，那么这一点的初始摩尔圆、极限条件下的摩尔圆以及在某一中间状态下的摩尔圆可如图 6.3 表示。

　　图 6.3 中 φ_m、c_m 为边坡土体在含水率出现变化时未达到极限状态下的抗剪强度，处于初始值和极限值之间的某一个值。

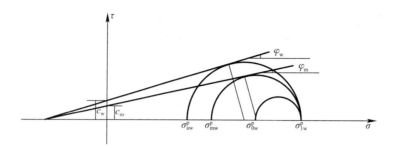

图 6.3 降雨状态下膨胀土摩尔圆

$$\sin\varphi_w = \frac{\frac{1}{2}(\sigma_{1w}^p - \sigma_{aw}^p)}{\frac{1}{2}(\sigma_{1w}^p + \sigma_{aw}^p) + m} = \frac{(\sigma_{1w}^p + m) - (\sigma_{aw}^p + m)}{(\sigma_{1w}^p + m) + (\sigma_{aw}^p + m)} \tag{6.1}$$

$$\sin\varphi_m = \frac{\frac{1}{2}(\sigma_{1w}^p - \sigma_{mw}^p)}{\frac{1}{2}(\sigma_{1w}^p + \sigma_{mw}^p) + m} = \frac{(\sigma_{1w}^p + m) - (\sigma_{mw}^p + m)}{(\sigma_{1w}^p + m) + (\sigma_{mw}^p + m)} \tag{6.2}$$

为方便计算，可以将纵坐标向左平移 m，并令 $\sigma_{1w}^{p\prime} = \sigma_{1w}^p + m$，$\sigma_{aw}^{p\prime} = \sigma_{aw}^p + m$，$\sigma_{1w}^{p\prime} = \sigma_{1w}^p + m$，$\sigma_{mw}^{p\prime} = \sigma_{mw}^p + m$，故有：

$$\sin\varphi_w = \frac{\sigma_{1w}^{p\prime} - \sigma_{aw}^{p\prime}}{\sigma_{1w}^{p\prime} + \sigma_{aw}^{p\prime}} = \frac{(\sigma_{1w}^{p\prime} - \sigma_{0w}^{p\prime}) + (\sigma_{0w}^{p\prime} - \sigma_{aw}^{p\prime})}{(\sigma_{1w}^{p\prime} + \sigma_{0w}^{p\prime}) - (\sigma_{0w}^{p\prime} - \sigma_{aw}^{p\prime})} \tag{6.3}$$

$$\sin\varphi_m = \frac{\sigma_{1w}^{p\prime} - \sigma_{mw}^{p\prime}}{\sigma_{1w}^{p\prime} + \sigma_{mw}^{p\prime}} = \frac{(\sigma_{1w}^{p\prime} - \sigma_{0w}^{p\prime}) + (\sigma_{0w}^{p\prime} - \sigma_{mw}^{p\prime})}{(\sigma_{1w}^{p\prime} + \sigma_{0w}^{p\prime}) - (\sigma_{0w}^{p\prime} - \sigma_{mw}^{p\prime})} \tag{6.4}$$

施建勇等采用卸荷路径的三轴试验模拟主动土压力的形成过程，试验结果表明，径向应力和径向应变具有双曲线的变化关系，即有：

$$(\sigma_{0w}^p - \sigma_{mw}^p) = (\sigma_{0w}^{p\prime} - \sigma_{mw}^{p\prime}) = \frac{\varepsilon_m}{a + b\varepsilon_m} \tag{6.5}$$

式中，ε_m 为中间状态时的径向应变；a、b 均为试验参数。显然，当处于极限主动状态时，也满足上式：

$$(\sigma_{0w}^{p\prime} - \sigma_{aw}^{p\prime}) = \frac{\varepsilon_f}{a + b\varepsilon_f} \tag{6.6}$$

式中，ε_f 为极限状态时的径向应变。

由式（6.5）得：

$$b = \frac{1}{(\sigma_{0w}^{p\prime} - \sigma_{mw}^{p\prime})}\Big|_{\varepsilon_m \to \infty} = \frac{1}{(\sigma_{0w}^{p\prime} - \sigma_{mw}^{p\prime})_u} \tag{6.7}$$

式中，$(\sigma_{0w}^{p\prime} - \sigma_{mw}^{p\prime})_u$ 为 $\varepsilon_m \to \infty$ 时 $(\sigma_{0w}^{p\prime} - \sigma_{mw}^{p\prime})$ 的值。

引入破坏比，有：

$$R_f = \frac{(\sigma_{0w}^{p\prime} - \sigma_{mw}^{p\prime})_f}{(\sigma_{0w}^{p\prime} - \sigma_{mw}^{p\prime})_u} = b(\sigma_{0w}^{p\prime} - \sigma_{aw}^{p\prime}) \tag{6.8}$$

式中，$(\sigma_{0w}^{p\prime} - \sigma_{mw}^{p\prime})_f$ 为破坏时 $\sigma_{0w}^{p\prime} - \sigma_{mw}^{p\prime}$ 的值；R_f 的取值一般在 $0.75 \sim 1.0$ 之间。

进一步得：

$$\varepsilon_f = \frac{aR_f}{b(1-R_f)} \tag{6.9}$$

若定义 $\eta = \varepsilon_m / \varepsilon_f$，则有：

$$\varepsilon_m = \frac{a\eta R_f}{b(1-R_f)} \tag{6.10}$$

在初始状态时，有：

$$\sigma_{0w}^{p'} = K_0 \sigma_{1w}^{p'} \tag{6.11}$$

式中，K_0 为初始侧压系数。

联立上述各式得：

$$b = \frac{1+\sin\varphi_w}{(1+K_0)\sin\varphi_w\sigma_{1w}^{p'} - (1-K_0)\sigma_{1w}^{p'}} R_f \tag{6.12}$$

联立式得：

$$\sin\varphi_m = \frac{(1-R_f+\eta R_f)(1-K_0)(1+\sin\varphi_w) + \eta\sin\varphi_w(1+K_0) - \eta(1-K_0)}{(1-R_f+\eta R_f)(1+K_0)(1+\sin\varphi_w) - \eta\sin\varphi_w(1+K_0) + \eta(1-K_0)} \tag{6.13}$$

式中，η 可认为墙体水平位移值 $S(z)$ 与达到极限状态所需位移值 S_a 的比值：

$$\eta = \frac{S(z)}{S_a} \tag{6.14}$$

从式（6.14）可看出，土的内摩擦角发挥值只与初始侧向压力系数 K_0、破坏比 R_f、内摩擦角极限值 φ_w 以及反映位移影响的 η 值有关。φ_w 可通过抗剪强度试验得到；K_0 可通过公式 $K_0 = \frac{\upsilon}{1-\upsilon}$ 求得，υ 为泊松比；R_f 为经验参数。极限状态所需位移值 S_a 在《加拿大基坑工程手册》（第四版）中有相关取值建议，如表6.1所示，其中 Y 值为墙顶相对墙底的位移，H 值为墙体高度。

不同土的类型主动土压力以及被动土压力的极限位移条件　　　　表6.1

土的类型	Y/H	
	主动土压力	被动土压力
紧密砂土	0.001	0.02
松散砂土	0.004	0.06
硬质黏土	0.01	0.02
软质黏土	0.02	0.02

对于墙土之间的外摩擦角 δ_m，在考虑复杂位移模式下的土压力问题时，采用龚慈提出的公式：

$$\tan\delta_{qm} = \tan\delta_0 + \frac{4}{\pi}\arctan\eta(\tan\delta - \tan\delta_0) \tag{6.15}$$

式中，η 同式（6.13），$\delta_w = \varphi_w / 2$，δ 为实测值，缺乏资料时可取 $\delta = 2\varphi_w / 3$。

2. 黏聚力与位移的关系

杨泰华等总结了考虑位移影响的黏性土土压力计算模式，提出土的黏聚力发挥值 c_m 随着位移在 $0 \sim c_w$ 之间线性变化。而对于墙-土之间的黏聚力 c_q 的值及其发挥值 c_{qm}，资料更少，可取 $c_q = 2c_w / 3$，并假设墙土之间黏聚力发挥值 c_{qm} 和土的黏聚力发挥值 c_m 随位移都具有相同的变化规律。

根据几何关系可以得到：

$$c_{\mathrm{w}}\cot\varphi_{\mathrm{w}} = c_{\mathrm{m}}\cot\varphi_{\mathrm{m}} \tag{6.16}$$

因此有：

$$c_{\mathrm{m}} = \frac{\tan\varphi_{\mathrm{m}}}{\tan\varphi_{\mathrm{w}}}c_{\mathrm{w}} \tag{6.17}$$

根据假设，有：

$$c_{\mathrm{qm}} = \frac{\tan\varphi_{\mathrm{m}}}{\tan\varphi_{\mathrm{w}}}c_{\mathrm{q}} \tag{6.18}$$

式中，c_{w}、φ_{w} 通过室内试验测定，φ_{m} 通过式（6.12）确定。

至此，非极限状态下膨胀土各强度参数与位移变化的计算公式如下所示：

$$\sin\varphi_{\mathrm{m}} = \frac{(1-R_{\mathrm{f}}+\eta R_{\mathrm{f}})(1-K_0)(1+\sin\varphi_{\mathrm{w}}) + \eta\sin\varphi_{\mathrm{w}}(1+K_0) - \eta(1-K_0)}{(1-R_{\mathrm{f}}+\eta R_{\mathrm{f}})(1+K_0)(1+\sin\varphi_{\mathrm{w}}) - \eta\sin\varphi_{\mathrm{w}}(1+K_0) + \eta(1-K_0)} \tag{6.19}$$

$$c_{\mathrm{m}} = \frac{\tan\varphi_{\mathrm{m}}}{\tan\varphi_{\mathrm{w}}}c_{\mathrm{w}} \tag{6.20}$$

$$\tan\delta_{\mathrm{qm}} = \tan\delta_0 + \frac{4}{\pi}\arctan\eta(\tan\delta - \tan\delta_0) \tag{6.21}$$

$$c_{\mathrm{qm}} = \frac{\tan\varphi_{\mathrm{m}}}{\tan\varphi_{\mathrm{w}}}c_{\mathrm{q}} \tag{6.22}$$

$$c_{\mathrm{q}} = 2c_{\mathrm{w}}/3 \tag{6.23}$$

6.2.2　膨胀土基坑非极限主动土压力研究

柔性悬臂桩在背离填土方向移动时，桩后土体的滑裂面为一水平倾角由下向上逐渐增大的曲面，如图6.4所示的 BC。桩后土体受到基底土体和桩的约束，基底土体阻止其水平位移，桩身阻止其下滑。在这两种约束共同作用下，桩后土体产生剪切变形和剪应力，如图6.5所示。从土体中一点的应力状态分析可知，两个方向的剪应力是共存、互等的，

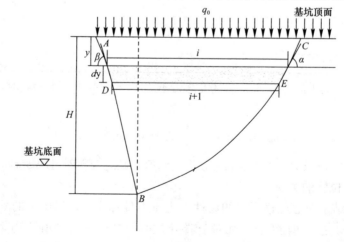

图6.4　边坡位移状态

只有当桩后土体同时受到水平向的约束和桩身的摩擦作用时，才会产生水平向和竖向剪应力。若桩面光滑时，桩后土体不存在剪应力作用，与朗肯土压力理论一致。因此，在桩面摩擦的作用下桩后滑裂土体的水平土层间必然存在剪应力作用。

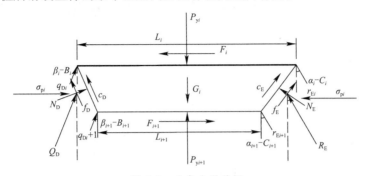

图 6.5　土条力学分析

对桩后某一点土体 D 点进行应力状态分析如下所示：

1）当 $\delta_i < \varphi_i$ 时：

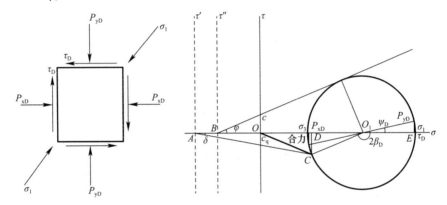

图 6.6　桩后土体应力状态

坐标转换：

$$\tau' = \tau \tag{6.24}$$

$$\sigma' = \sigma + c_q \cot\delta \tag{6.25}$$

$$\sigma'' = \sigma + c\cot\varphi \tag{6.26}$$

$$k_{ai} = \tan^2(45 - \varphi_i/2) \tag{6.27}$$

$$R_i = \frac{(1 - k_{ai})(\sigma_{1i} + c_i\cot\varphi_i)}{2} \tag{6.28}$$

D 点应力：

$$p_{xDi} = \frac{R_i}{\sin\varphi_i}(1 - \cos\psi_{Di}\sin\varphi_i) - c_i\cot\varphi_i \tag{6.29}$$

$$p_{yDi} = \frac{R_i}{\sin\varphi_i}(1 + \cos\psi_{Di}\sin\varphi_i) - c_i\cot\varphi_i \tag{6.30}$$

$$\tau_{Di} = R_i\sin\psi_{Di} \tag{6.31}$$

$$\psi_{Di} = 2\beta_i - \pi + A - \delta_i \tag{6.32}$$

$$A = \arcsin\left(\frac{\sin\delta_i}{\sin\varphi_i} - \frac{\sin\delta_i}{R_i}(c_q\cot\delta_i - c\cot\varphi_i)\right) \tag{6.33}$$

$$B_i = \arctan\frac{CD}{OD} = \arctan\left(\frac{R_i\sin(A_i - \delta_i)}{\frac{R_i}{\sin\varphi_i} - c_i\cot\varphi_i - R_i\cos(A_i - \delta_i)}\right) \tag{6.34}$$

当 $OD = \frac{R_i}{\sin\varphi_i} - c_i\cot\varphi_i - R_i\cos(A_i - \delta_i) > 0$ 时：

$$q_{xi} = \sqrt{\left[\frac{R_i}{\sin\varphi_i} - c_i\cot\varphi_i - R_i\cos(A_i - \delta_i)\right]^2 + [R_i\sin(A_i - \delta_i)]^2}\sin(\beta_i - B_i) \tag{6.35}$$

$$q_{yi} = \sqrt{\left[\frac{R_i}{\sin\varphi_i} - c_i\cot\varphi_i - R_i\cos(A_i - \delta_i)\right]^2 + [R_i\sin(A_i - \delta_i)]^2}\cos(\beta_i - B_i) \tag{6.36}$$

当 $OD = \frac{R_i}{\sin\varphi_i} - c_i\cot\varphi_i - R_i\cos(A_i - \delta_i) < 0$ 时：

$$q_{xi} = -\sqrt{\left[\frac{R_i}{\sin\varphi_i} - c_i\cot\varphi_i - R_i\cos(A_i - \delta_i)\right]^2 + [R_i\sin(A_i - \delta_i)]^2}\sin(\beta_i - B_i)$$
$$\tag{6.37}$$

$$q_{yi} = -\sqrt{\left[\frac{R_i}{\sin\varphi_i} - c_i\cot\varphi_i - R_i\cos(A_i - \delta_i)\right]^2 + [R_i\sin(A_i - \delta_i)]^2}\cos(\beta_i - B_i)$$
$$\tag{6.38}$$

当 $OD = \frac{R_i}{\sin\varphi_i} - c_i\cot\varphi_i - R_i\cos(A_i - \delta_i) = 0$ 时：

$$q_{xi} = -R_i\sin(A_i - \delta_i)\cos\beta_i \tag{6.39}$$

$$q_{yi} = R_i\sin(A_i - \delta_i)\sin\beta_i \tag{6.40}$$

2）当 $\delta_i > \varphi_i$ 时：

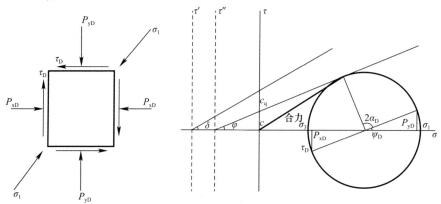

图 6.7 桩后土体应力状态

坐标转换：

$$\tau' = \tau \tag{6.41}$$

$$\sigma' = \sigma + c\cot\varphi \tag{6.42}$$

$$k_{ai} = \tan^2(45 - \varphi_i/2) \tag{6.43}$$

$$R_i = \frac{(1 - k_{ai})(\sigma_{1i} + c_i\cot\varphi_i)}{2} \tag{6.44}$$

D 点应力：

$$p_{xDi} = \frac{R_i}{\sin\varphi_i}(1 - \cos\psi_{Di}\sin\varphi_i) - c_i\cot\varphi \qquad (6.45)$$

$$p_{yDi} = \frac{R_i}{\sin\varphi_i}(1 + \cos\psi_{Di}\sin\varphi_i) - c_i\cot\varphi \qquad (6.46)$$

$$\tau_{Di} = R_i\sin\psi_{Di} \qquad (6.47)$$

$$\psi_D = \frac{\pi}{2} + \varphi_i - 2\alpha_i \qquad (6.48)$$

$$D_i = \arctan\left(\frac{R\cos\varphi_i}{\dfrac{R_i}{\sin\varphi_i} - R_i\sin\varphi_i - c_i\cot\varphi_i}\right) \qquad (6.49)$$

当 $\dfrac{R_i}{\sin\varphi_i} - R_i\sin\varphi_i - c_i\cot\varphi_i > 0$ 时：

$$q_{xi} = \sqrt{\left(\frac{R_i}{\sin\varphi_i} - R_i\sin\varphi_i - c_i\cot\varphi_i\right)^2 + (R_i\cos\varphi_i)^2}\sin(\alpha_i - D_i) \qquad (6.50)$$

$$q_{yi} = \sqrt{\left(\frac{R_i}{\sin\varphi_i} - R_i\sin\varphi_i - c_i\cot\varphi_i\right)^2 + (R_i\cos\varphi_i)^2}\cos(\alpha_i - D_i) \qquad (6.51)$$

当 $\dfrac{R_i}{\sin\varphi_i} - R_i\sin\varphi_i - c_i\cot\varphi_i < 0$ 时：

$$q_{xi} = -\sqrt{\left(\frac{R_i}{\sin\varphi_i} - R_i\sin\varphi_i - c_i\cot\varphi_i\right)^2 + (R_i\cos\varphi_i)^2}\sin(\alpha_i - D_i) \qquad (6.52)$$

$$q_{yi} = \sqrt{\left(\frac{R_i}{\sin\varphi_i} - R_i\sin\varphi_i - c_i\cot\varphi_i\right)^2 + (R_i\cos\varphi_i)^2}\cos(\alpha_i - D_i) \qquad (6.53)$$

当 $\dfrac{R_i}{\sin\varphi_i} - R_i\sin\varphi_i - c_i\cot\varphi_i = 0$ 时：

$$q_{xi} = -R_i\cos\varphi_i\sin\alpha_i \qquad (6.54)$$

$$q_{yi} = R_i\cos\varphi_i\cos\alpha_i \qquad (6.55)$$

对桩后土体 E 点进行应力状态分析如下所示：

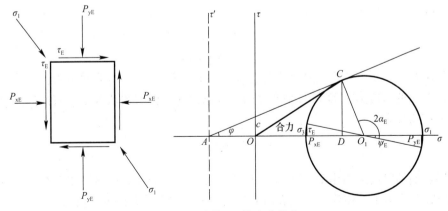

图 6.8　滑裂面土体应力状态

坐标转换：

$$\tau' = \tau \tag{6.56}$$

$$\sigma' = \sigma + c\cot\varphi \tag{6.57}$$

$$k_{ai} = \tan^2(45 - \varphi_i/2) \tag{6.58}$$

$$R_i = \frac{(1 - k_{ai})(\sigma_{1i} + c_i\cot\varphi_i)}{2} \tag{6.59}$$

E 点应力：

$$p_{xEi} = \frac{R_i}{\sin\varphi_i}(1 - \cos\psi_{Ei}\sin\varphi_i) - c_i\cot\varphi \tag{6.60}$$

$$p_{yEi} = \frac{R_i}{\sin\varphi_i}(1 + \cos\psi_{Ei}\sin\varphi_i) - c_i\cot\varphi \tag{6.61}$$

$$\tau_{Ei} = R_i\sin\psi_{Ei} \tag{6.62}$$

$$\psi_E = 2\alpha_i - \frac{\pi}{2} - \varphi_i \tag{6.63}$$

$$C_i = \arctan\frac{CD}{OD} = \arctan\left(\frac{R\cos\varphi_i}{\dfrac{R_i}{\sin\varphi_i} - R_i\sin\varphi_i - c_i\cot\varphi_i}\right) \tag{6.64}$$

当 $OD = \dfrac{R_i}{\sin\varphi_i} - R_i\sin\varphi_i - c_i\cot\varphi_i > 0$ 时：

$$r_{xi} = \sqrt{\left(\frac{R_i}{\sin\varphi_i} - R_i\sin\varphi_i - c_i\cot\varphi_i\right)^2 + (R_i\cos\varphi_i)^2}\sin(\alpha_i - C_i) \tag{6.65}$$

$$r_{yi} = \sqrt{\left(\frac{R_i}{\sin\varphi_i} - R_i\sin\varphi_i - c_i\cot\varphi_i\right)^2 + (R_i\cos\varphi_i)^2}\cos(\alpha_i - C_i) \tag{6.66}$$

当 $OD = \dfrac{R_i}{\sin\varphi_i} - R_i\sin\varphi_i - c_i\cot\varphi_i < 0$ 时：

$$r_{xi} = -\sqrt{\left(\frac{R_i}{\sin\varphi_i} - R_i\sin\varphi_i - c_i\cot\varphi_i\right)^2 + (R_i\cos\varphi_i)^2}\sin(\alpha_i - C_i) \tag{6.67}$$

$$r_{yi} = -\sqrt{\left(\frac{R_i}{\sin\varphi_i} - R_i\sin\varphi_i - c_i\cot\varphi_i\right)^2 + (R_i\cos\varphi_i)^2}\cos(\alpha_i - C_i) \tag{6.68}$$

当 $OD = \dfrac{R_i}{\sin\varphi_i} - R_i\sin\varphi_i - c_i\cot\varphi_i = 0$ 时：

$$r_{xi} = -R_i\cos\varphi_i\sin\alpha_i \tag{6.69}$$

$$r_{yi} = R_i\cos\varphi_i\cos\alpha_i \tag{6.70}$$

对作用在单元水平土层上各个力进行分析，上述各式中 σ_{1i} 为自重应力。

土层表面的剪应力由 D 到 E 是变化的，考虑到这一剪力数值较小，表面剪力 F_i 可近似地按平均值计算：

$$F_i = \frac{(\tau_{Di} + \tau_{Ei})}{2}L_i \tag{6.71}$$

土层表面的竖向应力由 D 到 E 是变化的，通过对竖向应力的进一步分析，认为取 D、E 两点的竖向应力平均值作为土层表面的竖向应力是在误差允许范围内的。

$$p_{yi} = \frac{p_{yDi} + p_{yEi}}{2} \tag{6.72}$$

桩后水平向反力：

$$Q_{xi} = \frac{(q_{xi} + q_{xi+1})\Delta y_i}{2} \qquad (6.73)$$

桩后竖向反力：

$$Q_{yi} = \frac{(q_{yi} + q_{yi+1})\Delta y_i}{2} \qquad (6.74)$$

滑裂面水平向反力：

$$R_{xi} = \frac{(r_{xi} + r_{xi+1})\Delta y_i}{2} \qquad (6.75)$$

滑裂面竖向反力：

$$R_{yi} = \frac{(r_{yi} + r_{yi+1})\Delta y_i}{2} \qquad (6.76)$$

土层自重：

$$\Delta G_i = \frac{\gamma(L_i + L_{i+1})\Delta y_i}{2} \qquad (6.77)$$

其中，$L_{i+1} = L_i - 2\dfrac{\Delta y_i}{\tan\alpha_i + \tan\alpha_{i+1}}$；

根据静力平衡条件：

$$\Sigma X = 0 \qquad (6.78)$$

$$Q_{xi} + F_{i+1} - R_{xi} - F_i - \sigma_{pi} + \sigma'_{pi} = 0 \qquad (6.79)$$

$$\Sigma Y = 0 \qquad (6.80)$$

$$p_{yi+1}L_{i+1} + Q_{yi} + R_{yi} = p_{yi}L_i + \Delta G_i \qquad (6.81)$$

根据以上静力平衡等式关系，假设基坑顶面滑裂面长度 L_0 以及滑裂角 φ_0，进行逐层计算。通过逐层计算解得墙脚附近的土层长度 L_n，若 L_n 不为零则需调整 L_0 重新计算直至 L_n 基本接近零为止。至此，完成膨胀土基坑的潜在滑动面搜索。

根据以上计算结果，推导计算主动土压力表达式：

某一水平土层 i 的桩土接触面正压力系数 K_i 计算公式如下。

$$p_{yi} = \frac{p_{yDi} + p_{yEi} + 2c_i\cot\varphi_i}{2} \qquad (6.82)$$

$$K_i = \frac{BD}{BE} = \frac{\dfrac{R_i}{\sin\varphi_i} - R_i\cos(A_i - \delta_i)}{p_{yi}} = \frac{2[1 - \sin\varphi_i\cos(A_i - \delta_i)]}{2 + \cos\psi_{Di}\sin\varphi_i + \cos\psi_{Ei}\sin\varphi_i} \qquad (6.83)$$

土压力即为正压力、正压力产生的摩擦力以及桩土之间的黏聚力的合力。

$$E_{ai} = \sqrt{(p_{yi}K_i - c_i\cot\varphi_i)^2 + [(p_{yi}K_i - c_i\cot\varphi_i)\tan\delta_i + c_{qi}]^2} \qquad (6.84)$$

$$\theta_i = \arctan\left[\frac{(p_{yi}K_i - c_i\cot\varphi_i)\tan\delta_i + c_i}{p_{yi}K_i - c_i\cot\varphi_i}\right] \qquad (6.85)$$

按静压力考虑水平膨胀力 p_{pi}，叠加上述土压力计算结果，即为总的主动土压力。

当 $p_{yi}K_i - c_i\cot\varphi_i > 0$：

$$E_{aix} = \sqrt{(p_{yi}K_i - c_i\cot\varphi_i)^2 + [(p_{yi}K_i - c_i\cot\varphi_i)\tan\delta_i + c_{qi}]^2}\sin(\beta_i - \theta_i) + \sigma_{pi} \qquad (6.86)$$

$$E_{aiy} = \sqrt{(p_{yi}K_i - c_i\cot\varphi_i)^2 + [(p_{yi}K_i - c_i\cot\varphi_i)\tan\delta_i + c_{qi}]^2}\cos(\beta_i - \theta_i) \quad (6.87)$$

$$\text{当 } p_{yi}K_i - c_i\cot\varphi_i < 0 \quad (6.88)$$

$$E_{aix} = -\sqrt{(p_{yi}K_i - c_i\cot\varphi_i)^2 + [(p_{yi}K_i - c_i\cot\varphi_i)\tan\delta_i + c_{qi}]^2}\sin(\beta_i - \theta_i) + \sigma_{pi}$$
$$(6.89)$$

$$E_{aiy} = -\sqrt{(p_{yi}K_i - c_i\cot\varphi_i)^2 + [(p_{yi}K_i - c_i\cot\varphi_i)\tan\delta_i + c_{qi}]^2}\cos(\beta_i - \theta_i) \quad (6.90)$$

$$\text{当 } p_{yi}K_i - c_i\cot\varphi_i = 0:$$

$$E_{aix} = -c_{qi}\cos\beta_i + \sigma_{pi} \quad (6.91)$$

$$E_{aiy} = c_{qi}\sin\beta_i \quad (6.92)$$

6.2.3　膨胀土基坑非极限被动土压力研究

柔性悬臂桩在外力作用下推向填土方向时，桩前土体的滑裂面为一水平倾角由下向上逐渐增大的曲面，如图 6.9 所示的 BE。桩前土体受到基底土体和桩的作用，基底土体阻止其水平位移，桩身阻止其上升。在这两种约束共同作用下，桩前土体产生剪切变形和剪应力，如图 6.10 所示。从土体中一点的应力状态分析可知，两个方向的剪应力是共存、互等的，只有当桩前土体同时受到水平向的约束和桩身的摩擦作用时，才会产生水平向和竖向剪应力。若桩面光滑时，桩前土体不存在剪应力作用，与朗肯土压力理论一致。因此，在桩面摩擦的作用下桩前剪出土体的水平土层间必然存在剪应力作用。

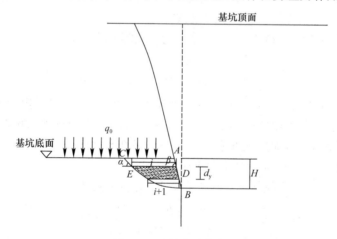

图 6.9　边坡位移状态

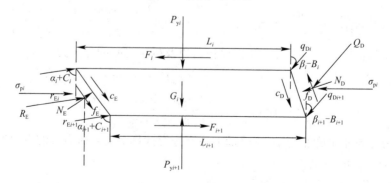

图 6.10　微层受力分析

对桩前土体 D 点进行应力状态分析如图 6.11 所示。

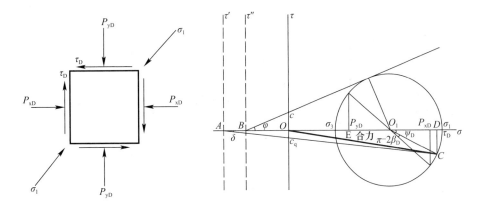

图 6.11　桩后土体应力状态

坐标转换：

$$\tau' = \tau \tag{6.93}$$

$$\sigma' = \sigma + c_q \cot\delta \tag{6.94}$$

$$\sigma'' = \sigma + c\cot\varphi \tag{6.95}$$

$$k_{pi} = \tan^2(45 + \varphi_i/2) \tag{6.96}$$

$$R_i = \frac{(k_{pi} - 1)(\sigma_{3i} + c_i \cot\varphi_i)}{2} \tag{6.97}$$

D 点应力：

$$p_{xDi} = \frac{R_i}{\sin\varphi_i}(1 + \cos\psi_{Di}\sin\varphi_i) - c_i\cot\varphi_i \tag{6.98}$$

$$p_{yDi} = \frac{R_i}{\sin\varphi_i}(1 - \cos\psi_{Di}\sin\varphi_i) - c_i\cot\varphi_i \tag{6.99}$$

$$\tau_{Di} = R_i\sin\psi_{Di} \tag{6.100}$$

$$\psi_{Di} = \pi + A + \delta_i - 2\beta_i \tag{6.101}$$

$$A = \arcsin\left[\frac{\sin\delta_i}{\sin\varphi_i} + \frac{\sin\delta_i}{R}(c_q\cot\delta_i - c\cot\varphi_i)\right] \tag{6.102}$$

$$B_i = \arctan\frac{CD}{OD} = \arctan\left(\frac{R\sin(A_i + \delta_i)}{\dfrac{R_i}{\sin\varphi_i} - c_i\cot\varphi_i + R_i\cos(A_i + \delta_i)}\right) \tag{6.103}$$

$$q_{xi} = \sqrt{\left[\frac{R_i}{\sin\varphi_i} - c_i\cot\varphi_i + R_i\cos(A_i + \delta_i)\right]^2 + \left[R_i\sin(A_i + \delta_i)\right]^2}\sin(\beta_i - B_i) \tag{6.104}$$

$$q_{yi} = -\sqrt{\left[\frac{R_i}{\sin\varphi_i} - c_i\cot\varphi_i + R_i\cos(A_i + \delta_i)\right]^2 + \left[R_i\sin(A_i + \delta_i)\right]^2}\cos(\beta_i - B_i) \tag{6.105}$$

对桩后土体 E 点进行应力状态分析如下所示：

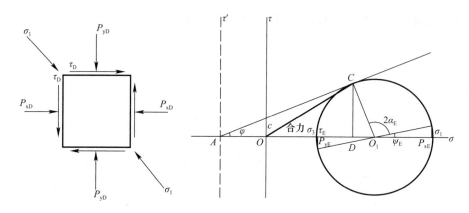

图 6.12　滑裂面土体应力状态

坐标转换：

$$\tau' = \tau \tag{6.106}$$

$$\sigma' = \sigma + c\cot\varphi \tag{6.107}$$

$$k_{pi} = \tan^2(45 + \varphi_i/2) \tag{6.108}$$

$$R_i = \frac{(k_{pi} - 1)(\sigma_{3i} + c_i\cot\varphi_i)}{2} \tag{6.109}$$

E 点应力：

$$p_{xEi} = \frac{R_i}{\sin\varphi_i}(1 + \cos\psi_{Ei}\sin\varphi_i) - c_i\cot\varphi \tag{6.110}$$

$$p_{yEi} = \frac{R_i}{\sin\varphi_i}(1 - \cos\psi_{Ei}\sin\varphi_i) - c_i\cot\varphi \tag{6.111}$$

$$\tau_{Ei} = R_i\sin\psi_{Ei} \tag{6.112}$$

$$\psi_E = 2\alpha_i - \frac{\pi}{2} - \varphi_i \tag{6.113}$$

$$C_i = \arctan\frac{CD}{OD} = \arctan\left[\frac{R\cos\varphi_i}{\dfrac{R_i}{\sin\varphi_i} - R_i\sin\varphi_i - c_i\cot\varphi_i}\right] \tag{6.114}$$

$$r_{xi} = \sqrt{\left(\frac{R_i}{\sin\varphi_i} - R_i\sin\varphi_i - c_i\cot\varphi_i\right)^2 + (R_i\cos\varphi_i)^2}\sin(\alpha_i + C_i) \tag{6.115}$$

$$r_{yi} = \sqrt{\left(\frac{R_i}{\sin\varphi_i} - R_i\sin\varphi_i - c_i\cot\varphi_i\right)^2 + (R_i\cos\varphi_i)^2}\cos(\alpha_i + C_i) \tag{6.116}$$

对作用在单元水平土层上各个力进行分析，上述各式中 σ_{3i} 为自重应力。

土层表面的剪应力由 D 到 E 是变化的，考虑到这一剪力数值较小，表面剪力 F_i 可近似地按平均值计算。

$$F_i = \frac{(\tau_{Di} + \tau_{Ei})}{2}L_i \tag{6.117}$$

土层表面的竖向应力由 D 到 E 是变化的，通过对竖向应力的进一步分析，认为取 D、E 两点的竖向应力平均值作为土层表面的竖向应力是在误差允许范围内的。

$$p_{yi} = \frac{p_{yDi} + p_{yEi}}{2} \tag{6.118}$$

桩前水平向反力：

$$Q_{xi} = \frac{(q_{xi} + q_{xi+1})\Delta y_i}{2} \tag{6.119}$$

桩前竖向反力：

$$Q_{yi} = \frac{(q_{yi} + q_{yi+1})\Delta y_i}{2} \tag{6.120}$$

滑裂面水平向反力：

$$R_{xi} = \frac{(r_{xi} + r_{xi+1})\Delta y_i}{2} \tag{6.121}$$

滑裂面竖向反力：

$$R_{yi} = \frac{(r_{yi} + r_{yi+1})\Delta y_i}{2} \tag{6.122}$$

土层自重：

$$\Delta G_i = \frac{\gamma(L_i + L_{i+1})\Delta y_i}{2} \tag{6.123}$$

其中，$L_{i+1} = L_i - 2\dfrac{\Delta y_i}{\tan\alpha_i + \tan\alpha_{i+1}}$；

根据静力平衡条件：

$$\Sigma X = 0 \tag{6.124}$$

$$Q_{xi} + F_{i+1} - R_{xi} - F_i - \sigma_{pi} + \sigma' C_{pi} = 0 \tag{6.125}$$

$$\Sigma Y = 0 \tag{6.126}$$

$$p_{yi+1}L_{i+1} + Q_{yi} + R_{yi} = p_{yi}L_i + \Delta G_i \tag{6.127}$$

根据以上静力平衡等式关系，假设基坑顶面滑裂面长度 L_0 以及滑裂角 φ_0，进行逐层计算。通过逐层计算解得墙脚附近的土层长度 L_n，若 L_n 不为零则需调整 L_0 重新计算直至 L_n 基本接近零为止。至此，完成膨胀土基坑的潜在滑动面搜索。

根据以上计算结果，推导计算被动土压力表达式：

某一水平土层 i 的桩土接触面正压力系数 K_i 计算公式如下。

$$p_{yi} = \frac{p_{yDi} + p_{yEi} + 2c_i \cot\varphi_i}{2} \tag{6.128}$$

$$K_i = \frac{BD}{BE} = \frac{\dfrac{R_i}{\sin\varphi_i} + R_i\cos(A_i + \delta_i)}{p_{yi}} = \frac{2[1 + \sin\varphi_i\cos(A_i + \delta_i)]}{2 - \cos\psi_{Di}\sin\varphi_i - \cos\psi_{Ei}\sin\varphi_i} \tag{6.129}$$

土压力合力即为正压力、正压力产生的摩擦力以及桩土之间的黏聚力的合力：

$$E_{pi} = \sqrt{(p_{yi}K_i - c_i\cot\varphi_i)^2 + [(p_{yi}K_i - c_i\cot\varphi_i)\tan\delta_i + c_{qi}]^2} \tag{6.130}$$

$$\theta_i = \arctan\left[\frac{(p_{yi}K_i - c_i\cot\varphi_i)\tan\delta_i + c_i}{p_{yi}K_i - c_i\cot\varphi_i}\right] \tag{6.131}$$

按静压力考虑水平膨胀力 E_{pi}，叠加上述土压力计算结果，即为总的被动土压力。

$$E_{pix} = \sqrt{(p_{yi}K_i - c_i\cot\varphi_i)^2 + [(p_{yi}K_i - c_i\cot\varphi_i)\tan\delta_i + c_{qi}]^2}\sin(\beta_i - \theta_i) + \sigma_{pi} \tag{6.132}$$

$$E_{piy} = \sqrt{(p_{yi}K_i - c_i\cot\varphi_i)^2 + [(p_{yi}K_i - c_i\cot\varphi_i)\tan\delta_i + c_{qi}]^2}\cos(\beta_i - \theta_i) \quad (6.133)$$

6.3 膨胀土基坑非极限土压力理论方法验证分析

6.3.1 工程概况

时代欣城项目位于成都市成华区鹤林村，属成都平原Ⅲ级阶地。场区上覆地层主要由第四系全新统人工填土层、第四系湖积层、第四系中更新统冰水沉积层组成，下伏基岩由白垩系上统灌口组泥岩组成。无稳定地下水位。试验段全景见图6.13。

根据岩土工程勘察报告，基坑从上自下分别为成都膨胀土层0m～8m，强风化泥岩8m～12m，中风化泥岩12m～30m。采用排桩支护，桩长11m，桩径1.0m，桩径1.8m～2.6m，基坑高6.0m，锚固段5.0m。成都膨胀土层天然含水量20%，天然重度20.1kN/m³，内摩擦角17°，黏聚力25kPa，饱和重度25kN/m³，内摩

图6.13 试验段全景图

擦角8°，黏聚力10kPa。强风化层天然重度21kN/m³，黏聚力100kPa，内摩擦角30°。基坑在降雨工况下出现位移突变，如图6.14所示。

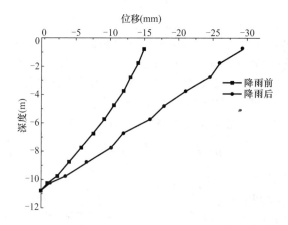

图6.14 降雨前后边坡位移监测曲线

6.3.2 非极限主动土压力

1. 非极限位移条件下抗剪强度的计算

根据不同土的类型主动、被动土压力极限位移条件判断在降雨工况后基坑的破坏比。硬质黏土：$Y/H = 0.01$，极限位移$S_a = 0.06$m，破坏比$\eta = 0.489$。结合土层极限状态下的抗剪强度，采用第4章非极限位移条件下抗剪强度计算公式进行抗剪强度的计算。（1）天

然含水量：$\varphi_m = 14.4°$，$C_m = 23.9\text{kPa}$；（2）饱和含水量：$\varphi_m = 7.7°$，$C_m = 9.6\text{kPa}$，$\delta_m = 4.8°$，$C_{qm} = 6.4\text{kPa}$。

2. 膨胀力的分布

基坑膨胀力分布可通过有荷膨胀率试验曲线进行计算。有荷膨胀试验即用序列荷载对不同的土样进行预压，再使试样进行充分吸水饱和，产生不同荷载值对应的膨胀率。试验结果如图 6.15 所示。

有荷膨胀率试验也可理解为当土样在某一未知荷载条件下，充分吸水至饱和，产生一定的膨胀率，根据试验曲线即可反算出这一未知荷载值。应用于实际工程，基坑某一深度的位移可通过位移测试得到，假使能够确定边坡潜在滑动面，即可得到边坡这一深度产生膨胀变形的土条长度，从而得到膨胀率，根据试验曲线即可反算出这一深度土体对支护结构产生的膨胀力。

根据以上非极限位移条件下抗剪强度的计算以及膨胀力分布的分析，采用膨胀土基坑非极限主动土压力研究的推导过程，即可搜索出降雨工况后位移状态的基坑的潜在滑动面，结合图 6.15，确定作用在支护结构上的膨胀力分布如图 6.16 所示。

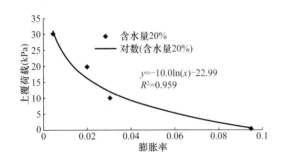

图 6.15　成都膨胀土有荷膨胀率试验曲线（$w = 20\%$）

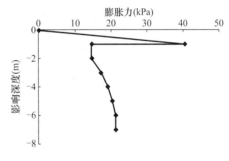

图 6.16　膨胀力分布

基坑在降雨工况后产生的膨胀力分布。对比两种膨胀力分布的计算结果如图 6.17 所示。从图可知，数值计算过程中约束边坡位移，膨胀潜势没有释放，因此数值计算结果偏大，但两种计算结果相近，相互验证了计算过程的正确性。在实际边坡支护设计中，考虑一定的安全系数，宜直接采用前述膨胀力场分布进行支护设计计算。

同时计算分析非极限位移条件下的主动土压力，叠加图 6.17 中数值计算膨胀力分布，即可得到考虑膨胀力作用的非极限位移条件下主动土压力计算结果如图 6.18 所示。

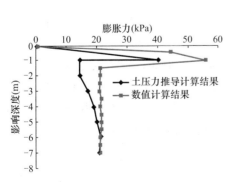

图 6.17　数值计算膨胀力分布

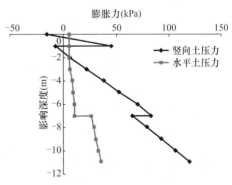

图 6.18　非极限状态主动土压力分布

对比考虑膨胀力作用的非极限主动土压力分布和经典朗肯土压力分布如图 6.19 所示。从图中可知，在 0m～7m 湿度场变化区域，非极限土压力水平分量远大于经典土压力计算值，差值在 25kPa～50kPa 之间；在 7m～11m 湿度场未变化区域，没有膨胀力的附加作用，非极限土压力水平分量略大于经典土压力计算值，差值在 10kPa 左右。

6.3.3 非极限被动土压力

1. 非极限位移条件下抗剪强度的计算

根据不同土的类型主动、被动土压力极限位移条件判断在降雨工况后基坑的破坏比。硬质黏土：$Y/H=0.02$，极限位移 $S_a=0.1m$，破坏比 $\eta=0.1195$。结合土层极限状态下的抗剪强度，采用非极限位移条件下抗剪强度计算公式进行抗剪强度的计算。（1）天然含水量：$\varphi_m=12.5°$，$C_m=20.8kPa$，$\delta_m=7.8°$，$C_{qm}=13.8kPa$；（2）饱和含水量：$\varphi_m=6.9°$，$C_m=8.6kPa$，$\delta_m=4.2°$，$C_{qm}=5.7kPa$。

2. 膨胀力的分布

当排桩向填土方向移动时，由于土体受到挤压，土体吸水后产生的膨胀潜势并不能够得到释放，所以在被动土压力计算中，膨胀力均为含水量变化量能产生的最大膨胀力。

根据以上非极限位移条件下抗剪强度的计算以及膨胀力分布的分析，采用膨胀土基坑非极限被动土压力研究的推导过程，即可搜索出降雨工况后位移状态的基坑的潜在滑动面，结合有荷膨胀率试验曲线，确定作用在支护结构上的膨胀力分布如图 6.20 所示。

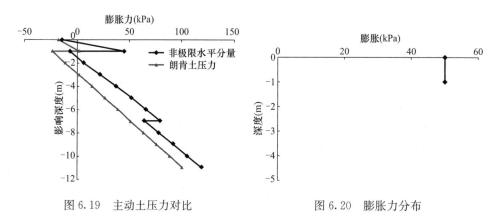

图 6.19 主动土压力对比   图 6.20 膨胀力分布

同时计算分析非极限位移条件下的被动土压力，叠加图 6.20 膨胀力分布，即可得到考虑膨胀力作用的非极限位移条件下被动土压力计算结果如图 6.21 所示。

对比考虑膨胀力作用的非极限位移条件下被动土压力分布和经典朗肯土压力分布如图 6.22 所示。从图中可知，在 0m～1m 湿度场变化区域，非极限土压力水平分量大于经典土压力计算值，差值在 10kPa 之间；在 7m～11m 湿度场未变化区域，没有膨胀力的附加作用，非极限土压力水平分量略小于经典土压力计算值，差值在 5kPa 左右。

6.3.4 非极限土压力理论验证

考虑膨胀力的基坑非极限土压力理论在现行规范计算方法的实现可分别做以下假设：

（1）非极限状态主动土压力的实现可在规范计算主动土压力分布的基础上，叠加两者计算结果的差值（图 6.23）；（2）非极限被动土压力分布和经典朗金土压力分布相差较小，非极限状态被动土压力的实现可直接采用规范计算被动土压力理论进行近似计算。

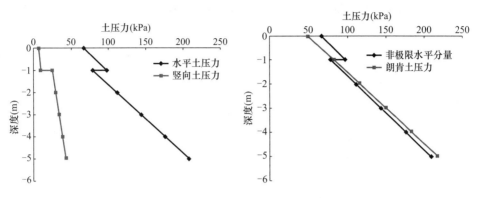

图 6.21 非极限状态被动土压力分布　　　　图 6.22 被动土压力对比

基于以上假设，通过时代欣城膨胀土基坑对考虑膨胀力作用的非极限新土压力计算理论进行工程实例验证。计算过程见附录，计算结果与现场位移监测结果对比如图 6.24 所示。从图可知，两者结果相近，证明了膨胀土基坑非极限土压力计算的正确性。

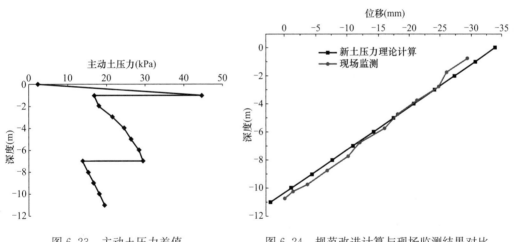

图 6.23 主动土压力差值　　　　　　图 6.24 规范改进计算与现场监测结果对比

6.4 本章小结

本章结合室内试验确定的岩土工程参数、数值分析和理论分析等手段，针对膨胀土基坑非极限状态土压力的分布及计算方法开展了相关研究，得出：

（1）通过极限平衡状态、非极限状态应力摩尔圆分析，推导了非极限位移条件下抗剪强度参数的计算公式。结合微层力学分析、静力平衡、莫尔强度理论等方法完成膨胀力作用下的基坑滑动面的搜索，从而建立非极限位移条件下膨胀土基坑主动、被动土压力计算公式。

（2）通过膨胀土基坑非极限土压力理论验证分析，对比分析了非极限位移条件下膨胀土基坑主动、被动土压力计算公式与朗金土压力理论的不同。分别计算非极限位移土压力理论与数值分析膨胀力场影响下的边坡变形形态与现场测试结果对比，计算结果验证非极限位移土压力理论的正确性；

（3）考虑工程设计的实用性，采用数值分析的膨胀力分布进行边坡设计是可行的，计算结果偏于安全。

第7章 膨胀土基坑勘察与支护设计方法研究

7.1 概述

本书已通过室内试验、模型试验、理论分析和数值计算以及现场测试等多种研究方法对膨胀土基坑支护设计理论的膨胀特性、强度特性、水理特性、湿度场分布、膨胀力分布以及基坑土压力计算等相关理论开展了系统全面的研究，建立了包含完整的、系统性的膨胀土基坑设计理论和方法。本着理论服务与工程实际的原则，本章就上述研究成果进行系统整理，梳理出具有工程设计操作性的膨胀土基坑工程勘察与支护设计方法。

7.2 膨胀土基坑工程勘察与支护原则

7.2.1 勘察原则

1. 阶段性的勘察程序

场地岩土工程勘察是认识自然规律的工作，只有按阶段、按程序，经过实践、认识、再实践，由浅入深、由表及里地多次反复，才能最后得出比较符合客观实际的论断，为基坑设计提出合理的工程地质资料和数据。设计与场地岩土工程勘察的各个阶段宜按表 7.1进行。

设计与场地岩土工程勘察的对应表 表 7.1

工作阶段	工作内容			
基坑工程设计	方案设计	初步设计	扩初设计	施工设计
场地岩土工程勘察	大纲编制	初步勘察	详细勘察	施工勘察

（1）大纲编制阶段这是一切工程建设最初级的场地岩土工程勘察工作，其目的是概略了解场地的工程地质、水文地质条件，从工程地质角度论证拟建基坑设计方案在技术上的可行性和经济上的合理性。最后，通过全面了解和对比提出勘察的合理方案。

（2）初步勘察阶段的主要勘察工作是进一步进行方案比较，并评价其工程地质条件，为基坑支护初步设计提供必要的工程地质依据。

初勘工作应以工程地质测绘和必要的勘探为主。取代表性膨胀土试样，重点进行室内试验，重大工程项目还应进行野外原位试验。此外，还应收集地区气象资料和与工程相关的建造经验等。

在初步勘察阶段，场地地质条件复杂程度可大体分为：①复杂场地：地表沟谷切割严重、地形起伏大、土体结构复杂、具强膨胀性、裂隙和滑坡等不良地质作用普遍发育，地下水位变化显著；②中等复杂场地：地表沟谷切割较严重，地形起伏较大，土体结构较复杂，具中等胀缩性，局部有滑坡现象发育，可能有地表水渗漏影响；③简单场地：地形较平整，土体由单一均质土层构成，具弱胀缩性，无不良地质作用发育。

（3）详细勘察阶段工作主要是围绕拟建基坑的具体位置进行，为最后选定基坑支护结构形式、各区段及部位之间的合理配置、工程造价及目标效果等技术设计提供工程地质依据。

详勘阶段以勘探试验为主，全面开展场地膨胀土的室内试验和重大工程场地的现场测试工作。必要时需进行少数有代表性试样的矿物成分和物理化学性质方面的鉴定，以便准确地提出设计指标和为防治措施提出具体建议。

（4）施工勘察阶段的工作主要是研究、解决和设计与施工有关的专门性工程地质问题及对前期地质资料的校核纠正。

不同勘察阶段中的地质要素相对重要性见表7.2。不同勘察阶段勘察工作的相对工作量分布如表7.3所示。

工程地质条件各勘察阶段的重要性　　表7.2

最重要的工程地质条件要素	场地岩土工程勘察			
	踏勘	初勘	详勘	补充勘察
地貌	★★★★	★★★	★★	
地质结构	★★★★	★★★	★★	★
水文地质条件	★★	★★★	★★★★	★
地质作用和现象	★★★★	★★★	★★	★
岩土物理力学性质	★	★★	★★★	★★

不同勘察阶段勘察工作量分布　　表7.3

工作类型	场地岩土工程勘察阶段			
	踏勘	初勘	详勘	施工勘察
室内工作	★★★★	★★	★★★	★★
工程地质测绘	★★★★	★★★	★★	
勘探工作	★★	★★★	★★★★	★★★
野外试验工作	★★	★★★	★★★★	★★★
动态长期观测	★	★★	★★★★	★★
实验室工作	★★	★★	★★★★	
建档工作	★★	★★	★★	★★
研究工作	★★	★★★	★★★★	★★★
审查验收工作	★★	★★	★★	★★

勘察阶段的划分，体现了对自然条件的认识是一个不断深化的过程。随着建设地点的具体化，研究地区的范围愈来愈小，研究的程度愈来愈高。由地表渐及地下，由定性渐至

定量，这一过程完全符合认识过程的辩证法。所以，强调贯彻执行阶段性的勘察程序是场地岩土工程勘察中的一个原则问题。

2. 由面到点和点面结合

在膨胀土地区进行岩土工程勘察时，切忌只做点的研究，而忽视它与周围整个区域地质环境的联系；或是只做面上的调查，而不进行点上的深入细致的研究。场地岩土工程勘察工作既要查明区域地质构造特点，又要对场地的地质情况进行深入的勘探。通过点与面的相互验证，才能彻底揭露矛盾和找出解决矛盾的正确方法。

3. 与基坑支护结构类型相结合

对场地岩土工程条件的勘察和评价，如不考虑或不了解它是为哪类支护结构服务，勘察则茫无目的。由于不同类型支护结构和不同的工作条件，对工程地质条件的要求和可能引起的岩土工程问题亦不相同。每一个基坑工程都会对周围地质环境产生一定的作用，每一类支护结构都具有一定的重要性、规模大小、刚度和对周围环境的敏感性以及各自的稳定安全储备。随基坑规模和部位及支护结构形式不同、岩土应力状态破坏程度的不同以及含水量、密度和动态变化程度的不同而有不同。因此，勘察工作必须要有明确的目的性和针对性。

4. 勘察、设计、施工相结合

勘察、设计、施工密切配合是顺利建成一项工程的可靠保证。三者之间的配合不能停留在书面，勘察与设计的关系是单纯依靠"技术任务书"维持，否则将影响工程的质量和进度。

7.2.2　支护原则

1. 技术要求

（1）变形保证基坑处于稳定状态，在工程运行期间，不会因为大气环境变化、设防地震烈度、运行荷载和其他影响因素的作用而产生失稳破坏；

（2）在以上各类影响因素的作用下，必须保证基坑的变形满足工程建设的需要，不会因变形而导致结构破坏；

（3）基坑支护后不会对大气、水、土产生污染，应尽可能节约占地，节约资源和利用开挖弃料，以减少工程的环境影响；

（4）基坑支护方案应满足投资少、工期短、工艺简单、施工便利等。

2. 膨胀土基坑支护原则

（1）膨胀土基坑支护时，应考虑变形、破坏原因，并分别采取有针对性的处置方法。

（2）正确考虑膨胀土土压力的分布以及如何参与计算的问题。膨胀土的膨胀力是各向同性的，其膨胀性能随着含水量的变化幅度而显著变化。从地表到大气影响深度范围内，膨胀土从地表面开始，随着深度的增加逐渐增大，达到在大气剧烈影响深度处达到最大，而后逐渐减小，趋于稳定。膨胀土膨胀力随深度变化曲线呈抛物线形。为计算方便和安全，初步假设膨胀力随深度变化呈矩形分布，作用深度为基坑开挖深度与当地大气影响深度之和。

（3）确定合理的设计参数。膨胀土基坑抗剪强度参数的确定建议结合室内试验和原位大剪试验，考虑基坑边坡开挖过程进行考虑，选择分期分段法进行确定，即考虑膨胀土强度分带界限、强度使用期限、工程特性三方面，根据工程结构特征和赋存环境特点，分段进行膨胀土参数取值。

（4）考虑水对膨胀土基坑边坡的影响。膨胀土具有强烈的水敏特性，而基坑工程的剧烈扰动开挖，使原状膨胀土顶面、坡面、坡脚完全裸露，水敏效应强烈，在干湿循环作用下，膨胀土反复胀缩、强度衰减，引起膨胀土基坑边坡变形破坏，因此，必须采取必要的防水保湿措施，尽可能地抑制膨胀土的胀缩变形和强度衰减，保证膨胀土基坑边坡的稳定性。防水保湿的原则应以保证膨胀土中水分稳定为原则，即保护层厚度应能有效抑制温度、湿度的影响，不致膨胀土中的水分发生显著的变化为原则。

（5）膨胀土基坑支护方案确定后，应针对可能产生的破坏进行稳定性复核，分析中应考虑可能遇到的各类工况，当稳定性不满足要求时，应重新设计直到全满足要求为止。

（6）在满足以上要求的前提下，可通过工程投资、施工工期、施工工艺复杂性以及工程的其他限定条件等进行综合比较分析，选定经济合理的处置方案。

7.3　膨胀土场地勘察方法

岩土工程勘察是膨胀土场地工程建设中十分重要的环节之一，这项工作做得好，设计、施工以及整个工程的质量就有保证。所以说，场地岩土工程勘察工作是精心设计、精心施工的必要前提。我国膨胀土地区基本建设的经验表明，必须重视和搞好场地岩土工程勘察工作。岩土工程勘察工作可按相应的规范、规定执行，在此仅就膨胀土基坑场地岩土工程勘察工作中所应遵循的基本原则、重点问题和常用方法进行补充说明。

7.3.1　膨胀土场地岩土工程勘察的重点内容

1. 自然地理环境调查

膨胀土吸水膨胀、失水收缩危害中关键性的因素是水，即水分的变化。在地表水、地下水和大气水构成的自然水循环中，大气水是主要的一个环节，同时也是场地土水分变化的主导因素，更是膨胀土胀缩性发育的重要影响因素之一。地表、地下水的水位变化幅度、变化频率等情况应是调查的重点。

2. 地质成因的研究

岩土的成因及其形成后的演化是控制其工程地质性质形成的重要因素，对预测其在基坑工程中的表现性能具有特殊的重要意义。因其是一个较为复杂的地质问题，需要投入相当的地质工作量才能正确解决。

3. 土体结构与分布规律的研究

土体结构包括构成土体各单元土层的形状、不同成分土层的关系及厚度、构造运动及其所造成的各种界面，反映土体复杂的地质历史，并受岩性因素和构造因素控制。膨胀土体根据其形成条件可能是均质的、非均质的、复合的土体，勘察中必须查明在平面和立面上的分布规律，不能只根据土样试验成果评价膨胀土性状。

7.3.2　勘察准备阶段工作

基坑工程勘察之前的工作主要是搜集相关资料，了解基坑工程的要求及设计意图，并依据这些资料结合相关规程、规范编制勘察纲要。具体应搜集的资料有：

（1）建筑物总平面布置图，其中应附有场地的地形和标高，拟建建筑物位置与建筑红线的关系，附近已有建筑物和各种管线位置等；

（2）基坑的平面尺寸、设计深度，拟建建筑物结构类型、基础形式；

（3）场地及其附近地区已有的勘察资料、建筑经验及周边环境条件等资料。

7.3.3　勘察调研的内容

膨胀土地区工程地质测绘和调查宜采用 1∶1000～1∶2000 比例尺，应着重研究以下内容：

1. 工程地质调查

（1）研究微地貌、地形形态及其演变特征，划分地貌单元，查明天然斜坡是否有胀缩剥落现象。

（2）查明场地内岩土膨胀造成的滑坡、地裂、小冲沟等的分布。

（3）查明膨胀土的成因、年代、竖向和横向分布规律及岩土体膨胀性的各向异性程度。

（4）查明膨胀岩节理、裂隙构造及其空间分布规律。

（5）确定大气影响深度 d_a 及大气影响急剧层深度

大气影响深度：应根据各地区土的深层位移观测或含水量观测资料确定；无此资料时，可根据表 7.4 确定。

大气影响深度及大气影响急剧层深度　　　　表 7.4

膨胀土涨缩等级	场地类别	大气影响深度 d_a(m)	大气影响急剧层深度 d_r(m)
强胀缩性	一、二	8	3.0～3.6
	三	6	2.0～2.7
中等胀缩性	一、二	8	2.0～2.7
	三	7	1.2～1.5
弱胀缩性	一、二	6	1.5～2.0
	三	5	1.2～1.5

注：1. 表中大气影响深度内，有稳定地下水位时，则以稳定水位以上 2m 处埋深作为大气影响深度；
　　2. 膨胀土胀缩等级根据相应规范确定。

2. 水文地质勘察

（1）查明开挖范围内及邻近场地地下水含水层和隔水层的层位、埋深、厚度和分布情况（包括一些隔水层中的粉土、粉细砂夹层）；查明各含水层（包括上层滞水、潜水、承压水）的补给条件和水力联系；

（2）观测各含水层的水位及其变幅，尤其对易引起基坑管涌和突涌的承压水，对年变幅较大的地区要特别注意观测基坑开挖期间的水位；

（3）提供各含水层的渗透系数；

（4）需回灌水的也应进行现场试验，并求得含水层回灌渗透系数、影响半径和单位回灌量及其变化规律。

3. 周边环境调查内容

（1）查明基坑影响范围内建（构）筑物的分布，结构类型、层数、基础类型、埋深、基础荷载大小及上部结构现状；

（2）查明基坑周边的各类地下设施，包括地下水、电缆、煤气、污水、雨水、热力等管线或管道及地下人防工程等的分布和现状；

（3）查明雨期时场地周围和邻近地区地表水汇流、排泄情况，地下水管渗漏情况以及对基坑开挖的影响；

（4）查明基坑与四周道路的距离宽度及车辆载重情况。

7.3.4 勘察方法

1. 勘察基本方法与配合

场地岩土工程勘察成果的正确与否在很大程度上取决于勘察方法的完善程度及其合理选用、配合的情况。

场地岩土工程勘察基本方法有：（1）工程地质测绘；（2）地球物理勘探；（3）工程地质勘探；（4）工程地质室内试验；（5）工程地质现场试验；（6）工程地质长期观测；（7）资料的室内整理等。

物探方法比勘探工作轻便、迅速、代价低等，可以提出测绘工作中难以判断而又需解决的问题，如土体厚度、地下水埋藏深度等。常用的物探方法有：地震勘探、重力勘探、电法勘探、磁法勘探、放射性勘探及物理测井等。其中地震法、电法可用于勘察膨胀土体的厚度。

勘探方法主要是坑槽探、硐探和钻探。运用勘探方法时要有的放矢，在布置勘探工作时，要以测绘为基础。

测绘、物探、勘探三者的关系至为密切，配合必须得当。测绘是后二者的基础，必须领先进行，不能抛开测绘而去布置物探、勘探工作。

室内、野外试验是为求得定量评价岩石性质和为设计提供数据指标的工作。由于室内试验采用的样品小，难以保持样品的自然状态，虽近年来对进行野外现场实验的要求日益增大，但野外试验所需仪器设备较为复杂，技术条件要求也高，而且更不具备室内试验多、快的优点。所以，不能用野外试验取代室内试验，二者必须有机配合相互补充和验证。

长期观测工作对掌握地质作用的发育规律和监督岩土在荷重作用下的表现以及预测非常重要。地质测绘、勘探、试验等工作成果是否正确，可通过长期观测工作予以校核。建立长期观测站，对研究膨胀土场地在环境变化（浸水、干燥）影响下的变化规律，验证采取防护措施的效果，丰富膨胀土地区的建造经验具有重大意义。

各种方法的选择，除应考虑方法本身的特点外，尚应结合基坑工程的性质（类型与规模）、场地工程地质条件及勘察阶段等综合考虑。起初先选用基本的易于掌握全局概况的认识方法，随着认识深化再逐渐选用复杂的精确度较高的方法。

2. 勘探手段及应用条件

钻探的优点是不受环境、深度条件的限制，几乎可应用于各种自然条件，效率也比坑探、槽探高，缺点是难以采取破碎带的岩芯，易漏掉和放过软弱夹层和不易直接观察等。目前，由于大口径钻探、钻孔摄影以及钻孔电视的出现，已使不可直接观察的缺点大大改进。

坑探、槽探的基本类型及应用条件可参见表 7.5。坑槽探在许多情况下比钻探优越，取样条件更是优越。坑道壁可直接观察、描述和照相，方便进行岩土的抗剪、载荷试验。坑槽探的缺点是常受地形地质条件限制。在地下水位以下进行坑槽探比较困难。大型和重型工程或特定要求工程的勘察多用采取坑探或槽探。

坑槽探工程的基本类型及其应用条件　　　　　　　　　　　　表 7.5

基本类型	工程规模	应用条件
剥除表土	深度在 0.3m～0.4m	多用于基岩埋深较浅地区，揭露基岩
浅井	垂直呈圆形或正方形，深度不超过 5m	用于揭露盖层和研究岩石风化壳的厚度，也常用于载荷和注水试验，其特点是施工操作简单、施工速度快
探槽	为一宽 0.8m 深 3m 之内的矩形工程	垂直于地层走向布置，多用于追索构造线、断层和研究坡、残积层的厚度和性质
竖井	圆形，深度可达数十米	布置在平缓山坡、阶地、漫滩，多用于研究岩石风化壳的发育规律、倾角裂隙、软弱夹层、滑坡滑动面及岩溶的发育情况等
平硐	梯形或马蹄形断面，其尺寸视需要而定	布置在陡坡或岩层近于直立的地区。多用于了解软弱夹层、断层破碎带的分布和岩体节理裂隙的发育情况及其他专门问题，也常用于野外大型岩基试验

3. 勘探手段选择

勘探手段多种多样，使用时必须结合具体任务及关键因素进行合理选择。陡坡用平硐，地形平缓时更合适用钻探或竖井；松软土较厚不宜用平硐和竖井，卵石层较厚时采用冲击钻或开挖浅井；岩层平缓宜用竖向钻探或竖井，岩层陡宜用平硐或水平钻探甚至斜孔；地下水位以上宜用挖探，地下水位以下宜用钻探；多雨地区不宜采用挖探；早期勘察阶段宜采用探槽和钻探。

4. 勘察范围

勘探点除了沿基坑周边布置外；应根据开挖深度及场地的岩土工程条件在开挖边界外按开挖深度的 1 倍～2 倍范围内布置勘探点，当开挖边界外无法布置勘探点时，应通过调查取得相应资料。对面积较大的基坑，尚应按重要性等级要求在坑内布置勘探孔。

5. 勘探点布置与深度

勘探点宜结合地貌单元和微地貌形态布置，数量应比非膨胀土地区适当增加。其中采取试样的勘探点不应少于全部勘探点的 1/2，详细勘察阶段，地基基础设计等级为甲级的建筑物，不应少于勘探点数的 2/3，且不得少于 3 个勘探点。同时根据基坑等级，一、二级的基坑工程勘探孔间距为 15m～25m，二级为 25m～35m，地层变化较大，以及暗沟、暗塘或岩溶等异常地段，应加密勘探点，查明分布规律；勘探孔的深度应满足基坑工程的坑底抗隆起和支护结构稳定性计算的要求，应不小于基坑深度的 2 倍～2.5 倍；除应满足基础埋深和附加应力的影响深度外，尚应超过大气影响深度；控制性勘探孔不应小于 8m，一般性勘探孔不应小于 5m。

6. 土样采取

由于膨胀土土质一般均较坚硬、富裂隙，这些均为取样带来困难。勘察早期阶段，为鉴别土的类别和一般物理、水理性质多取扰动样，所取土必须有代表性、地表以下一定深度和所取数量应满足试验要求。取原状样在试坑、探井的质量优于钻孔所取的样品。原状土样必须分层采取且注明层位、深度、方向，土样应尽量避免扰动天然结构和保持天然含水量，土样应就地封蜡、装箱、搬运中避免震动影响，样品数量必须满足试验要求。

采取原状土样应从地表下 1m 处开始，在大气影响深度内，每个控制性勘探孔均应采取Ⅰ、Ⅱ级土试样，取样间距不应大于 1m，在大气影响深度以下，取样间距可为 1.5m～2.5m；一般性勘探孔从地表下 1m 开始至 5m 深度内，可取Ⅲ级土试样，测定天然含水量。取样间距应按地基土分布情况及土的性质确定，自地面至坑底以下 2 倍基坑深度范围内为 1.0m～1.5m；主要土层的原状土试样或原位测试的数据不应少于 6 组，如采用静力触探或动力触探，孔数不少于 6 个；对厚度大于 2m 的填土及厚度大于 0.5m 的软弱夹层或透镜体，应取土试样。

7. 试验内容

现行工程实践和试验研究中，膨胀土膨胀性试验规程和方法均不能满足膨胀力计算所需参数的要求。在大量研究反复试制基础上，可进一步采用本书第 4 章提出的专用装置和改制常规土三轴仪等设备开展连续吸水过程膨胀力试验、连续吸水过程膨胀率试验、断续吸水过程膨胀力试验、断续吸水过程膨胀率试验来获得膨胀率与过程含水率间的方程、膨胀力的简明计算公式、土-水特征曲线、不同初始含水率条件下的强度参数试验。对膨胀土除一般物理力学性质指标试验外，应进行下列工程特性指标试验，见表 7.6。

膨胀土常规试验内容表

表 7.6

试验方式	试验内容	试验手段	计算方法
室内试验	自由膨胀率（δ_{ef}）	人工制备的烘干土，在水中增加的体积与原体积的比	$\delta_{ef}=\dfrac{V_w-V_0}{V_0}$
	膨胀率（δ_{ep}）	某级荷载下，浸水膨胀稳定后，试样增加的高度与原高度的比	$\delta_{ep}=\dfrac{h_w-h_0}{h_0}$
	收缩系数（λ_s）	不扰动土试样在直线收缩阶段，含水量减少 1%时的竖向线缩率	$\lambda_s=\dfrac{\Delta\delta_s}{\Delta w}$
	膨胀力（p_e）	不扰动土试样在体积不变时，由于浸水膨胀产生的最大应力	（1）压缩膨胀法；（2）自由膨胀法；（3）等容法
野外测试	承载力和浸水时的膨胀变形量	压板试验（试验方案平面布置见右图）	
	湿度系数（ψ_w）	在自然条件下，地表下 1m 处土层含水量可能达到的最小值与其塑限值之比	$\psi_w=1.152-0.726\alpha-0.00107C$

注：表中系数具体含义参考《工程地质手册》（第五版）相关内容。
　　承载力和浸水时的膨胀变形量试验过程参见《工程地质手册》（第五版）相关内容。

对膨胀土需测定 50kPa 压力下的膨胀率，对膨胀岩尚应测定黏粒、蒙脱石或伊利石含量、体膨量及无侧限抗压强度。为确定膨胀土的承载力、膨胀压力，还可进行浸水载荷试验、剪切试验和旁压试验等。

7.4　膨胀土基坑设计参数的试验方法

7.4.1　连续吸水过程膨胀力试验

连续吸水过程膨胀力试验方法适用于原状土和击实黏土，采用恒定体积法。试验所用的主要仪器设备为专用改制仪器，如图 7.1 所示。

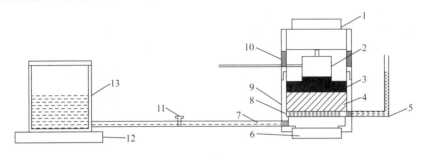

图 7.1　试验仪器示意图

1—反力螺栓；2—荷重传感器；3—不透水钢板；4—土样；5—排气管；6—密封盖；7—进水管；
8—有孔钢板；9—制样容器；10—观察孔；11—阀门；12—电子秤；13—水箱

连续吸水过程膨胀力试验，应按下列步骤进行：

1. 试样制备

(1) 原状土试样制备：首先，将土样筒按上下方向放置，剥去蜡封和胶带，开启土样筒取出土样，检查土样结构，当确定土样已受扰动或取土质量不符合规定时，不应进行力学性质试验；然后，根据试验要求用环刀切取试样时，应在环刀内壁涂一薄层凡士林，刃口向下放在土样上，将环刀垂直下压，并用切主刀沿环刀外侧切削土样，边压边削至土样高出环刀，根据试样的软硬采用钢丝锯或切土刀整平环刀两端土样，擦净环刀外壁，称环刀和土的总质量；再然后，从余土中取代表性试样测定含水率；最后，切削试样时，应对土样的层次、气味、颜色、夹杂物、裂缝和均匀性进行描述，对低塑性和高灵敏度的软土，制样时不得扰动。

(2) 扰动土试样的备样：首先，将土样从土样筒或包装袋中取出，对土样的气味、颜色、夹杂物和土类及均匀程度进行描述，并将土样切成碎块，拌和均匀，取代表性土样测定含水率；然后，将风干或烘干的土样放在橡皮板上用木碾碾散，对不含砂和砾的土样，可用碎土器碾散（碎土器不得将土粒破碎）。

(3) 扰动土试样的制样，试样的数量视试验项目而定，应有备用试样 1 个~2 个：首先，将碾散的风干土样通过孔径 2mm 或 5mm 的筛，取筛下足够试验用的土样，充分拌匀，测定风干含水率，装入保温缸或塑料袋内备用；然后，根据试验所需的土量与含水率，制备试样所需的加水量应按式（7.1）计算；再然后，称取过筛的风干土样平铺于搪瓷盘内，将水均匀喷洒于土样上，充分拌匀后装入盛土容器内盖紧，润湿一昼夜，砂土的湿润时间可酌减；最后，测定润湿土样不同位置处的含水率，根据环刀容积及所需的干密度，制样所需的湿土量应按式（7.2）计算。扰动土制样可采用击样法和压样法。

$$m_w = \frac{m_0}{1+0.01w_0} \times 0.01(w_1-w_0) \tag{7.1}$$

式中　m_w——制备试样所需要的加水量（g）；

　　　m_0——湿土（或风干土）质量（g）；

　　　w_0——湿土（或风干土）含水率（%）；

　　　w_1——制样要求的含水率（%）。

$$m_0 = (1+0.01w_0)\rho_d V \tag{7.2}$$

式中　ρ_d——试样的干密度（g/cm³）；

　　　V——试样体积（环刀容积）（cm³）。

2. 试验仪器安装。按照图 7.1 试验仪器示意图所示组装仪器设备，旋紧反力螺栓，施加 1kPa 的预压力使反力螺栓、荷重传感器、滤纸、土样、滤纸以及不透水钢板之间紧密接触，将荷重传感器读数调零。试验前需标定出试样底部容水空腔的容水质量 $m_{空}$，进水管的容水质量 $m_{进}$。

3. 关闭阀门，往水箱内加一定量水，调零电子秤读数，开始录像，记录电子秤的读数变化 M。

4. 打开阀门，排气管水位稳定后，读出排气管内的水量 $m_{排}$，待两小时内膨胀量的变化量小于 0.1mm 时，停止试验。

5. 试验结束后，拆除装置，取出土样测量含水率。土样的吸水量变化依照下式计算：

$$\Delta m_{吸} = M - m_{排} - m_{空} - m_{进} \tag{7.3}$$

6. 绘制吸水量变化下荷重传感器的变化曲线，即为膨胀土连续吸水条件下膨胀力试验曲线。

7.4.2　连续吸水过程膨胀率试验

连续吸水过程膨胀率试验适用于测定原状土或扰动土在无荷载有侧限条件下的连续吸水过程膨胀率。试验所用的主要仪器设备为专用改制仪器，如图 7.2 所示。

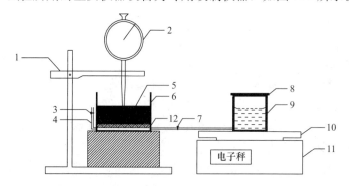

图 7.2　试验装置示意图

1—支架；2—百分表；3—阀门 1；4—导管；5—试样；6—圆柱形容器；7—阀门 2；

8—金属盖；9—金属杯；10—托盘；11—电子秤；12—透水石

连续吸水过程膨胀率试验，应按下列步骤进行：

1. 试样制备

（1）原状土试样制备：首先，将土样筒按上下方向放置，剥去蜡封和胶带，开启土样筒取出土样，检查土样结构，当确定土样已受扰动或取土质量不符合规定时，不应进行力学性质试验；然后，根据试验要求用环刀切取试样时，应在环刀内壁涂一薄层凡士林，刃口向下放在土样上，将环刀垂直下压，并用切主刀沿环刀外侧切削土样，边压边削至土样高出环刀，根据试样的软硬采用钢丝锯或切土刀整平环刀两端土样，擦净环刀外壁，称环刀和土的总质量；最后，从余土中取代表性试样测定含水率。切削试样时，应对土样的层次、气味、颜色、夹杂物、裂缝和均匀性进行描述，对低塑性和高灵敏度的软土，制样时不得扰动。

（2）扰动土试样的备样：首先，将土样从土样筒或包装袋中取出，对土样的气味、颜色、夹杂物和土类及均匀程度进行描述，并将土样切成碎块，拌和均匀，取代表性土样测定含水率；然后，将风干或烘干的土样放在橡皮版上用木碾碾散，对不含砂和砾的土样，可用碎土器碾散（碎土器不得将土粒破碎）。

（3）扰动土试样的制样，试样的数量视试验项目而定，应有备用试样 1 个～2 个：首先，将碾散的风干土样通过孔径 2mm 或 5mm 的筛，取筛下足够试验用的土样，充分拌匀，测定风干含水率，装入保温缸或塑料袋内备用；然后，根据试验所需的土量与含水率，制备试样所需的加水量应按式（7.4）计算；再然后，称取过筛的风干土样平铺于搪瓷盘内，将水均匀喷洒于土样上，充分拌匀后装入盛土容器内盖紧，润湿一昼夜，砂土的湿润时间可酌减；最后，测定润湿土样不同位置处的含水率，不应少于两点。根据环刀容积及所需的干密度，制样所需的湿土量应按式（7.5）计算。扰动土制样可采用击样法和压样法。

$$m_\mathrm{w} = \frac{m_0}{1 + 0.01w_0} \times 0.01(w_1 - w_0) \tag{7.4}$$

式中　m_w——制备试样所需要的加水量（g）；

　　　m_0——湿土（或风干土）质量（g）；

　　　w_0——湿土（或风干土）含水率（%）；

　　　w_1——制样要求的含水率（%）。

$$m_0 = (1 + 0.01w_0)\rho_\mathrm{d}V \tag{7.5}$$

式中　ρ_d——试样的干密度（g/cm³）；

　　　V——试样体积（环刀容积）（cm³）。

2. 试验仪器安装。按照图 7.2 所示组装仪器设备，记录百分表读数 z_0。试验前需标定出试样底部容水空腔的容水质量 $m_\mathrm{空}$，进水管的容水质量 $m_\mathrm{进}$。

3. 关闭阀门，往水箱内加一定量水，调零电子秤读数，开始录像，记录电子秤的读数变化 M。

4. 打开阀门，排气管水位稳定后，读出排气管内的水量 $m_\mathrm{排}$，待两小时内膨胀量的变化量小于 0.01mm 时，停止试验。

5. 试验结束后，拆除装置，取出土样测量含水率和密度，并计算孔隙比。土样的吸水量变化依照下式计算。

$$\Delta m_\mathrm{吸} = M - m_\mathrm{排} - m_\mathrm{空} - m_\mathrm{进} \tag{7.6}$$

6. 任一时间的膨胀率，应按下式计算：

$$\delta_\mathrm{e} = \frac{z_\mathrm{t} - z_0}{h_0} \times 100 \tag{7.7}$$

式中　δ_e——时间为 t 时的无荷载膨胀率（%）；

　　　　z_t——时间为 t 时的位移计读数（mm）；

　　　　z_0——加荷前位移计读数（mm）；

　　　　h_0——试样的初始高度（mm）。

7. 绘制吸水量变化下膨胀率的变化曲线，即为膨胀土连续吸水条件下膨胀率试验曲线。

7.4.3　断续吸水过程膨胀力试验

断续吸水过程膨胀力试验方法适用于原状土和击实黏土，采用恒定体积法。试验所用的主要仪器设备为专用改制仪器，如图 7.3 所示。

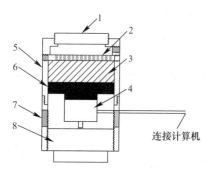

图 7.3　试验装置原理图

1—密封盖；2—有孔钢板；3—土样；
4—荷重传感器；5—制样容器；6—不透
水钢板；7—观察孔；8—反力螺栓

断续吸水过程膨胀力试验，应按下列步骤进行：

1. 试样制备

（1）原状土试样制备：首先，将土样筒按上下方向放置，剥去蜡封和胶带，开启土样筒取出土样，检查土样结构，当确定土样已受扰动或取土质量不符合规定时，不应制备力学性质试验的试验；然后，根据试验要求用环刀切取试样时，应在环刀内壁涂一薄层凡士林，刃口向下放在土样上，将环刀垂直下压，并用切主刀沿环刀外侧切削土样，边压边削至土样高出环刀，根据试样的软硬采用钢丝锯或切土刀整平环刀两端土样，擦净环刀外壁，称环刀和土的总质量；最后，从余土中取代表性试样测定含水率。注意切削试样时，应对土样的层次、气味、颜色、夹杂物、裂缝和均匀性进行描述，对低塑性和高灵敏度的软土，制样时不得扰动。

（2）扰动土试样的备样：首先，将土样从土样筒或包装袋中取出，对土样的气味、颜色、夹杂物和土类及均匀程度进行描述，并将土样切成碎块，拌和均匀，取代表性土样测定含水率；然后，将风干或烘干的土样放在橡皮版上用木碾碾散，对不含砂和砾的土样，可用碎土器碾散（碎土器不得将土粒破碎）。

（3）扰动土试样的制样，试样的数量视试验项目而定，应有备用试样 1 个～2 个：首先，将碾散的风干土样通过孔径 2mm 或 5mm 的筛，取筛下足够试验用的土样，充分拌匀，测定风干含水率，装入保温缸或塑料袋内备用。根据试验所需的土量与含水率，制备试样所需的加水量应按式 7.8 计算；然后，称取过筛的风干土样平铺于搪瓷盘内，将水均匀喷洒于土样上，充分拌匀后装入盛土容器内盖紧，润湿一昼夜，砂土的湿润时间可酌减；最后，测定润湿土样不同位置处的含水率，不应少于两点。根据环刀容积及所需的干密度，制样所需的湿土量应按式 7.9 计算。扰动土制样可采用击样法和压样法。

$$m_w = \frac{m_0}{1 + 0.01 w_0} \times 0.01(w_1 - w_0) \qquad (7.8)$$

式中　m_w——制备试样所需要的加水量（g）；

　　　　m_0——湿土（或风干土）质量（g）；

　　　　w_0——湿土（或风干土）含水率（%）；

w_1——制样要求的含水率（%）。

$$m_0 = (1 + 0.01 w_0) \rho_d V \qquad (7.9)$$

式中　ρ_d——试样的干密度（g/cm³）；

　　　V——试样体积（环刀容积）（cm³）。

2. 试验仪器安装。按照图 7.3 所示组装仪器设备，旋紧反力螺栓，施加 1kPa 的预压力使反力螺栓、荷重传感器、滤纸、土样、滤纸以及不透水钢板之间紧密接触，将荷重传感器读数调零。

3. 在有孔板表面滴入 m_i(g) 水，旋紧密封盖，整体用塑料膜包裹密封，记录膨胀力变化。

4. 待每两小时膨胀量变化量小于 0.1mm 后，去除塑料膜，打开密封盖，重复步骤 3，直到土样完全达到充分吸水不再膨胀状态，停止试验。

5. 试验结束后，拆除装置，取出土样测量含水率。

6. 根据下式计算出加水量和土样的初始状态换算出土样第 n 次加水之后的土样的含水率。

$$w = \frac{\sum_{i=1}^{n} m_i}{m_s} \times 100 + w_0 \qquad (7.10)$$

式中　w——第 n 次加水后对应含水率（%）；

　　　m_i——第 i 次加水量（g）；

　　　m_s——固体土粒质量（g）；

　　　w_0——土样初始含水率（%）。

7. 绘制第 n 次加水后荷重传感器的变化曲线，即为膨胀土断续吸水条件下膨胀力试验曲线。

7.4.4　断续吸水过程膨胀率试验

断续吸水过程膨胀率试验方法适用于测定原状土或扰动土在无荷载有侧限条件下的连续吸水过程膨胀率。试验所用的主要仪器设备为专用改制仪器，如图 7.4 所示。

断续吸水过程膨胀率试验，应按下列步骤进行：

1. 试样制备

（1）原状土试样制备：首先，将土样筒按上下方向放置，剥去蜡封和胶带，开启土样筒取出土样，检查土样结构，当确定土样已受扰动或取土质量不符合规定时，不应制备力学性质试验的试验；然后，根据试验要求用环刀切取试样时，应在环刀内壁涂一薄层凡士林，刃口向下放在土样上，将环刀垂直下压，并用切主刀沿环刀外侧切削土样，边压边削至土样高出环刀，根据试样的软硬采用钢丝锯或切土刀整平环刀两端土样，擦净环刀外壁，称环刀和土的总质量；最后，从余土中取代表性试

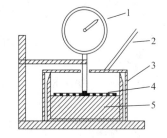

图 7.4　装置原理图

1—百分表；2—注水管；3—密封罩；

4—有孔板；5—土样

样测定含水率。切削试样时，应对土样的层次、气味、颜色、夹杂物、裂缝和均匀性进行描述，对低塑性和高灵敏度的软土，制样时不得扰动。

（2）扰动土试样的备样：首先，将土样从土样筒或包装袋中取出，对土样的气味、颜

色、夹杂物和土类及均匀程度进行描述，并将土样切成碎块，拌和均匀，取代表性土样测定含水率；然后，将风干或烘干的土样放在橡皮版上用木碾碾散，对不含砂和砾的土样，可用碎土器碾散（碎土器不得将土粒破碎）。

（3）扰动土试样的制样，试样的数量视试验项目而定，应有备用试样 1 个~2 个；首先，将碾散的风干土样通过孔径 2mm 或 5mm 的筛，取筛下足够试验用的土样，充分拌匀，测定风干含水率，装入保温缸或塑料袋内备用；然后，根据试验所需的土量与含水率，制备试样所需的加水量应按式（7.11）计算；再然后，称取过筛的风干土样平铺于搪瓷盘内，将水均匀喷洒于土样上，充分拌匀后装入盛土容器内盖紧，润湿一昼夜，砂土的湿润时间可酌减；最后，测定润湿土样不同位置处的含水率，不应少两点。根据环刀容积及所需的干密度，制样所需的湿土量应按式（7.12）计算。扰动土制样可采用击样法和压样法。

$$m_w = \frac{m_0}{1 + 0.01 w_0} \times 0.01 (w_1 - w_0) \tag{7.11}$$

式中 m_w——制备试样所需要的加水量（g）；

m_0——湿土（或风干土）质量（g）；

w_0——湿土（或风干土）含水率（%）；

w_1——制样要求的含水率（%）。

$$m_0 = (1 + 0.01 w_0) \rho_d V \tag{7.12}$$

式中 ρ_d——试样的干密度（g/cm³）；

V——试样体积（环刀容积）（cm³）。

2. 试验仪器安装。按照图 7.4 试验仪器示意图所示组装仪器设备，记录百分表读数 z_0。

3. 在有孔板表面滴入 m_i（g）水，旋紧密封盖，整体用塑料膜包裹密封，记录膨胀量变化。

4. 待每两小时膨胀力变化量小于 0.01mm 后，去除塑料膜，打开密封盖，重复步骤 3，直到土样完全达到充分吸水不再膨胀状态，停止试验。

5. 试验结束后，拆除装置，取出土样测量含水率。

6. 根据下式计算出加水量和土样的初始状态换算出土样第 n 次加水之后的土样的含水率：

$$w = \frac{\sum_{i=1}^{n} m_i}{m_s} \times 100 + w_0 \tag{7.13}$$

式中 w——第 n 次加水后对应含水率（%）；

m_i——第 i 次加水量（g）；

m_s——固体土粒质量（g）；

w_0——土样初始含水率（%）。

7. 任一时间的膨胀率，应按下式计算：

$$\delta_e = \frac{z_t - z_0}{h_0} \times 100 \tag{7.14}$$

式中 δ_e——时间为 t 时的无荷载膨胀率（%）；

z_t——时间为 t 时的位移计读数（mm）；

z_0——加荷前位移计读数（mm）；

h_0——试样的初始高度（mm）。

8. 绘制第 n 次加水后膨胀率的变化曲线，即为膨胀土断续吸水条件下膨胀率试验曲线。

7.4.5　三轴膨胀试验

利用三轴仪对膨胀土进行膨胀率的测定。此种试验方法由于没有侧向约束，因此更能真实反映土样的膨胀率。三轴膨胀试验试验方法适用于测定重塑土在三轴状态下连续吸水的膨胀率。试验所用的主要仪器设备为专用改制仪器，如图 7.5 所示。

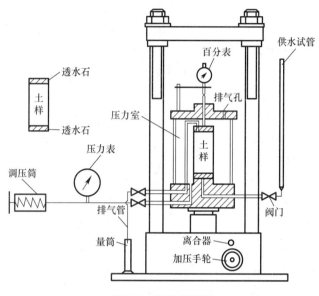

图 7.5　装置原理图

三轴膨胀率试验，应按下列步骤进行：

1. 试样制备

（1）重塑土试样的备样，应按下列步骤进行：首先，将土样从土样筒或包装袋中取出，对土样的气味、颜色、夹杂物和土类及均匀程度进行描述，并将土样切成碎块、拌和均匀，取代表性土样测定含水率；然后，将风干或烘干的土样放在橡皮版上用木碾碾散，对不含砂和砾的土样，可用碎土器碾散（碎土器不得将土粒破碎）。

（2）重塑土试样的制样，试样的数量视试验项目而定，应有备用试样 1 个～2 个：首先，将碾散的风干土样通过孔径 2mm 或 5mm 的筛，取筛下足够试验用的土样，充分拌匀，测定风干含水率，装入保温缸或塑料袋内备用；然后，根据试验所需的土量与含水率，制备试样所需的加水量应按式（7.15）计算；再然后，称取过筛的风干土样平铺于搪瓷盘内，将水均匀喷洒于土样上，充分拌匀后装入盛土容器内盖紧，润湿一昼夜，砂土的湿润时间可酌减；最后，测定润湿土样不同位置处的含水率，不应少于两点。根据土样规格及所需的干密度，制样所需的湿土量应按式（7.16）计算。重塑土制样可采用击样法和压样法。

$$m_{\mathrm{w}} = \frac{m_0}{1 + 0.01 w_0} \times 0.01 (w_1 - w_0) \tag{7.15}$$

式中　m_{w}——制备试样所需要的加水量（g）；

m_0——湿土（或风干土）质量（g）；

w_0——湿土（或风干土）含水率（%）；

w_1——制样要求的含水率（%）。

$$m_0 = (1 + 0.01w_0)\rho_d V \tag{7.16}$$

式中　ρ_d——试样的干密度（g/cm³）；

　　　V——试样体积（$\phi 39.1\text{mm} \times \text{h}80\text{mm}$）（cm³）。

2. 试验前准备：向加水试管中加水并打开相连阀门，当排净管中的气泡时关闭阀门，为方便试验将水加到 0mL 处。将调压筒与标定试管相连，旋转调压筒观察试管中水位变化。记录随调压筒螺纹距离变化对应试管中水量的变化，并绘制成曲线。打开调压筒的阀门，向标定试管中加水当排水装置中充满气体时停止加水，并关闭调压筒下方的阀门。

3. 试验仪器安装。按照图 7.5 所示组装仪器设备，调零百分表，并记录好加水试管的初始读数及调压筒的初始距离。

4. 将排气、加水、排水三个阀门打开。此时试验开始进行，随着压力表读数的上升调节调压筒使得压力表回到初始读数。并记录相应的时间、调压筒距离、吸水量、竖向距离变化。

5. 待压力表读数稳定且吸水试管读数不再变化时，试验结束。并根据记录的调压筒的距离变化来计算土体膨胀变形情况；根据不同时刻的吸水量来计算该时刻土样的含水率。绘制膨胀变形随含水率的变化曲线。根据吸水量来计算土样含水率公式如下：

$$w = \frac{m_{吸}(1 + w_0) + m_0 w_0}{m_0 w_0} \times 100 \tag{7.17}$$

式中　w——吸水后土样含水率（%）；

　　　w_0——土样初始含水率（%）；

　　　$m_{吸}$——土样吸水质量（g）；

　　　m_0——土样初始质量（g）。

7.4.6　现场胀缩试验

原位试验是取得土体工程地质性能的最好途径。近年来在膨胀土区场地岩土工程勘察中，静力触探、动力触探、标准贯入、旁压试验等测试技术都在逐渐推广应用。

在原位测试中应优先进行原位膨胀、收缩、原位载荷试验。土的膨胀与收缩是水、土相互作用的结果。现场原位测试水、土相互作用的胀缩反映，最能代表土体的性能。通过现场胀缩试验，可以了解土体经人工浸水，干燥条件下的膨胀、收缩规律，也可直接测得它们的膨胀、收缩量、膨胀力，膨胀与收缩与外部载荷的关系以及膨胀与收缩的时间过程、气候风化营力的影响深度等等，这些资料无论是对设计还是对科学研究都极为宝贵。

1. 场地准备

在地质调查的基础上，选择膨胀土分布的典型试验场地，确定试验土层的层位。从拟建基坑工程的实际情况出发，试验土层应选择与基坑侧壁土层相一致的层位，然后整理场地，开挖试坑，剥除已风化的表土。试坑多为方形和矩形。根据试验要求不同，可采用单点试验试坑与多点试验试坑。

单点试验试坑适用于无荷载自由膨胀或收缩试验。方形坑试边长一般应大于承压板宽度的三倍，如 70.7cm×70.7cm 压板（5000cm²）、50cm×50cm（2500cm²）试坑边长可为 2.2m，30cm×30cm 压板（900cm²）试坑边长可选为 1.0m。多点试验试坑适用于不同荷载下的自然膨胀试验。试坑为长方形，承压板按单行等间距布置。试坑短边长应大于承压板宽度的三倍，最外一个承压板中心到坑边的距离应大于压板宽度的二倍。为了避免各承压板之间的相互干扰，压板与压板之间的间距宜采用压板宽度的二倍的等距离。

人工浸水膨胀试验应在试坑开挖前，按承压板平面布置的长边方向两侧各打一排钻孔（孔内填粗砂），并开挖一试坑及浸水砂沟，采用钻孔砂沟两侧浸水。

2. 建立观测系统

建立观测系统的目的是为了准确测定试验过程中膨胀土的胀缩变形。应在不受土体胀缩变形影响的试坑外围设置水准点，作为观测胀缩变形的基点。水准点设置在膨胀土层内时，可选在受气候变化影响较小的土层，深度不得小于该地区大气风化作用的影响深度，并采用深埋式加套管保护措施。水准点的位置距离试坑边界不应小于 30m，数量不宜少于 4 个～5 个。

观测地面升降变形可用钢管、木料或硬塑料管制成的带有尺度的地面标或用大百分表（量程 30mm～50mm）。观测地面以下不同深度土层的升降变形，应在试坑内分层埋置观测深标。为观测主要附加压力作用下土的胀缩变形，深标点应埋设在承压板下，每 0.2m 间距埋设一组；为观测大气风化营力作用影响深度内土的胀缩变形或浸水膨胀变形，深标点应埋设在承压板的四周（或长方形试坑的两侧），分层间距可按每垂直向下间隔 0.5m 埋设一组，至大气风化作用影响深度以下 1.0m。在试坑以下的膨胀土层为多层构造时，还应在各不同土层的界面处增设一组测标；为了观测试验过程中土的水平胀缩变形，观测标应以压板为中心，向四周埋设水平观测标。

3. 浸水水源与干燥热源准备

因为水溶液成分不同，pH 位不一样，水温的差别等都将对土的膨胀程度产生影响，在试验前应取水源进行水质分析，测定水的成分、离子浓度（pH）和水温等。试验表明，同类膨胀土，当水溶液成分含低价离子钾、钠时，其膨胀量大；若含高价铝、铁离子时，则膨胀量小。当水溶液成分相同时，膨胀量则随溶液的离子浓度增高而减小。当进行人工干燥收缩试验，可采用电热压板干燥法作为试坑干燥所需热源。

4. 试验方法

单点试验法加荷采用一次分级连续施加法。待土体在最大荷载下压缩稳定后，即可引水向钻孔砂沟缓慢注入，但水面应始终不超过承压板的底面。土体在最大荷载下浸水膨胀稳定后，即按总荷载的 20%～25% 的荷载等级逐级卸荷，膨胀逐级稳定，最后全部卸去荷载直至零荷载，即可测得不同荷载下土体的膨胀变形量。多点试验法第一块压板施加最大荷载，第二、三、四、五块压板的荷载应分别是 1.5MPa、1.0MPa、0.5MPa、0.073MPa，待各级荷载下压缩稳定后，和单点试验法一样向钻孔砂沟注水至土体膨胀稳定，即可直接测出不同荷载下的膨胀变形量。

5. 主要观测内容

试验开始前（浸水膨胀应在浸水前）观测各升降测标点，校正各点起始标高；不同荷载下土的膨胀上升量；相同荷载下不同深度土的膨胀上升量；在土的自重压力作用下，不同深度土的膨胀上升量或收缩下降量；在浸水沟水源或热压板热源，对不同深度土层膨胀或收缩变形的影响距离（范围）；采用不同深度土样，分别测定各土层的含水量；在自然胀缩试验中，应收集当地气象台站所测的气象资料，如降雨、蒸发、气温与地温等；记录地面裂隙出现的时间，裂隙要素及其发展状况；在承压板下与分层测标深度附近，试验前与试验后均应分层取原状土样（一般不少于 2 孔）进行相应的膨胀与收缩试验、含水量试验以及其他物理力学试验。

6. 观测精度

观测测标的膨胀上升与收缩下降变形，应使用高精度水准仪进行观测。在试验开始的初期阶段，土的胀缩变形较快，需每天定时观测一次，随着变形减慢，以后可逐渐减到每隔三天观测一次，半月观测一次，直至膨胀或收缩稳定。各级荷载下的浸水或干燥时间，均不应少于 90 天，自然胀缩时间应不少于一年。观测精度，要求为±0.1mm。各级荷载下膨胀变形的稳定标准，为连续两次观测时间内变形之差不超过±0.1mm。

7. 试验资料整理

试验资料整理内容包括计算野外原位试验无荷载膨胀量、收缩量以及总胀缩率，不同荷载下的膨胀与收缩量，土在自重压力下的膨胀量。计算室内膨胀与收缩量、含水量以及其他物理力学性质指标。计算结果应绘制胀缩变形与时间的关系曲线、胀缩变形与气候要素的关系曲线、膨胀量与荷载的关系曲线、分层膨胀量与垂直深度的关系曲线、分层收缩量与垂直深度的关系曲线、分层含水量与垂直深度的关系曲线和地面变形与裂隙的素描或拍照。

7.4.7 现场浸水载荷试验

原位载荷试验是一种直接对天然膨胀土施加静力荷载，测定荷载与变形的关系曲线，用以确定地基承载力或水平抗力的有效方法。它与原位胀缩试验的试坑要求和观测要求等基本方法相同，但是原位载荷试验是施加逐级增大的静力荷载，直至土体产生破坏。

1. 载荷试验方法

由于膨胀土的强亲水性，使土体在水的作用下强度显著衰减。因此，原位载荷试验除进行天然状态下的载荷试验外，还应开展浸水条件下的载荷试验，以测定不同条件下的地基承载力或水平抗力。天然状态的载荷试验相当于有荷载自然膨胀试验的设备和装置，浸水载荷试验近似于浸水膨胀试验的设备和装置。目前大多采用载荷台堆载法（常用混凝土块等）以及地锚作反力装置，配备有自动稳定压控制的油压千斤顶加荷法。

承压板多用方形的 70.7cm×70.7cm、50cm×50cm 和 30cm×30cm 几种。由于膨胀土的裂隙发育以及土体的不均匀性，宜采用大面积压板更能反映土体的实际强度。

2. 浸水载荷试验

可直接设置砂沟浸水或设置砂沟配合钻孔（填砂）浸水，沿试坑长边方向布置，采用两面浸水，待土体持续均匀浸水膨胀稳定后，按前述加荷方法施加荷载，进行变形观测。观测内容与浸水膨胀试验相同，应设置分层测标观测不同深度土层的变形。浸水膨胀后的膨胀土体的受荷载初期，变形速度特别快，观测时间间隔应较之天然状态载荷试验观测间隔要更短些。

3. 加荷等级

载荷试验的加荷等级应根据试验条件的不同确定，天然状态膨胀土体的强度较高，载荷试验的破坏荷载较大，加荷分级宜为 50kPa、104kPa、150kPa、200kPa……，土体浸水后强度衰减，破坏荷载显著降低，浸水载荷试验加荷分级可为 25kPa、50kPa、75kPa、100kPa……，加荷时采用一次分级连续施加的方法。

4. 变形观测

在试坑底面平行于承压板两邻边布置方格观测网，采用百分表或铟钢尺配合精密水准仪进行观测。当采用百分表时，宜在试坑外配备经纬仪，从远距离读数，以免近表测读对试验的人为干扰。百分表宜选用量程为 50mm 规格或不宜小于 30mm。在每级荷载加完后采用 1min、2min、3min、4min、5min、10min、15min、30min、60min 间隔读数。试验开始初期变形速度快，观测间隔应短，待变形速度缓慢后，观测间隔可逐渐增加。10min、15min、30min 间隔均可重复观测，以掌握变形速度快慢，调整观测间隔。稳定的标准为连续 2h 变形读数之差不超过 0.1mm。

5. 资料整理

载荷试验结束后，除按常规方法绘制荷载与变形关系曲线（即 p-s 曲线），根据比例界限确定其容许承载力。浸水膨胀载荷试验，还可根据压板原始标高和膨胀稳定后的标高，计算出施加荷载将压板压回到原始高度的总荷载，即可初步测定膨胀土的膨胀力。

7.5　膨胀土侧向膨胀力计算

1. 降雨入渗深度的确定

降雨条件下，基坑坡后入渗范围的分布形态，见图 7.6。

坡顶面位置，在坡后一定范围以外，降雨入渗深度一致，作为坡顶面入渗深度。坡面位置，在距坡顶一定范围以外，降雨入渗深度一致，作为坡面垂向入渗深度。

坡顶位置，浸润线呈上凸弧形，将该弧形简化为 1/4 圆弧，欲得到该弧形的大小，需要知道该弧形的半径 r。汇总弧形半径 r 与坡顶面入渗深度的关系近似为 $r=L$ 这条线，能够很好地反映弧形半径与坡顶面入渗深度的关系，所有的数

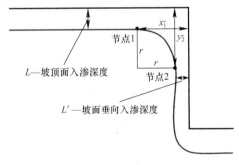

图 7.6　浸润线形态示意图

据点在这条线的附近或者这条线的下方，可以用这条 $r=L$ 的关系代表圆弧的半径。

以成都地区为例：坡顶以及坡面入渗深度定性计算公式坡顶：$L=1.0766S+3\times10^{8}k+23$、坡面：$L'=1.0766S'+3\times10^{8}k+12$，计算降雨入渗深度。

2. 膨胀力场

根据勘察报告中岩土工程参数试验结果，结合降雨入渗深度，按照膨胀土基坑膨胀力场分布规律，如图 7.7 所示，计算膨胀土边坡的膨胀力场分布。其中 h_1 为坡顶入渗深度 L，h_2 为坡面入渗深度 L'。

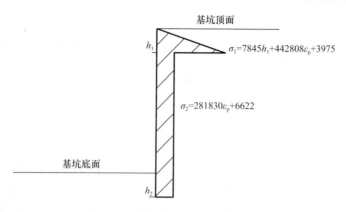

图 7.7 成都地区膨胀力分布规律

7.6 支护结构计算方法

7.6.1 膨胀土基坑设计影响因素的确定

影响膨胀土基坑稳定性因素一般包括 2 个主要因素（工程地质因素、水环境因素）和 2 个次要因素（施工因素、地震因素等）。

1. 工程地质因素

膨胀性黏土自身特性是变形的根本原因。基坑坡体主要由膨胀性黏土组成，具吸水膨胀后、失水收缩、土体遇水后力学指标会骤降，坡体自稳能力弱，极易产生局部坍塌、整体滑移。且遇水膨胀后，侧壁会产生巨大的水平向膨胀力，增加支护结构的荷载，导致基坑变形。可以细分为：

（1）膨胀土的成因：不同成因的膨胀土意味着沉积环境的差异，在一定程度上决定着膨胀土的物质成分和力学性质，对基坑的稳定起着重要的作用。

（2）膨胀土的物质组成：膨胀土的黏土矿物成分、化学成分和颗粒组成以及微观结构等，从微观结构上影响着土体的变形和强度特性，从而对基坑稳定产生影响。

（3）膨胀性黏土裂隙发育，黏土中发育有大量裂隙，地表水下渗存储于裂隙中，在长期的渗漏或降雨影响下，黏土中的裂隙充满水，特别是反复缩影响下，土中裂隙不断增多，含水量不断增加，使土体强度降低并产生膨胀力。

2. 水环境因素

降雨或管道渗漏是保证膨胀土基坑稳定性的另一重要因素。基坑产生事故有较长时间的间断降雨或长期的管道渗漏，雨水侵入基坑坡体，土体的力学指标骤降，产生额外的膨胀力，破坏了坡体的力学平衡，诱发了基坑事故的发生。

同时，膨胀土抗剪强度遇水后骤降、产生水平膨胀力是膨胀土基坑稳定性的重要原因。经研究表明，膨胀土力学指标遇水后有较大幅度的降低，同时还会产生较大的水平向膨胀力，膨胀力为土压力的 0.63 倍~3.94 倍，基坑支挡结构承受的实际水平荷载为设计值的 1.63 倍~4.94 倍，大大超出了支护结构的承载范围。

设计时应重点考虑此因素。

3. 其他因素

有地震因素、基坑开挖、场地平整等。这类活动往往破坏了地层的原有结构，改变了边界条件，使已经稳定的基坑发生新的失稳。

7.6.2 支护结构的选择及计算

1. 支护结构选型及结构参数初定

按照《建筑基坑支护技术规程》JGJ 120—2012 等相关规范中各类支护结构的适用条件确定支护结构类型，同时初定支护结构参数。

2. 支护结构变形特征

按照《建筑基坑工程监测技术规范》GB 50497—2009 等相关规范中基坑及支护结构监测报警值预测支护结构的变形特征。

3. 考虑膨胀力的非极限土压力计算

膨胀土基坑非极限土压力计算理论，结合预测的支护结构变形特征，计算非极限位移条件下的抗剪强度，搜索潜在滑动面，同时叠加如图 7.7 所示的膨胀力分布，计算考虑膨胀力作用的非极限土压力分布，其中考虑膨胀力作用的非极限土压力计算参照第 6 章相关内容。

4. 支护结构参数验算

按照《建筑基坑支护技术规程》JGJ 120—2012 水平荷载的计算方法，计算基坑的水平设计荷载，与考虑膨胀力作用的非极限土压力的差值即为在支护设计的附加水平荷载。通过施加竖向等效荷载的方式实现这一附加水平荷载，进行支护设计验算。

若变形验算结果超出预警值，则调整支护结构参数进行步骤1～4。

7.7 本章小结

本章详细介绍了膨胀土基坑勘察和支护设计方法，包括膨胀土基坑的勘察与设计原则、膨胀土场地勘察方法、膨胀土基坑设计参数的试验手段和方法、膨胀土膨胀力的计算以及支护结构设计方法等五个方面，全面涵盖了膨胀土基坑工程勘察与支护设计的全过程，对膨胀土基坑勘察和支护设计具有一定的指导和借鉴的意义：

（1）膨胀土基坑工程应重视施工阶段的工程勘察工作。经过各阶段的反复调查研究，所取得的认识是否完全符合实际，在施工阶段可以得到进一步的验证，更为重要的是施工阶段可即时做出工程预测，保证工程顺利施工、消除场地中可能存在的隐患。尤其施工勘察是认识过程中的一个关键性阶段，对纠正认识上的错误，提高认识水平非常必要。

（2）膨胀土基坑支护设计时，应针对可能产生的破坏进行稳定性复核，分析中应考虑可能遇到的各类工况，正确考虑膨胀土土压力的分布问题、确定合理的设计参数、考虑水对膨胀土基坑边坡的影响，支护设计要满足因地制宜、以因治果的原则。

（3）膨胀土场地勘察可借鉴《膨胀土地区建筑技术规范》GB 50112—2013、《工程地质手册》（第五版）中相关内容开展勘察工作，需要正确评价场地工程地质、气候水文地质以及场地周围环境的特征。

（4）膨胀土基坑设计参数与土体含水情况密切相关，建议使用专用装置和改制常规土三轴仪进行单土样含水率连续变化的膨胀参数试验。获得连续/断续吸水过程土体膨胀力和膨胀率。

（5）采用提出的成都膨胀土基坑长时间暴雨工况下入渗深度的定性计算公式计算膨胀土膨胀力。

（6）宜根据《建筑基坑支护技术规程》JGJ 120—2012、《建筑基坑工程监测技术规范》GB 50497—2009 确定膨胀土基坑支护结构的选型及结构参数。

第 8 章　膨胀土基坑土钉支护工程实践

8.1　概述

土钉是土体中进行原位加筋技术的一种，它是由近于水平设置于天然土坡或开挖形成的边坡中的加筋杆件及面层结构组成的挡土体系。土钉的工作特点是沿通长与周围土体接触，以群体起作用，与周围土体形成一个复合体，在土体发生变形的条件下，通过与土体接触面上的粘结力或摩擦力，使土钉被动受拉，并主要通过受拉工作给土体以约束加固或使其稳定。相对于土钉墙的广泛应用，对土钉墙的理论研究相对滞后，尤其是对膨胀土场地基坑的土钉墙破坏机理的研究更不充分。因此，土钉墙用于中等深度以上的膨胀土场地基坑时，事故率较高，造成大量的经济损失。针对这一现象，结合土钉技术的研究现状和膨胀土场地基坑急需进一步研究的问题，以某一膨胀土场地的深基坑土钉支护为例，现场监测结合数值模拟，分析土钉支护在膨胀土成都地区场地基坑的支护效果，并结合工程梳理膨胀土场地土钉支护施工的流程及注意事项。

8.2　工程概况

本例工程为一高层项目，场地地处成都平原岷江水系Ⅲ级阶地，为山前台地地貌，地形有一定起伏。该基坑深度为9m。设计基坑边坡为三级边坡，第三级边坡开挖坡率为1∶1，高3.2m，第二级边坡为1∶0.5，高2.6m，第一级为1∶0.5，高3.2m，一、二级边坡之间有1m宽水平台阶。

根据勘察揭露场地岩土体主要由第四系全新统人工填土（Q_4^{ml}）[包括新近填土（Q_{4-1}^{ml}）和老填土（Q_{4-2}^{ml}）]，和其下的第四系中、下更新统冰水沉积层（Q_{1+2}^{fgl}）（主要是具弱膨胀性的黏土）构成。其岩性自上而下分述如下：

新近填土（Q_{4-1}^{ml}）：新近填土主要来源于2年前附近建筑挖方的堆填，红褐色，稍湿，夹杂卵石，土质松软、固结度差，强度低，工程性质差。厚度3m～4m。

老填土（Q_{4-2}^{ml}）：老填土为多年形成的杂填土，主要为黏性土、淤泥土，含少量的砖屑、砾石。淤泥土黑褐色，含水量较大，为流塑状，强度低，工程性质差，黏性土为黄褐色，稍湿，呈可塑状，均匀性差，多为欠压密土，结构疏松，具有强度较低、压缩性高、荷重作用，易变形等特点。老填土厚度约1m～2m。

第四系中、下更新统冰水沉积层（Q_{1+2}^{fgl}）：褐黄色，硬塑—坚硬，光滑，稍有光泽，无摇振反应，干强度高，韧性高，具弱膨胀性，含铁锰质氧化物结核及少量钙质结核。网状裂隙发育，缓倾裂隙也较发育。埋深 2.0m 以上，网状裂隙较发育，裂隙短小而密集，上宽下窄，较陡直而方向无规律性，将黏土切割成短柱状或碎块，隙面光滑，填灰白色黏土薄层。

场地内的黏土为膨胀土，具有弱膨胀性。由于其存在遇水膨胀、失水收缩的特征，以及土体内裂隙发育的特点，在室内试验指标显示极好，但在工程建设中却往往引发基坑垮塌、地坪隆起、墙面开裂的不良后果。故在地基基础和基坑支护设计、施工中，应予以充分的研究，并重视不利影响的处置。根据勘察对场地分布的岩土层进行的胀缩性试验结果，按《膨胀土地区建筑技术规范》GB 50112—2013 的分析评价其胀缩性，岩土的自由膨胀率平均值为 $40.3\% \sim 45.8\%$，具有弱膨胀潜势。其中黏土的膨胀力 $25.2\text{kPa} \sim 100.9\text{kPa}$，平均值为 57.8kPa。考虑黏土的膨胀性，将黏土的饱和抗剪强度折减，故土层物理力学参数值见表 8.1。

土层物理力学参数 表 8.1

土层 \ 参数	$\gamma(\text{kN/m}^3)$	$c(\text{kPa})$	$\varphi(°)$	$\gamma_{sat}(\text{kN/m}^3)$	$c'(\text{kPa})$	$\phi'(°)$
	天然工况			暴雨工况		
①新近填土	17	4	10	19	2	7
②老填土	19	10	10	19	9	8
③黏土	20.0	40	12	20	25	9

8.3 基坑支护设计

1. 膨胀力计算

根据成都地区膨胀力的分布规律（参见图 8.1）。图 8.1 中，h_1 为成都地区膨胀土坡顶入渗深度，h_2 为成都地区坡面入渗深度，ε_p 为含水量变化产生的膨胀率。本书第 4 章、第 5 章已针对膨胀土边坡降雨入渗深度问题展开详述，依照图 8.1 计算本基坑的膨胀力分布图，计算结果见图 8.2。

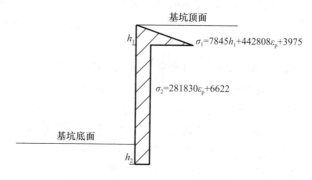

图 8.1 成都膨胀土膨胀力分布曲线

2. 基坑支护设计

（1）第三级基坑土钉支护方案

第三级基坑边坡的土体是新近填土，土质不均匀，固结度低，工程性质较差，采用土钉支护。利用理正软件中的土钉墙设计计算（参照《建筑基坑支护技术规程》JGJ 120—

92012)，可采用 7m 长土钉加固。水平间距 1.0m，垂直间距 1.5m，土钉是直径为 25mm 的 HRB335 钢筋，实际施工采用为内径 26mm，外径 30mm 钢管代替，锚固体直径为 100mm。

（2）第一、二级基坑土钉支护方案

基坑开挖边坡第二级（深度 3.2m～5.8m）、第一级（深度 5.8m～9m）为典型的膨胀土，根据《建筑边坡工程技术规范》GB 50330 边坡的安全系数 $F_s = 1.20$，采用理正岩土稳定分析软件得到基坑边坡的总下滑力（445.393kN/m）和总抗滑力（404.272kN/m），结合计算所得的膨胀力，再根据圆弧破坏边坡加固力计算公式计算得到每延米边坡所需要的锚固力 $T = 160$kN。故而边坡设计第二级边坡采用两排土钉，长 12m；第一级边坡采用两排土钉，长 9m。水平间距 1.5m，垂直间距 1.5m，安设角与水平方向呈 15°。锚固体直径 100mm，粘结体采用 M30 砂浆，钢筋采用 ϕ25mmHRB335 钢筋。

（3）排水设施

坡顶、坡底分别设置截水沟和排水沟，坡面上装有排水孔，坡底挖一个 4m×4m 的集水池。

基坑支护简图见图 8.3、图 8.4。

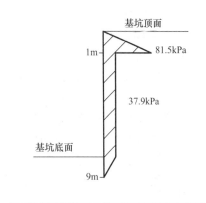

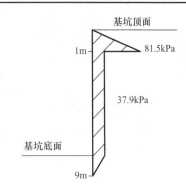

图 8.2　膨胀力分布图

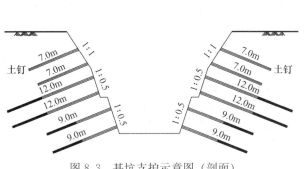

图 8.3　基坑支护示意图（剖面）

图 8.4　基坑支护示意图（平面）

8.4　土钉支护效果的数值模拟预测研究

8.4.1　模型的建立及分析数据提取

本节基于 FLAC3D 数值分析方法，初步预测分析土钉支护基坑边坡的效果及在施工过程中基坑边坡的变形。

1. 模型建立

根据工程场地的实际情况，考虑边界效应及边坡的几何形态，建立计算模型的长×宽×高为 62.2m×3m×30m。计算模型采用矩形（brick）和楔形网格（wedge、uwedge）网格划分，单元格长度约 0.5m；采用摩尔-库仑模型为本构模型。设计对模型的底部边界节点约束竖直方向的位移。对垂直于 X 方向的两侧边界约束其 X 方向位移。对垂直于 Y 方向的两侧边界约束 Y 方向的位移。

边坡模型中岩土层分为 5 层，其中土钉钢筋加固边坡存在一条与边坡倾向相同的黏土层裂隙，如图 8.5 所示，岩土层计算参数见表 8.2。支护结构设计参数见表 8.3。

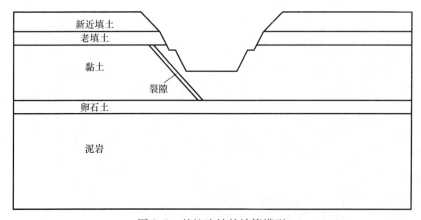

图 8.5　基坑边坡的计算模型

模型各土层参数　　　　　　　　　　　　　　　　　　　　　　表 8.2

土层	密度（kg/m³）	体积模量（MPa）	剪切模量（MPa）	黏聚力（kPa）	内摩擦角（°）	厚度（m）
新近填土	1800	9.5	3	4	8	3
老填土	1850	26	12	8	10	2
黏土	1950	55	25	31	12	7
裂隙	1900	24	12	8	9	1.5
卵石	2000	150	65	25	21	2
泥岩	2100	600	250	50	30	16

支护结构设计参数　　　　　　　　　　　　　　　　　　　　　　表 8.3

支护类型	弹性模量（Pa）	极限拉力（N）	横截面积（m²）	注浆体粘结力（Pa）	注浆体内摩擦角（°）	注浆体刚度（Pa）	灌浆周长（m）
土钉锚杆	2e11	120e3	0.000490625	1.57e5	25	2.2e6	0.314

2. 施加的膨胀力

按图 8.2 所示。

3. 分析数据提取

从数值模拟计算结果中提取边坡在施工过程中的地表位移和深部位移，为与现场监测试验结果进行对比分析，以探讨施工过程中边坡的变形量和支护结构的加固效果。

提取数据的相关监测点如图 8.6 所示。其中 1～9 和 1′～9′ 分别为基坑两侧边坡的地表位移的监测点，CX1、CX2 和 CX1′、CX2′ 分别为基坑两侧边坡的深部位移的监测点，3#、4#、5#、6# 和 5′#、6′# 分别为基坑两侧边坡的土钉受力监测筋。

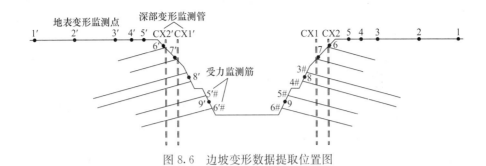

图 8.6　边坡变形数据提取位置图

8.4.2　分层开挖基坑变形

1. 开挖及支护第一层边坡

基坑第一层施工完成后，土体最终水平位移等值线如图 8.7（a）所示。由图可知，最大水平位移均发生在边坡的基坑边坡坡脚处，基坑左侧支护边坡的位移为 2.9mm，基坑右侧边坡的位移为 2.5mm。

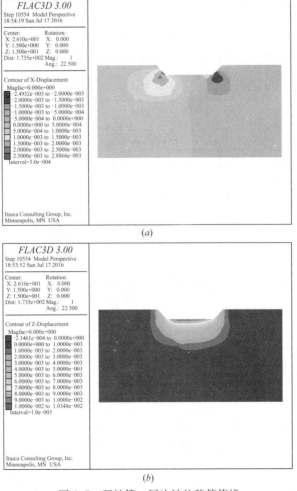

图 8.7　开挖第一层边坡位移等值线

（a）水平方向；（b）竖直方向

基坑第一层施工完成后，土体最终沉降等值线如图 8.7（b）所示。由图可知，基坑右侧试验边坡和左侧试验边坡的沉降都很小，约 0.2mm。基坑边坡开挖后，坑底原土体平衡应力场遭到破坏，卸荷后基底回弹，随基坑内外土面高差不断增大，坡脚处土层受到的侧向力增大，从而使得基坑底部隆起。坑底隆起变形量较大，约为 10mm。

第一层基坑边坡施工结束后，两侧试验边坡的位移基本一致。

2. 开挖及支护第二层边坡

基坑第二层施工完成后，土体最终水平位移等值线如图 8.8（a）所示。由图可知，最大水平位移均发生在边坡的第二级基坑边坡坡脚处，基坑左侧边坡的位移为 37mm，右侧边坡的位移为 26mm，坡后土体的变形沿远离基坑边坡的方向逐渐减小。

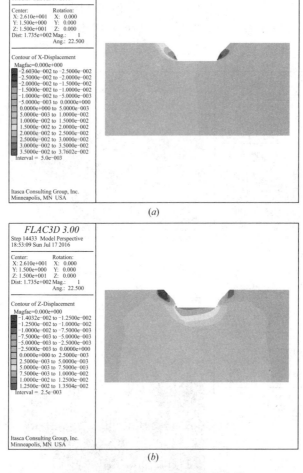

图 8.8　开挖第二层边坡位移等值线
（a）水平方向；（b）竖直方向

基坑第二层施工完成后，土体最终沉降等值线如图 8.8（b）所示。由图可知，最大沉降均发生在距离坑壁一定距离的坡顶处，左侧试验边坡的最大沉降量约 14mm，右侧试验边坡的最大沉降量约 10mm。基坑边坡开挖后，坑底隆起变形量较大，约为 13mm。

第二层基坑边坡的施工结束后，两侧边坡支护效果相当。

3. 开挖及支护第三层边坡

基坑第三层施工完成后，土体最终水平位移等值线如图8.9（a）所示。由图可知，最大水平位移均发生在边坡的第二级基坑边坡坡脚处，左侧边坡的位移为56mm，右侧边坡的位移为26mm，坡后土体的变形沿远离基坑边坡的方向逐渐减小。此外左侧边坡的第一级边坡的位移也较大，约25mm。

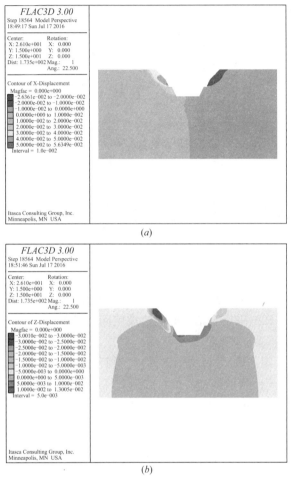

图 8.9 开挖第三层边坡位移等值线

（a）水平方向；（b）竖直方向

基坑第三层施工完成后，土体最终沉降等值线如图8.9（b）所示。由图可知，最大沉降均发生在距离坑壁一定距离的坡顶处，左侧边坡的最大沉降量约30mm，右侧边坡的最大沉降量约10mm。基坑边坡开挖后，坑底隆起变形量较大，约为13mm。

第三层基坑边坡的开挖和支护对右侧加固边坡的变形影响很小，其水平位移和竖向位移的变化不大。然而由于左侧加固边坡在坡脚附近存在一条与边坡倾向相同的裂隙，导致开挖和支护第三层边坡时，左侧支护边坡的变形较大。

以上计算结果可知，在分三次开挖并支护的过程中，右侧加固边坡的位移较小，左侧加固边坡位移偏大，两个试验边坡均处于稳定状态。如图8.10所示，在设计的支护措施下，边坡的整体变形得到有效的控制。

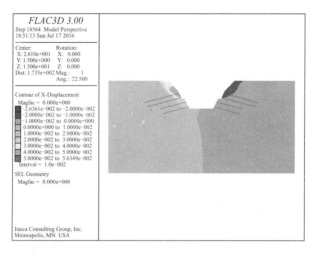

图 8.10　支护结构及水平位移等值线图

8.5　土钉支护效果的现场监测试验

8.5.1　试验监测方案

根据数值计算模拟的结果，结合工程实际，工程确定设置三个监测项目：（1）测斜技术监测边坡深部变形；（2）采用全站仪监测边坡坡面及坡顶面变形；（3）钢筋计监测边坡支护结构受力。

监测项目布置平面图如图 8.11 所示，共计测斜管 12 根，长 14m；地面位移观测点 106 个、全站仪测站 2 个、测量基点 2 个；监测土钉钢筋受力 13 根，应力监测计共 32 个。本次测斜管钻孔规格：ϕ10cm，孔深 14m，孔数 12。

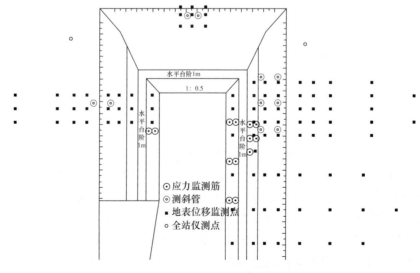

图 8.11　监测项目布设图

为研究土钉在膨胀土场地基坑工程中的适用性,基坑右侧边坡共取 b1~b8 八个剖面,左侧边坡共取 a1~a3 三个剖面。坡顶变形监测点在基坑边坡开挖前布设,每开挖一级边坡,布设坡面变形监测点。试验基坑边坡地表位移监测点布置情况如图 8.12 所示。

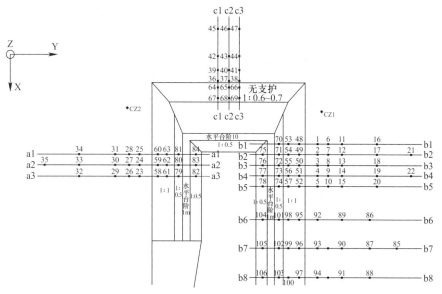

图 8.12　地表位移监测点布置平面图

为得到土钉长度内的应力值和应力分布,在单根土钉钢筋中根据长度不同安装 1 个~3 个钢筋计监测土钉受力,各监测筋中钢筋计的布置如图 8.13 所示。

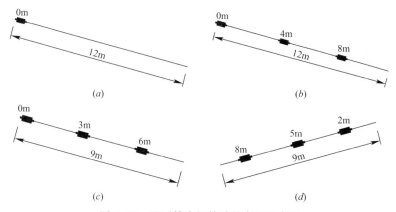

图 8.13　监测筋中钢筋计的布置示意图

8.5.2　基坑附近地表变形破裂迹象

基坑右侧开挖至第三层边坡时,边坡坡顶出现近似沿边坡走向的拉裂缝,裂缝宽约 2mm~3mm,延伸不长,约 3m~4m,见图 8.14 (a)。随后场地降雨较大,导致坡顶裂缝进一步发展,约 4m~5m。施工结束后,裂缝得到稳定,之后变化不明显。

基坑左侧边坡在施工过程和后期都较稳定,也出现很小的裂缝,如图 8.14 (b) 所示仅在坡顶位置出现拉裂缝,裂缝延伸短,宽度小,且后期基本不发展。

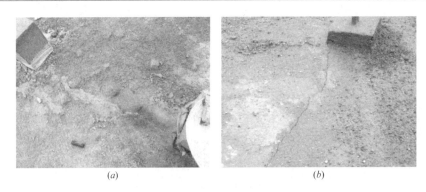

图 8.14　基坑附近地表变形破裂迹象

（*a*）基坑左侧；（*b*）基坑右侧

8.5.3　边坡坡面位移

1. 基坑左侧边坡

基坑左侧边坡坡面位移曲线见图 8.15。

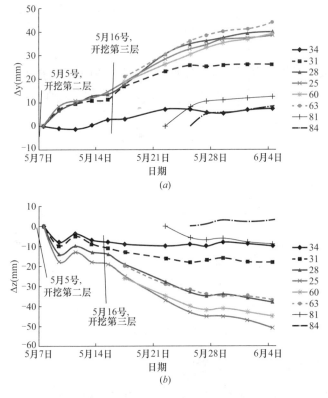

图 8.15　基坑左侧边坡 a1-a1 剖面 *Y*、*Z* 方向位移

（*a*）*Y* 方向；（*b*）*Z* 方向

从图中可以看出，开挖第二层基坑边坡，a1-a1 剖面上各监测点的变形速率增大，向基坑内（*Y* 方向）的位移增加 9mm～10mm，支护之后的变形速率明显减小且较稳定。而

后开挖第三层基坑边坡，各监测点发生了明显的朝基坑内的位移，位移达 35mm～40mm，进行土钉支护后边坡的变形速率明显小，之后边坡地表变形较稳定，基本没有较大的增长，最终位移变形达 37mm～43mm。

同时，a1-a1 剖面上的各监测点 Z 方向的位移变化趋势与 Y 方向类似，靠近坡底的 84 号测点出现向上的位移，即靠近坡底的坡面有轻微的反翘，约 2mm～3mm。Z 方向位移达 37mm～48mm。

a2-a2 剖面、a3-a3 剖面的地表位移随时间的变化均与 a1-a1 剖面一致，此不赘述。

2. 基坑右侧边坡

基坑左侧边坡坡面位移曲线见图 8.16。

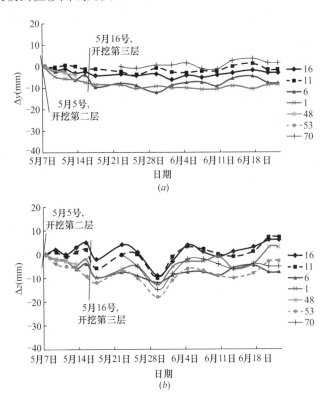

图 8.16　基坑右侧边坡 b1-b1 剖面 Y、Z 方向位移

（a）Y 方向；（b）Z 方向

从图中可以看出，开挖第三层基坑边坡，b1-b1 剖面上的各监测点发生了较明显的朝基坑内的位移（Y 方向位移），约 3mm～4mm，使用土钉支护后，监测点变形速率减小。经历 3 天的连续降雨，各个监测点的变形速率稍微加大。截止施工结束边坡最大位移约 11mm。b1-b1 剖面上各监测点在竖直方向上的位移也不大，受到施工和降雨的影响，Z 方向的位移在 0 值处有 10mm 左右的变化幅度，最终位移达 18mm。

其他监测剖面上监测点的位移随时间变化与 b1-b1 剖面一致。

总体而言，变形曲线整体较为平稳，且现场边坡未发现明显的裂缝或变形，监测数据与现场边坡实际情况吻合。

8.5.4 基坑深部位移

1. 基坑左侧边坡

现场测斜管位于第三级基坑边坡上，需搭架子进行测量，架子对露出坡面的测斜管有限制作用，故去掉地面以下3m以内的测斜管监测数据作位移曲线图。

基坑左侧边坡7号测斜管位移变化曲线如图8.17所示，开挖第二层基坑边坡后（已开挖深度5.8m），7号测斜管地表5m以下坡体变形较小，5m以上坡体向基坑内的变形明显增加，顶部位移达23mm。进行土钉支护后，变形速率明显减小。开挖第三层基坑边坡后（已开挖深度9m），边坡整体变形增加，且边坡6m以上坡体变形明显增大，顶部位移达45mm。进行土钉支护后边坡变形速率明显减小。施工结束后，边坡坡顶位移达65mm。

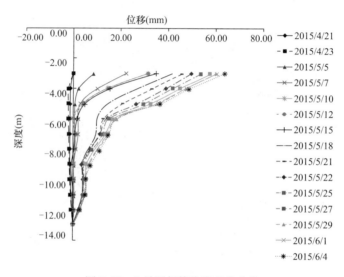

图8.17　7号测斜管位移变化曲线

8号测斜管变形趋势与7号类似，8号测斜管离基坑较远，监测值较小。此不赘述。

2. 基坑右侧边坡

右侧边坡1、2号测斜管在施工过程中，打钻孔时被打断，已弃用。从3号测斜管相对位移曲线（图8.18）可以看出，开挖第一层基坑边坡后，边坡变形缓慢增加，开挖第二层基坑边坡之后，地面6m以上坡体变形增大，3号测斜管地面以下6m处为潜在滑面；且坡体位移在两次开挖之后均有明显增大，进行土钉支护之后，位移以很小的稳定的速率增长，施工结束后，边坡顶部位移达47mm。

其他监测点变形情况与3号测斜监测点大致相似。

8.5.5 土钉结构内力

1. 基坑左侧边坡

基坑左侧边坡12号、13号监测筋受力变化曲线见图8.19。

从图中可以看出，从土钉开始安装到土钉安装结束，土钉钢筋受到的拉力持续增加。施工结束后土钉钢筋受力基本稳定。最终监测筋的最大拉力为29kN，13号监测筋的最大拉力达38kN。

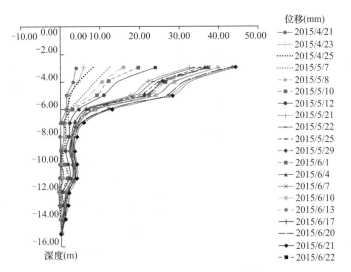

图 8.18　3 号测斜管位移变化曲线

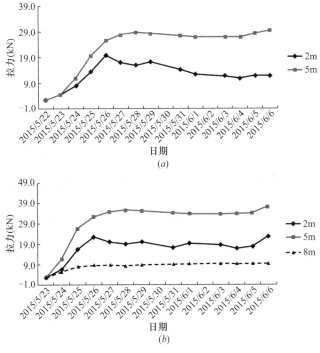

图 8.19　基坑左侧边坡 12 号、13 号监测筋受力变化图

(a) 12 号；(b) 13 号

从图 8.10（b）可以看出，土钉钢筋底部受到的拉力小，5m 位置处受到的拉力大，可推测潜在滑动面在土钉 5m 处左右，与测斜管监测结果基本吻合。

2. 基坑右侧边坡

基坑右侧边坡监测筋受力变化曲线见图 8.20。

从图中可以看出，土钉安装后，土钉内部拉力随时间逐渐，缓慢增加，并且在基坑边坡的开挖以及几次降雨影响下，土钉筋材受力大小稍有波动，其中锚头处（0m）受到的拉力变化幅度较大，拉力大小有增有减。其中，受到的最大拉力达 20kN。

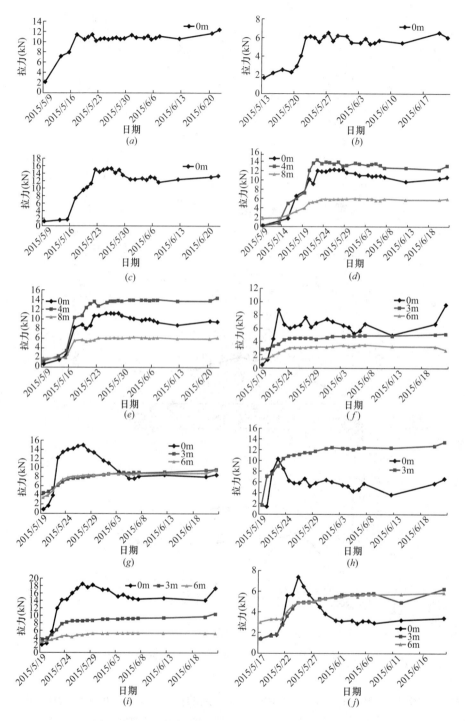

图 8.20　基坑右侧边坡 1 号～10 号监测筋受力变化图

(a) 1 号监测筋；(b) 2 号监测筋；(c) 3 号监测筋；(d) 4 号监测筋；(e) 5 号监测筋；

(f) 6 号监测筋；(g) 7 号监测筋；(h) 8 号监测筋；(i) 9 号监测筋；(j) 10 号监测筋

　　1 号、2 号监测筋位于第二级边坡上部，3 号～5 号监测筋位于第二级边坡下部，1 号、2 号土钉受到的拉力较 3 号～5 号监测筋小。从图 8.20 可以看出，4 号、5 号土钉在

4m 位置处受到的拉力较大,可推测潜在滑动面在第二级边坡的土钉 4m 处左右,与测斜管监测结果基本吻合。6 号~10 号监测筋位于第一级边坡,安装土钉后,锚头处受拉力较大,其次为土钉中部,端部受力较小(8 号监测筋除外)。

8.6　实测与数值分析对比分析

8.6.1　边坡剖面位移

左侧边坡的地表水平位移和竖直位移如图 8.21 所示,边坡水平位移明显大于竖直位移,在三次开挖并支护基坑边坡的过程中,地表水平位移持续增加,第二次开挖边坡产生的水平位移最大,第三次开挖次之。8$^\#$ 监测点位于第二级基坑边坡上,水平位移最大;5$^\#$ 监测点位于坡顶,6$^\#$、7$^\#$ 监测点位于第三级边坡坡面,其地表沉降量较大,9$^\#$ 监测点位于第一级基坑边坡上,发生隆起变形。

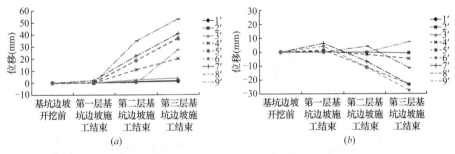

图 8.21　左侧边坡地表位移计算结果图
(a)水平;(b)竖向

右侧边坡的地表水平位移和竖直位移如图 8.22 所示,边坡水平位移明显大于竖直位移,在三次开挖并支护基坑边坡的过程中,地表水平位移持续增加,第二次开挖边坡产生的水平位移最大,第一、三次开挖边坡产生的位移较小。8$^\#$ 测点位于第二级基坑边坡上,水平位移最大;5$^\#$ 监测点位于坡顶,6$^\#$ 监测点位于第三级边坡坡面,其地表沉降量较大,9$^\#$、8$^\#$ 监测点位于第一、二级基坑边坡上,发生隆起变形。

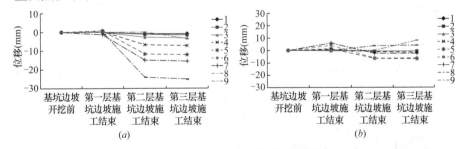

图 8.22　右侧边坡地表位移计算结果图
(a)水平;(b)竖向

边坡地表变形计算结果表明,在施工过程中边坡设计支护结构可有效加固边坡,控制边坡整体位移。

8.6.2 基坑深部位移

左侧边坡的深部位移如图 8.23 （*a*）和图 8.23 （*b*）所示，第一次开挖和支护后，地下 3m 以上的坡体变形稍大，第二次开挖后地下 6m 以上坡体的变形明显增大，第三次开挖导致边坡整体位移增加。

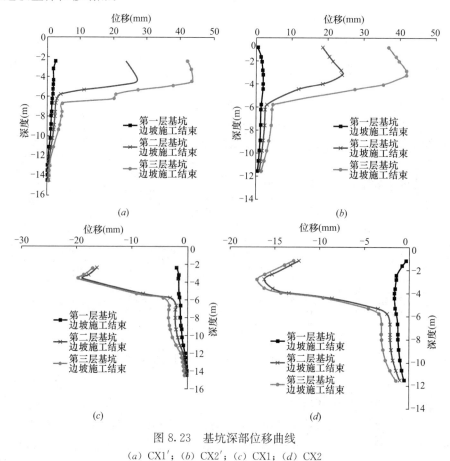

图 8.23 基坑深部位移曲线

(*a*) CX1′；(*b*) CX2′；(*c*) CX1；(*d*) CX2

右侧边坡的深部位移如图 8.23 （*c*）和图 8.23 （*d*）所示，第一、二次开挖和支护，边坡深部变形规律与右侧边坡深部变形基本一致，第三次开挖导致 6m 以下坡体稍有变形，对 6m 以上的坡体基本没有影响。

边坡深部变形计算结果表明，右侧边坡的深部变形比左侧边坡的大，左侧边坡最大位移约为 44mm，位于第三级边坡坡脚处，右侧边坡最大位移约为 21mm，也位于第三级边坡坡脚处。但两个边坡的深部位移变化规律基本一致，均在测斜管－6m 处存在潜在滑面，在－3.5m 处存在次级潜在滑面。设计支护结构可有效加固边坡，控制边坡整体位移。

8.6.3 土钉结构内力

左侧边坡的 $5'^{\#}$、$6'^{\#}$ 监测筋受力情况如图 8.24 （*a*）、图 8.24 （*b*）所示，$5'^{\#}$、$6'^{\#}$ 监测筋都位于第一级边坡上，$5'^{\#}$ 监测筋距锚头 3m 处受力最大，约 61kN，端头受力最小；$6'^{\#}$ 监测筋距锚头 2m 处受力最大，约 30kN，端头受力最小。

右侧边坡的 $3^{\#}$、$4^{\#}$、$5^{\#}$、$6^{\#}$ 监测筋受力情况如图 8.24（c）～图 8.24（f）所示，$3^{\#}$、$4^{\#}$ 监测筋位于第二级边坡上，$5^{\#}$、$6^{\#}$ 监测筋都位于第一级边坡上。$3^{\#}$ 监测筋距锚头 3m 处受力最大，约 43kN，端头受力最小，第三层边坡的开挖和支护对 $3^{\#}$ 监测筋的受力影响很小；$4^{\#}$ 监测筋距锚头 2m 处受力最大，约 17kN，端头受力最小，第三层边坡的开挖和支护对 $4^{\#}$ 监测筋的受力稍有影响；$5^{\#}$、$6^{\#}$ 监测筋中部受力最大，约 3kN。

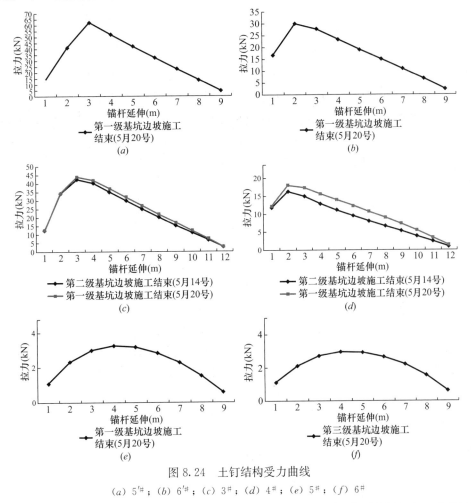

图 8.24　土钉结构受力曲线

（a）$5'^{\#}$；（b）$6'^{\#}$；（c）$3^{\#}$；（d）$4^{\#}$；（e）$5^{\#}$；（f）$6^{\#}$

从土钉受力监测结果可以知道，左侧受拉力较大，接近土钉设计拉力，右侧受力较小，未达到设计拉力值，支护设计合理，两侧均能加固边坡有效。

8.7　土钉支护施工关键技术

8.7.1　土钉施工工艺流程

1. 开挖边坡面，修正边坡（壁）面；
2. 设置土钉（包括成孔、置入钢筋、注浆、补浆）；
3. 铺设并固定钢筋网；

4. 施做喷射混凝土面层，并按相应规定养护。

根据不同的土性特点和支护构造方法，上述的一般流程可以灵活、合理变化。支护内、外排水系统按整个支护的施做顺序，在施工过程中穿插设置。施工开挖和土钉成孔过程中应随时观察岩土变化情况并与原设计所认定的加以对比，如发现异常应及时进行反馈设计。

土钉支护应按设计规定的分层开挖深度按作业顺序施工，在完成上层作业面的土钉与喷射混凝土面层以前，不得进行下一层深度的开挖。当基坑面积较大时，允许在距离四周边壁（坡）8m～10m 的基坑中部自由开挖，但应注意与分层作业区的开挖相协调。当用机械进行土方作业时，严禁边壁出现超、欠挖或造成边壁土体松动。基坑的边壁宜采用小型机具或铲锹进行切削清坡，以保证边坡平整并符合设计规定的坡度。

支护分层开挖深度和施工的作业顺序应保证修整后的裸露边坡能在规定的时间内保持自立并在限定的时间内完成支护，即及时设置土钉或喷射混凝土面层。基坑在水平方向的开挖应分段进行，在保证及时支护条件下，每段可取 30m～50m。

应尽量缩短边壁土体的裸露时间。对修整后边壁立即喷上一层厚为 1cm～3cm 的砂浆或混凝土，待凝结后再进行钻孔；在作业面上先构筑钢筋网混凝土面层，而后进行钻孔并设置土钉；在水平方向上分小段间隔开挖；先将作业深度上的边壁做成斜坡，待钻孔并设置土钉后再清坡；在开挖前，沿开挖面垂直击入钢筋或钢管，或注浆加固土体。

8.7.2　土钉支护基坑的排水

土钉支护宜在排除水患的条件下进行施工，以避免土体处于饱和状态并减轻作用于面层上的静水压力。排水措施包括地表排水、支护内排水、基坑排水等。

基坑四周支护范围内的地表应加以修整，构筑排水沟和水泥砂浆或混凝土地面，防止地表水向地下渗透。靠近基坑坡顶宽 2m～4m 范围内的地面应适当垫高，并且里高外低，便于径排流远离边坡。在支护面层背部应插入长度为 400mm～600mm、直径不小于 40mm 的水平排水管，其外端伸出支护面层，间距可为 1.5m～2m，以便将喷射混凝土面层后的积水排出。为排除积聚在基坑内的渗水和雨水，应在坑底设置排水沟及集水坑。排水沟应离开边壁 0.5m～1m，排水沟及集水坑宜用砖砌并用砂浆抹面以防止渗漏，坑中积水应及时抽出并排走。

当钻孔中有少量水流出时，可采用压力注浆法快速灌注土钉孔，注浆压力应不小于 1MPa，浆液水灰比应不大于 0.4。当钻孔中有大量水涌出、无法进行上述封堵时，可先对该孔周围的土钉孔实施压力注浆，并视情况在其邻近部位增加注浆孔眼进行压力注浆，使涌水量逐步减小，尔后再同上实施压力注浆封堵。当土钉孔内有水直射而出，涌水量巨大，应迅速查明原因，有效截断水源。此种情况常常是地下净水管或污水管断裂所致，处理不当或不及时均会酿成工程事故。

8.7.3　土层中土钉的设置

土钉成孔前，应按设计要求定出孔位并做出标记和编号。孔位的允许偏差应不大于 150mm，钻孔的倾角误差应不大于 3°，孔径允许偏差应为 +20mm（或 -5mm），孔深允许偏差应为 +200mm（或 -50mm）。成孔过程中遇有障碍物需调整孔位时，先对废孔插入土钉并注浆，再在废孔附近钻出符合设计要求的土钉孔。

成孔过程中应做好成孔记录，按土钉编号逐一记载取出的土体特征、成孔质量、事故处理过程及结果等。应将取出的土体与初步设计时所认定的加以对比，有偏差时应及时修改土钉的设计参数。钻孔后应进行清孔检查，对孔中出现的局部渗水塌孔或掉落松土应立即处理。成孔后应及时安设土钉并注浆。

土钉置入孔中前，应先设置定位支架，保证钉体处于钻孔的中心部位，支架沿钉长的间距可为 2m～3m，支架的构造应不妨碍注浆时浆液的自由流动。临时土钉的支架可为金属或塑料件，永久土钉的支架应为塑料件。

土钉置入孔中后，可采用重力、低压 0.4MPa～0.6MPa 或高压 1MPa～2MPa 方法对孔眼进行注浆。水平孔应采用低压或高压方法注浆。压力注浆时应在钻孔口部设置止浆塞（如为分段注浆，止浆塞应置于钻孔内规定的位置），注浆饱满后应保持压力 3min～5min。重力注浆以满孔为止，但在初凝前需补浆 1 次～2 次。

对于下倾的斜孔采用重力或低压注浆时宜采用底部注浆方式，先将注浆管出浆端插入孔底，在注浆同时将注浆管以匀速缓慢抽出，注浆管的出浆口应始终处于孔中浆体的表面以下，保证孔中气体能全部逸出。

对于水平钻孔，应用口部压力注浆或分段压力注浆，此时须配置排气管并将其与土钉杆体绑牢，在注浆前与土钉同时送入孔中。向孔内注入浆体的充盈系数必须大于 1。每次向孔内注浆时，宜预先计算所需的浆体体积并根据注浆泵的冲程数求出实际向孔内注入的浆体体积，以确认实际注浆量超过孔的体积。

注浆用水泥砂浆的水灰比不宜超过 0.4，当用水泥净浆时水灰比不宜超过 0.38，并宜加入适量的速凝剂等外加剂用以促进早凝和控制泌水。施工时当浆体工作度不能满足要求时可外加高效减水剂，不允许任意加大用水量。浆体应搅拌均匀并立即使用，开始注浆前、中途停顿或作业完毕后均须用净水冲洗管路。用于注浆的砂浆强度应用 70mm×70mm×70mm 立方试件经标准养护后测定，每批至少制 3 组（每组 3 块）试件，给出 28d 强度。

当土钉端部通过锁定筋与面层内的加强筋及钢筋网连接时，相互之间应焊接牢靠。当土钉端部通过其他形式的焊接件与面层相连时，应事先对焊接强度做出检验。当土钉端部通过螺纹、螺母、垫板与面层连接时，宜在土钉端部约 60mm～80mm 的长度段内，用塑料包裹土钉钢筋表面使之形成自由段，以便于喷射混凝土凝固后拧紧螺母；垫板与喷混凝土面层之间的空隙用高强水泥砂浆填平。

8.7.4 喷射混凝土施工

在喷射混凝土前，面层内的钢筋网片应牢固固定在边壁上，并应符合规定的保护层厚度要求。钢筋网片可用插入土中的钢筋固定，在喷射混凝土冲击作用下应不出现大的振动。

钢筋网片的连接可用焊接法，网格允许偏差为 ±10mm。铺设钢筋网时每边的搭接长度应不小于一个网格边长或 200mm，搭焊时焊接长度应不小于网筋直径的 10 倍。喷射混凝土配合比应通过试验确定，粗骨料最大粒径不宜大于 15mm，水灰比不宜大于 0.45，并应通过外加剂来调节所需工作度和早强时间。

当采用干喷法施工时，应事先对操作手进行技术培训和考核，保证喷射混凝土的水灰比和质量能达到设计要求和规定标准。喷射混凝土前，应对机械设备、风、水管路和电路进行全面检查及试运转。

喷射混凝土的喷射顺序应自下而上，喷头与受喷面距离宜控制在 0.8m～1.2m 范围内，喷枪轴线垂直指向喷射面，但在有钢筋部位，应先斜向喷填钢筋后方，然后再垂直喷射钢筋前方，防止在钢筋背面出现空隙。

为保证施工时的喷射混凝土面层厚度达到规定值，可在边壁面上垂直打入短的钢筋段并以其外伸部分作为控制标志。当面层厚度超过 10mm 时，应分二次喷射，每次喷射厚食管为 50mm～70mm。在继续进行下步喷射混凝土作业时，应仔细清除预留施工缝接合面上的浮浆层和松散碎屑，并喷水使之潮湿。

喷射混凝土终凝后 2h，应根据当地条件，采取以下方法进行养护：①连续洒水 5d～7d；②喷涂养护剂。

喷射混凝土强度可用边长为 100mm 立方试块进行测定，制作试块时应将试模底面紧贴边壁，从侧向喷入混凝土，每批至少做 3 组（每组 3 块）试件。对于重要工程，试件的制作应采用大板切割法。

用作永久支护的钢筋网片应作除锈处理，并置于面层内使其保护层厚度不得小于30mm。

主动土压力是膨胀土在裂隙贯通前表现出来的宏观性质，与常规的土类似。而由于膨胀土多为超固结土，室内土工试验得出的力学指标值较高，直接采用实验指标计算得到的主动土压力严重偏小。根据工程事故案例分析，支护结构所受的侧向压力较计算值大很多，因此，计算土压力的强度参数应按照饱和状态下裂隙冲填物的性质进行计算。根据工程案例反分析可知，裂隙充填物在饱和状态下的力学指标往往不到黄色母土的 1/10。

另一方面，根据膨胀土基坑的变形模式，当裂隙贯通尤其含水量发生变化阶段，作用在支护结构上的压力实际并非是按现行标准方法计算的主动土压力，而是类似与滑坡一样的滑动推力，尤其当基坑开挖深度大于岩土交界面，形成的岩土交界面的滑移，导致侧向压力远远大于现行规范计算的主动土压力。

8.8 设计主要控制要素

8.8.1 渐展突变型变形

一般黏性土的变形状态均呈现缓变型，但膨胀土由于受裂隙控制。在裂隙贯通以前，膨胀土的力学性质整体表现为黏性土的性质，其变形速率较缓，而一旦裂隙贯通，其力学性质转受裂隙面倾角和填充物力学性质控制，其变形也会随着强度的突然降低而加速增加，呈现出典型的突降型。同时，变形从临空面逐渐向基坑外部扩展，甚至可延展之基坑开挖深度的 3 倍～5 倍。根据成都地区的大量经验，一般基坑顶部总变形在 50mm 以内时，膨胀土变形性状呈缓变型；超过 50mm 后，变形呈加速、扩展的状态；一旦超过100mm，将出现突变。

另一方面,根据工程实践,裂隙贯通尤其浸水条件下,基坑侧壁土体并非是如通常理论计算的滑动面进行滑移,而是沿着裂隙充填物形成的软弱带、岩土交界面的浅层或深层滑移,并且形成类似边坡工程中的局部滑移或整体滑移形态。

8.8.2　裂隙作用

成都地区的膨胀土属于裂隙黏性土,裂隙分布没有明确规律,裂隙填充物为灰白色的高岭土或蒙脱石。膨胀土的宏观力学性质受黄色的母土和裂隙(类似与岩石的母岩和节理关系)共同控制,在膨胀土作为基础持力层时,由于受压裂隙较难张开,而主要表现母土的性质,其工程性质良好。因此,部分工程技术人员认为膨胀土属于良好地层,在基坑设计时没有特别处理,导致很大一部分工程事故发生。

膨胀土在侧向卸荷过程中的力学行为与其受压状态不同。基坑在开挖中,侧壁土体发生侧向变形使膨胀土的裂隙陆续张开,而裂隙张开为裂隙充水提供了渗入条件,裂隙充水使裂隙填充物力学强度迅速降低,主动土压力增大又使基坑变形加大,裂隙继续扩张;继而复始,膨胀土裂隙会逐渐在土体内部形成贯通,土压力演变为浅层滑动推力,因此,基坑的力学行为完全受贯通裂隙面倾角和裂隙面充填物性质控制。

8.8.3　含水条件控制

膨胀土遇水软化,失水收缩,一旦没有控制含水量变化,极易造成恶性循环,基坑支护难度增加,安全性减低。控制土层的含水量变化,可从以下四方面着手:

1. 地表水处理。对基坑顶部及红线的地表全部硬化(有条件的话,可以将基坑顶部 1 倍开挖深度范围内全部硬化),防止雨水下渗;基坑周边设置一圈截水沟,截水沟距离基坑顶部冠梁外 0.5m～1.0m,因为冠梁的微小变形都会导致截水沟开裂漏水。截水沟应有一定的坡度和截面面积,并定时清理,防止拥塞。当基坑周边距离基坑 1 倍开挖深度范围内有池塘、河沟、明渠等明水,应对明水进行适当处理。

2. 顶部填土的滞水处理。成都岷江Ⅲ级阶地上的膨胀土地层中没有孔隙潜水,但在膨胀土顶部一般有厚度不等的填土,而填土中一般均有上层滞水。上层滞水对膨胀土的影响不可忽略,且一般可以得到地表水的补给,因此,可采用集水井联合泄水孔进行处理。

由于滞水的补给源和分布没有规律,因此集水井的深度应穿越填土,进入黏土约 0.5m;同时距离基坑开挖线约 2m～3m。此外,在基坑侧壁应设置一定的泄水孔,泄水孔间距 1m～3m,直径不小于 60mm,长度宜为 3m～6m,倾角 15°～25°。在基坑开挖过程中,发现大面积侧壁渗水时,应加密泄水孔。

3. 强风化泥岩的裂隙水处理。当基坑开挖深度接近或超过泥岩顶板时,由于泥岩中有基岩裂隙水,设置的侧壁泄水孔的间距应较一般基坑设置的泄水孔有所减小。考虑到裂隙水微承压,泄水管出口应设置统一的导流装置,以免对基坑底部基础施工造成不良影响。

4. 合理设置基坑底部排水系统,防止地下水或基坑汇水对基底进行浸泡。基坑底部的排水沟、集水井设置位置要合理规划,并定期及时抽排基坑底部积水,防止对基坑底部被动土压力区受水浸泡而降低强度。同时,分层分段开挖,及时封闭开挖面,防止太阳暴晒或雨水淋淋。

8.8.4 构造措施

1. 膨胀力消散-应力释放孔。通过实验及工程实例证明，膨胀土在遇水状态下吸水膨胀，产生较大的膨胀力，土体强度将大幅度降低，使土层反复胀缩变形，基坑围护结构位移增加，若处理不当，将会对基坑造成巨大的安全隐患，采用应力释放孔主动释放部分膨胀力是较好的工程措施之一。在基坑支护设计时可结合泄水孔布置应力释放孔，采用二合一的应力释放及排水孔后，膨胀土遇水膨胀时多了一个应力释放途径，从而有效减少膨胀力对基坑护壁的压力。

2. 设置变形控制加强带。对有一定间距的土钉，因净间距较小，土体存在显著的土拱效应。基坑的长和宽尺寸越小、坑深越大，则其空间效应越明显，大量的工程实践证明，深基坑坑壁中央范围的土压力和变形均大于临近坑壁端部一定范围的土压力和位移值，这是因为在深基坑壁两端处存在显著的约束效应，抑制了其邻近区域的土压力和位移的发生和发展，在基坑边长的中部或每隔一定间隔采用增加竖向深入基坑底部的土钉或适当减少土钉间距形成刚度加强带，以此改变基坑的平面受力状态，控制基坑变形。通过大量工程实例监测数据也证明，此措施对基坑的变形控制效果明显。

3. 侧壁土封闭控制。由于膨胀土具有网状结构，土方开挖后应力释放，网状裂隙张开，会出现局部掉块垮塌，同时局部渗水后会让膨胀土吸水膨胀，在刚开挖完成后应立即组织人工清理面层，并先喷一层素混凝土，减少膨胀土接触大气的时间。

4. 土钉工艺控制。通过对实际事故工程分析，认为膨胀土地区土钉出现问题在于土钉的施工工艺及质量控制不到位所导致。成都地区大量采用冲击法施工土钉，由于在施工过程中对膨胀土力学性质状影响，以及压浆质量无法保证，导致了一系列的工程事故发生。因此，对于基坑安全等级为二级和三级的弱膨胀土地区基坑，土钉采用合适的工艺，如采用对原土扰动最小的螺旋干钻全套管工艺，注浆材料中加入高效减水剂，降低水灰比，可以保证土钉发挥支撑或支护作用。

8.9 本章小结

通过对开挖基坑采用土钉支护的现场试验和数值试验分析，研究了考虑膨胀土边坡膨胀力的土钉支护的受力变形特征，分析了土钉支护基坑的作用下效果，同时结合本工程的实际情况对土钉的施工过程进行了梳理和总结，研究得到以下结论。

（1）利用测斜管钻孔获得场地地层资料，结合相邻地块岩土工程勘察报告，确定试验边坡设计岩土力学参数。理论计算表明，边坡开挖坡率 1∶1～1∶0.5 情况下，若不进行支护边坡将失稳，采用设计的土钉支护体系可有效加固边坡。在实际施工过程中，采用土钉支护的边坡均整体稳定。

（2）利用数值分析方法对施工过程中的基坑边坡稳定性进行预测分析表明，在设计的支护措施下，边坡变形得到有效控制，支护效果明显，本项工程可以采用土钉进行支护。

（3）现场监测结果表明，基坑所采用的土钉支护结构均能起到加固边坡，保证边坡稳定的目的。但由于场地地质条件的差异，主要是地层分布不均匀以及基坑左侧边坡底部膨胀土裂隙倾向坡外，不利于边坡的稳定，导致左侧边坡试验区边坡稳定性弱于右侧加固边坡试验区。

（4）土钉施工包括开挖边坡面，修正边坡（壁）面、设置土钉（包括成孔、置入钢筋、注浆、补浆）、铺设并固定钢筋网、施做喷射混凝土面层，并按相应规定养护四个方面，施工过程中需要在基坑排水、土钉打设和混凝土喷射等方面控制施工质量。

（5）膨胀土为裂隙性黏土，在基坑开挖过程中，其力学性能受裂隙控制，基坑开挖卸荷使裂隙的张开和贯通，为地表水渗入及裂隙水贯通渗流水提供了条件，并使坑壁土体强度迅速软化衰减，因此，膨胀土基坑设计时应根据实际情况对天然强度指标进行折减。

（6）膨胀土基坑的变形发展可分为两个阶段，第一阶段处于缓慢变形期，超过一定变形量后会进入一个加速变形期，使得基坑控制初期变形控制至关重要。

（7）膨胀土地区的基坑设计应将支护结构设计和预防措施放在同等重要的地位。合理的预防措施可以减少甚至有效避免控制基坑事故发生。

第9章 膨胀土基坑不同类型排桩支护工程实践

9.1 概述

排桩支护通常由支护桩、支撑（或土层锚杆）及防渗帷幕等组成。大量的工程实践表明，一些支护结构如悬臂桩等由于不能有效支护膨胀土边坡而造成基坑工程事故，另外一些如桩锚支护、双排桩等虽然保证了膨胀土基坑工程的正常施工，但是由于对其支护效果没有清晰地认识造成了工程材料的浪费及造价的提高。针对以上问题，成都东郊"绿地中心·蜀峰468超高层城市综合体"膨胀土深基坑采用排桩+锚索、双排桩、排桩+锚索+斜撑、双排桩+斜撑四种结构形式对膨胀土基坑在不同支护结构条件下的变形响应进行综合对比分析和评价研究，这对于膨胀土基坑工程具有极为重要的工程应用价值。

9.2 监测试验概况

9.2.1 工程场地位置

"绿地中心·蜀峰468超高层城市综合体"位于成都市东部新城文化创意产业综合功能区内的核心区，成都市驿都大道地铁2号线洪河站A1和A2出口南侧，椿树街东侧。距离成都市中心天府广场15km，距离三环路东段约1km，距离龙泉驿区约7km。场地交通条件十分便利。项目场地地理位置见图9.1。

项目基坑等级一级，工程地质条件特殊，开挖揭露膨胀土和红层软岩。基坑支护结构复杂多样，设有排桩锚索、双排桩、排桩锚索斜撑、双排桩斜撑、排桩内支撑、排桩锚索内支撑等多种结构形式。

9.2.2 场地工程地质条件

1. 区域地质构造

成都平原主体为岷江水系和沱江水系冲积而成，在构造上属第四纪坳陷盆地。成都市区位于该平原的中部东侧，由近代河流冲积、洪积而成的砂卵石层和黏性土所组成的Ⅰ级、Ⅱ级河流堆积阶地之上，下伏基岩为白垩系泥岩；白垩系基底西部较深，向东逐渐抬升变浅。其埋藏深度在成都东郊约为15m～20m，市区20m～50m，至西郊茶店子附近陡增至100多米，南郊约13m～17m。成都市东西向地质剖面示意见图9.2。

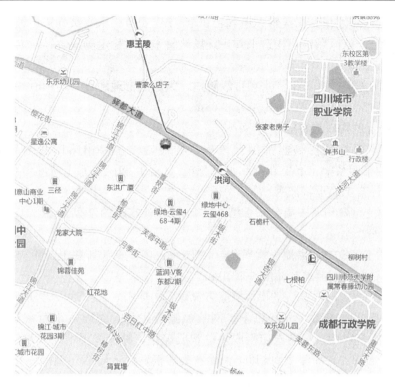

图 9.1　项目场地地理位置图

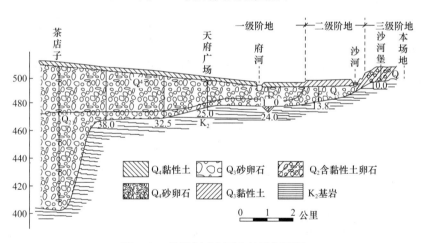

图 9.2　成都市区东西向地质剖面图

成都平原处于新华夏系第三沉降带之川西褶皱带的西南缘，位于龙门山隆褶带山前江油—灌县区域性断裂和龙泉山褶皱带之间，为断陷盆地。该断陷盆地内，西部的大邑—彭县—什邡和东部的蒲江—新津—成都—广汉两条隐伏断裂将断陷盆地分为西部边缘构造带、中央凹陷和东部边缘构造带三部分。

成都平原存在的褶皱有：龙泉山背斜、借田背斜、苏码头背斜、普兴场向斜；存在的断裂有：新津—双流—新都断裂、新都—磨盘山断裂、双桥子—包家桥断裂、苏码头背斜两翼断裂、柏合寺—白沙—兴隆断裂、借田铺断裂、龙泉驿断裂。

总体来说，成都坳陷与成都平原分布的范围基本一致，成都市区所处的地壳为一稳定核块。经历 2008 年汶川 8.0 级特大地震和 2013 年雅安芦山 7.0 级强震，该场区均未遭受破坏性地震危害。从区域地质构造来看，该场地属于相对稳定场地。

2. 地形地貌

拟建场地处成都平原岷江水系Ⅲ级阶地，为山前台地地貌，地形有一定起伏，地面高程 519.22m～527.90m，最大高差为 8.68m。

3. 场地岩土的构成与特征

经勘察查明，在钻探揭露深度范围内，场地岩土主要由第四系全新统人工填土（Q_4^{ml}）、其下的第四系中、下更新统冰水沉积层（Q_{1+2}^{fgl}）和白垩系上统灌口组（K_{2g}）泥岩构成。场地岩性自上而下特征为：

①$_1$：杂填土（Q_4^{ml}），主要分布于已拆建筑和既有建筑的基础、地坪等范围。钻探揭露层厚 0.30m～2.80m。

①$_2$：素填土（Q_4^{ml}），黑褐—黄褐色，稍湿—很湿，多以黏性土、粉粒为主，该层场地普遍分布，钻探揭露层厚 0.40m～5.50m。

②：黏土（Q_{1+2}^{fgl}），硬塑—坚硬，层底多含砾石、卵石，局部地段无分布。黏土中分布的裂隙情况如下：1）埋深 2.0m 以上，网状裂隙较发育，裂隙短小而密集，上宽下窄，较陡直而方向无规律性，将黏土切割成短柱状或碎块，隙面光滑，充填灰白色黏土薄层，厚 0.1cm～0.5cm；2）埋深 2.0m 以下，网状裂隙很发育，局部分布有水平状裂隙，裂隙倾角多呈闭合状，裂隙一般长 3cm～16cm，间距为 3cm～45cm，充填的灰白色黏土厚 0.1cm～2.0cm，倾角变化为 4°～40°，少量为 60°～70°。网状裂隙交叉部位，灰白色黏土厚度较大；3）该层呈层状分布，局部缺失，具有弱膨胀潜势，层底局部相变为粉质黏土，钻探揭露层厚 2.00cm～8.70m。

③：粉质黏土（Q_{1+2}^{fgl}），硬塑—可塑。颗粒较细，网状裂隙较发育，裂隙面充填灰白色黏土，在场地内局部分布，钻探揭露层厚 1.30m～4.50m。

④：含卵石粉质黏土（Q_{1+2}^{fgl}），硬塑—可塑，以黏性土为主，含少量卵石，卵石粒径以 2cm～5cm 为主，含量约 15%～40%。该层局部夹厚度 0.3m～1.0m 的全风化状紫红色泥岩孤石。该层普遍分布，钻探揭露层厚 0.70m～12.30m。

⑤：卵石层（Q_{1+2}^{fgl}），稍湿—饱和，稍密—中密，粒径多为 2cm～8cm，少量卵石粒径可达 10cm 以上。该层场地内局部分布，钻探揭露层厚 0.30m～8.10m。

⑥：泥岩（K_{2g}），泥状结构，薄层—巨厚层构造，局部夹乳白色碳酸盐类矿物细纹，局部夹 0.3m～1.0m 厚泥质砂岩透镜体。场地内岩层产状约在 300°∠11°。根据风化程度可分为全风化泥岩、强风化泥岩、中等风化泥岩、微风化泥岩。

⑦：强风化泥质砂岩（K_{2g}），风化裂隙很发育—发育，岩体破碎，岩石结构清晰可辨。该层以透镜体赋存与泥岩中。钻探揭露该层层厚 0.40m～0.90m。

4. 水文气象条件

（1）气象条件

成都地区膨胀土的湿度系数 Ψ_w 取 0.89，大气影响深度 d_a 为 3.0m，大气影响急剧深度为 1.35m。

（2）水文地质条件

场地的地下水类型主要是第四系松散堆积层孔隙性潜水（稳定水位 512.94m）白垩系

泥岩层风化—构造裂隙和孔隙水（稳定水位 498.60m～499.30m），水位埋藏较深；次为上部填土层中的上层滞水（稳定水位 515.01m～522.38m）。

9.2.3 监测方案与实施

本章以项目 4、5 号地块为例开展相关研究。

1. 测试项目

项目 4、5 号地块主要有排桩锚索、双排桩、排桩锚索斜撑、双排桩斜撑四种支护结构，共选取 HJ、JA、B′C、DD′四条典型断面进行监测。其中 HJ 段为排桩＋锚索支护断面，JA 段为双排桩支护断面，B′C 段为双排桩＋斜撑支护断面，DD′段为排桩＋锚索＋斜撑支护断面，其分布如图 9.3 所示。主要测试项目包括：悬臂桩桩身水平位移、桩身钢筋内力、锚索拉力及斜撑轴力。

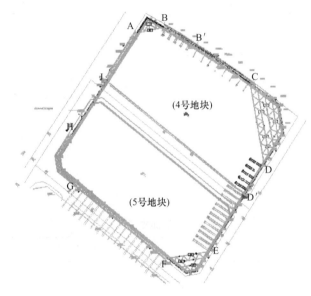

图 9.3 项目 4、5 号地块测试布置示意图

2. 测试方案

测试项目分布为悬臂桩桩身水平位移测试、悬臂桩桩身钢筋内力测试、混凝土应变测试、锚索轴力测试，所采用的监测元器件及安装过程示意见表 9.1。

监测项目基本情况表　　　　　　　　　　　　　　　　表 9.1

监测项目	监测元件	埋设位置	个数	监测频率
悬臂桩桩身水平位移	测斜管	紧贴钢筋笼的一根主筋埋设	1 根/桩	按《建筑基坑工程监测技术规范》GB 50497—2009 中表 7.0.3 监测频率
悬臂桩桩身钢筋内力	钢筋计	将钢筋计与延长钢筋连接，连接方式为螺纹连接	安装深度沿桩身每隔 1m 埋设一个	
混凝土应变	混凝土应变计	用绑扎丝直接将仪器绑扎到仪器的保护管上就位。直接将仪器浇筑放进混凝土混合料中，将仪器直接浇筑到结构中	与钢筋计深度相同	
锚索轴力	锚索轴力计	测力计安装在孔口槽钢垫板上	1 个/根锚索	

9.3 排桩＋锚索支护效果分析

9.3.1 基坑开挖支护设计方案

本支护段断面为 HJ 段，基坑开挖深度为 16.1m。支护桩桩长 24m，悬臂段长 16m，桩径 1.2m，桩间距 2m；锚索从基坑顶部起布设 2 道，第 1 道距离基坑顶部 5m，第 2 道距离第 1 道 3m。土层参数和支锚信息详见表 9.2 和表 9.3。

排桩锚索面支护设计土层参数　　　　　　　表 9.2

层号	土类名称	层厚（m）	重度（kN/m³）	黏聚力（kPa）	内摩擦角（°）
1	素填土	2.20	18.5	10.00	10.00
2	黏性土	3.00	19.5	40.00	18.00
3	全风化岩	1.80	21.0	20.00	25.00
4	强风化岩	4.50	21.0	50.00	30.00
5	中风化岩	3.20	23.0	250.00	40.00
6	强风化岩	1.50	21.0	50.00	30.00
7	中风化岩	6.00	23.0	250.00	40.00
8	中风化岩	1.50	21.0	50.00	30.00
9	强风化岩	5.50	23.0	250.00	40.00

排桩锚索断面支锚信息　　　　　　　表 9.3

支锚道号	支锚类型	水平间距（m）	竖向间距（m）	入射角（°）	总长（m）	锚固段（m）
1	锚索	2.000	5.000	25.00	16.00	7.00
2	锚索	8.000	3.000	25.00	15.00	8.00

9.3.2 支护效果的变形监测分析

基坑自 2014 年 2 月份开始从中部开挖，于 3 月中旬，排桩＋锚索断面开挖约 5m，施工第一层锚索，5 月底开挖至 8.5m，施工第二层锚索。

测试工作自 2014 年 1 月 22 日开始，2015 年 4 月 1 日结束，开挖及降雨工况加密测量。期间共进行测斜 86 次，钢筋计测量 86 次，第一层锚索拉力测量 36 次，第二层锚索拉力测量 17 次。

1. 桩身相对位移随深度变化规律

桩身相对位移随深度变化曲线见图 9.4，排桩锚索断面位移随时间变化曲线见图 9.5。

从图 9.4、图 9.5 可见，最大位移发生在桩顶，达到 24.25mm。其中前三次基坑开挖，对测斜管读数的影响较为明显。3 月 28 日及 7 月 26 日两次锚索施工之后，对位移的变化起到了一定的控制作用。7 月初开挖完成后由于桩前为运土通道，测斜管读数呈现小幅波动增大的趋势，不过整体变化较小，趋于稳定。

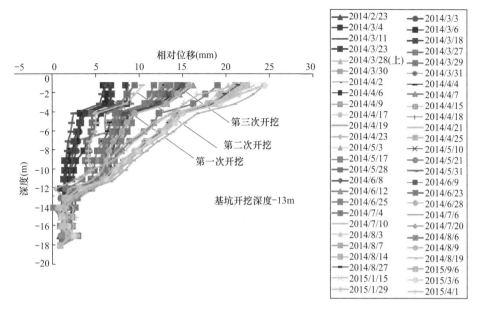

图 9.4　排桩锚索断面桩身位移曲线（560 号桩）

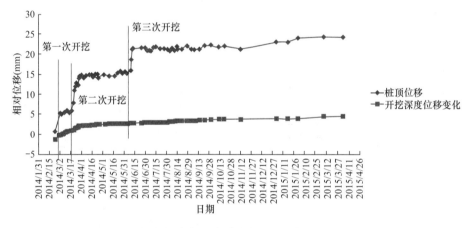

图 9.5　排桩锚索断面位移随时间变化曲线（560 号桩）

2. 桩身应力随深度变化规律

排桩锚索断面桩身钢筋应力曲线见图 9.6，排桩锚索断面钢筋应力随时间变化曲线见图 9.7。

从图 9.6、图 9.7 可见，桩身钢筋计拉力在基坑的三次开挖过程中有明显增长，之后暂时稳定。随着基坑开挖深度的增加，桩身最大应力向顶部转移，最大拉应力为 20.43kN。由于桩前为运土车道，数据在稳定之后仍有所波动。钢筋计读数在 8 月 20 日之后基本稳定。

3. 锚索拉力随时间变化规律

锚索拉力随时间变化曲线见图 9.8。

从图 9.8 可见，锚索轴力曲线整体平稳、变化不大。从图中分析可以看出，由于锚索自身和张拉工艺及周围黏结体滑移等因素的影响，锚索拉力在刚张拉完毕后会呈现不同程度的预应力损失，不过下降值不大，之后由于基坑的开挖，支护桩向坑内变形，锚索开始受力，拉力值先增大然后趋于稳定。另外，第二层锚索施工后，分担了一部分土压力，使得第一层锚索在第二层锚索张拉后刚开始受力有所减小。

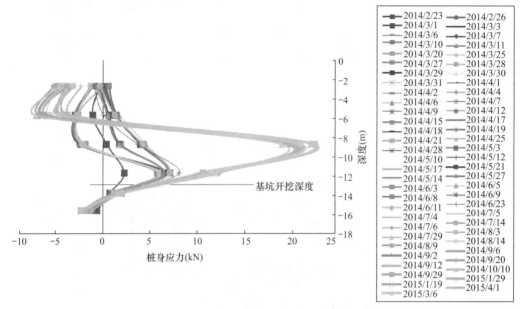

图 9.6　排桩锚索断面桩身钢筋应力曲线（560 号桩）

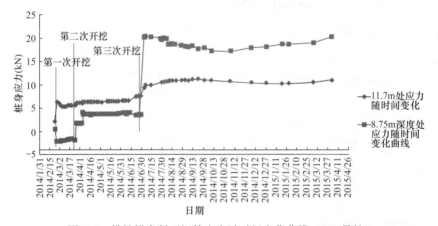

图 9.7　排桩锚索断面钢筋应力随时间变化曲线（560 号桩）

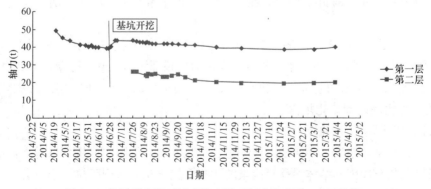

图 9.8　排桩锚索断面锚索拉力随时间变化曲线（560 号桩）

9.3.3　支护效果的数值模拟验证及对比分析

对支护效果的分析,分别采用数值分析方法以及规范计算方法对排桩锚索支护效果进行分析。

1. 模型建立及计算

(1) 模型建立

数值模拟以 HJ 断面为原型建模。根据试算经验,建立模型长宽高为 150m×69m×60m。模型地层按勘察报告和计算书设置,考虑桩土之间相互作用,在模型中桩土之间据不同地层侧摩阻力设置接触面。模型支护结构共建悬臂桩 35 根、锚索两层共 70 根以及冠梁。所建立的模型见图 9.9。

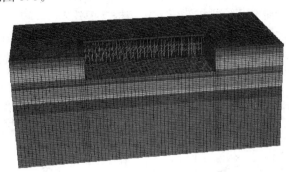

图 9.9　排桩锚索支护模型示意图

(2) 参数设置

模型中不同地层的物理力学参数根据《绿地中心·蜀峰 468 超高层城市综合体岩土工程勘察报告》中岩土层工程物理力学参数综合建议表取值。模型中岩土单元本构关系采用摩尔库伦模型,悬臂桩、冠梁及锚索结构单元本构关系采用弹性模型。模型中岩土主要物理力学参数参见表 9.4,锚索结构单元主要力学参数取值参见表 9.5。

模型岩土主要物理力学参数取值　　　　　　　　　表 9.4

岩土名称	重度 (kN/m³)	体积模量 (MPa)	剪切模量 (MPa)	黏聚力 (kPa)	内摩擦角 (°)
黏性土	20	23.8	16.3	40	18
强风化泥岩	21.5	71.42	22.06	50	30
中风化泥岩	23.5	345.17	133.59	250	40
悬臂桩	25	16.7×10³	12.5×10³	—	—
冠梁	25	16.7×10³	12.5×10³	—	—

锚索结构单元参数取值　　　　　　　　　表 9.5

结构单元 \ 参数类型	弹性模量 (MPa)	横截面积 (m²)	预应力 (kN)
锚索	20×10³	1.77×10⁻²	200

(3) 边界条件

模型施加的边界条件为:①约束模型底部边界上所有节点 Z 方向的变形;②约束模型

Y 方向两侧边界面上的所有节点 Y 方向的变形；③约束模型 X 方向两侧边界面上的所有节点 X 方向的变形。

（4）计算工况，整个开挖支护过程共包括三个工况：①从桩顶开挖至 -5.5m，无支护；②施工第一排锚索，继续开挖至 -8.5m；③施工第二排锚索，继续开挖至基坑底。

（5）施加的膨胀力

施加的膨胀力分布见图 9.10。

2. 计算结果分析

以该断面基坑排桩＋锚索支护断面为原型，另外建立排桩锚索斜撑、双排桩、双排桩斜撑三种支护结构数值模型进行计算，结合安全性、经济性与施工条件与排桩锚索支护结构进行综合对比分析，研究评价排桩锚索支护结构支护效果。

桩身最大位移排桩锚索斜撑 26.80mm，双排桩 21.36mm，双排桩斜撑 16.27mm。提取数值计算完成后模型支护断面中间桩桩身位移数据绘制桩身位移数据进行对比分析，见图 9.11。

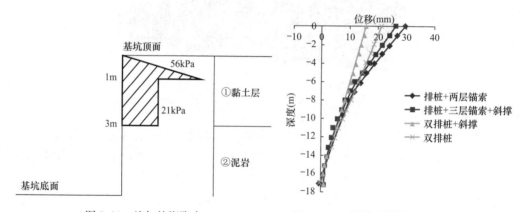

图 9.10　施加的膨胀力　　　　　　图 9.11　不同支护结构桩身位移对比曲线

由图 9.11 可知，最大位移为排桩锚索支护 29.60mm，四种支护结构均满足《建筑基坑工程监测技术规范》GB 50497—2009 对一级基坑桩顶水平位移报警值 30mm 的要求。由前述分析可知，排桩锚索支护最为经济，而且施工相对斜撑来说不占用空间和耽搁工期。结合现场实测排桩锚索支护结构最大水平位移 24.25mm。综合分析，设计所采用排桩锚索支护结构支护效果合理有效。

9.4　双排桩支护效果分析

9.4.1 基坑开挖支护设计方案

本支护段断面为 JA 段，基坑开挖深度为 11.7m。支护桩桩长 18.7m，悬臂段长 11.7m，桩径 1.0m，桩间距 1.8m，前后排桩间距 3m。土层参数详见表 9.6。

		双排桩断面支护设计土层参数			表9.6
层号	土类名称	层厚（m）	重度（kN/m³）	黏聚力（kPa）	内摩擦角（°）
1	素填土	3.50	18.5	10.00	10.00
2	黏性土	5.20	19.5	40.00	18.00
3	粉质黏土	1.00	19.0	20.00	17.00
4	全风化砂岩	2.00	21.0	20.00	25.00
5	全风化岩	2.00	20.0	25.00	17.00
6	强风化岩	6.00	21.0	50.00	30.00
7	中风化岩	2.00	23.0	250.00	40.00

9.4.2　支护效果的变形监测分析

基坑自2014年3月初开始从中部开挖，7月初双排桩断面开挖至设计基底。测试工作自2014年1月22日开始，2015年4月1日结束，开挖及降雨工况加密测量。期间共进行测斜86次，钢筋计测量86次。

1. 桩身相对位移随深度变化规律

双排桩断面前排、后排桩桩身位移曲线见图9.12，双排桩断面前排、后排桩位移随时间变化位移曲线见图9.13。

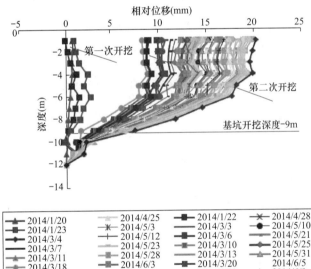

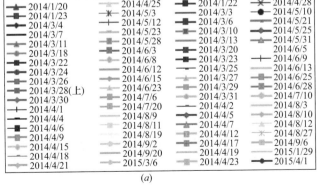

(a)

图9.12　双排桩断面桩身位移曲线（一）

(a) 前排桩（601号桩）

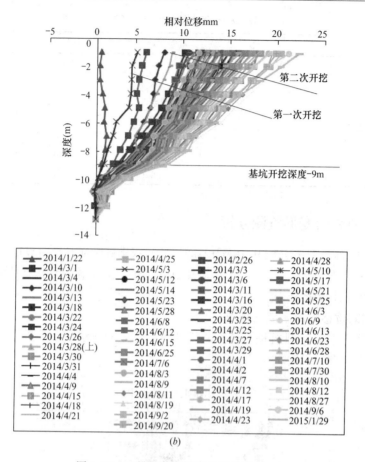

▲ 2014/1/22	▣ 2014/4/25	▣ 2014/2/26	▲ 2014/4/28
■ 2014/3/1	✕ 2014/5/3	▣ 2014/3/3	✳ 2014/5/10
2014/3/4	● 2014/5/12	● 2014/3/6	▣ 2014/5/17
◆ 2014/3/10	2014/5/14	2014/3/11	2014/5/21
2014/3/13	◆ 2014/5/23	■ 2014/3/16	2014/5/25
■ 2014/3/18	▲ 2014/5/28	▲ 2014/3/20	■ 2014/6/3
● 2014/3/22	▣ 2014/6/8	▬ 2014/3/23	201/6/9
■ 2014/3/24	● 2014/6/12	■ 2014/3/25	◆ 2014/6/13
◆ 2014/3/26	▣ 2014/6/15	▣ 2014/3/27	▣ 2014/6/23
▲ 2014/3/28(上)	▣ 2014/6/25	▲ 2014/3/29	■ 2014/6/28
2014/3/30	▣ 2014/7/6	● 2014/4/1	◆ 2014/7/10
╋ 2014/3/31	● 2014/8/3	◆ 2014/4/2	2014/7/30
2014/4/4	▣ 2014/8/9	■ 2014/4/7	2014/8/10
▲ 2014/4/9	◆ 2014/8/11	2014/4/12	▣ 2014/8/27
▣ 2014/4/15	▲ 2014/8/19	2014/4/17	▣ 2014/9/6
╋ 2014/4/18	● 2014/9/2	◆ 2014/4/19	
2014/4/21	▣ 2014/9/20	◆ 2014/4/23	● 2015/1/29

(b)

图 9.12　双排桩断面桩身位移曲线（二）

(b) 后排桩（635 号桩）

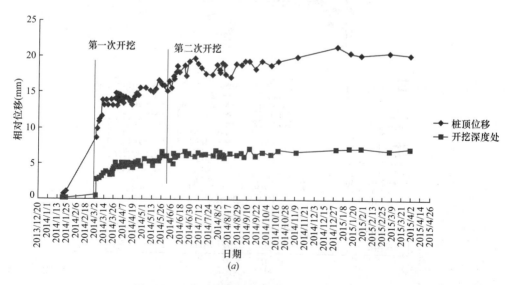

(a)

图 9.13　双排桩断面位移随时间变化曲线（一）

(a) 前排桩（601 号桩）

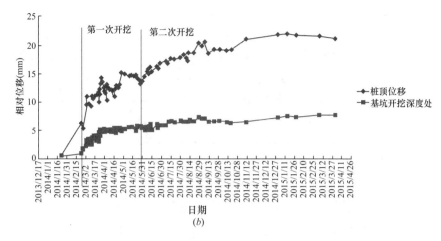

图 9.13　双排桩断面位移随时间变化曲线（二）

（b）后排桩（635 号桩）

从图 9.12、图 9.13 可见最大位移发生在桩顶，前排桩达到 21.43mm，后排桩达到 21.75mm，相差不大。两次基坑开挖，测斜管的位移明显增大，之后缓慢增长并暂时趋于稳定。双排桩桩身位移数据于 9 月 5 日之后趋于稳定。

2. 桩身应力随深度变化规律

双排桩断面前排、后排桩桩身应力变化曲线见图 9.14，双排桩断面前排、后排桩位移随时间变化位移曲线见图 9.15。

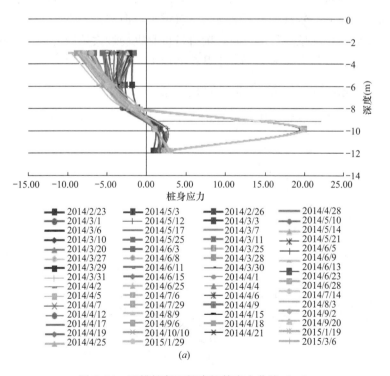

图 9.14　双排桩断面桩身钢筋应力曲线（一）

（a）前排桩（601 号桩）

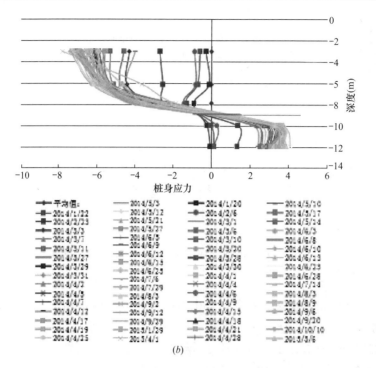

图 9.14 双排桩断面桩身钢筋应力曲线（二）

(b) 后排桩（635 号桩）

从图中可见，基坑第一次开挖 5m，应力增大较明显，5 月 17 日，基坑第二次开挖，前排 601 号桩和后排 635 号桩桩身钢筋拉力虽有增大，但增幅不明显，8 月 14 日之后，读数基本稳定。随着基坑开挖过程的进行，前排桩桩身钢筋最大拉应力逐渐上移，后排桩基本保持在同一位置，且最大拉应力都位于开挖面以下。

9.4.3　支护效果的数值模拟验证及对比分析

对支护效果的分析，分别采用数值分析方法以及规范计算方法对双排桩支护效果进行分析。

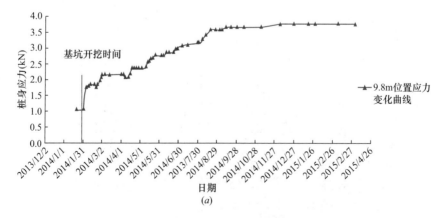

图 9.15 双排桩断面钢筋应力随时间变化曲线（一）

(a) 前排桩（601 号桩）

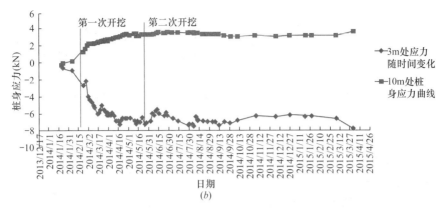

图 9.15　双排桩断面钢筋应力随时间变化曲线（二）

（b）后排桩（635 号桩）

1. 模型建立及计算

（1）模型建立

数值计算以 JA 断面为原型建模，见图 9.16。根据试算经验，建立模型长×宽×高为 150m×69m×60m。模型地层根据勘察报告及计算书设置，考虑桩土之间相互作用，在模型中桩土之间据不同地层侧摩阻力设置接触面。模型支护结构共建悬臂桩 70 根以及冠梁。

图 9.16　双排桩支护模型示意图

（2）参数设置

模型中不同地层的物理力学参数根据《绿地中心·蜀峰 468 超高层城市综合体岩土工程勘察报告》中岩土层工程物理力学参数综合建议表取值。模型中岩土单元本构关系采用摩尔库伦模型，悬臂桩、冠梁及锚索结构单元本构关系采用弹性模型。模型中岩土主要物理力学参数参见表 9.7。

模型岩土主要物理力学参数取值　　　　　　　　　　　　　　　　　表 9.7

岩土名称	重度（kN/m³）	体积模量（MPa）	剪切模量（MPa）	黏聚力（kPa）	内摩擦角（°）
黏性土	20	23.8	16.3	40	18
强风化泥岩	21.5	71.42	22.06	50	30
中风化泥岩	23.5	345.17	133.59	250	40
悬臂桩	25	16.7×10³	12.5×10³	—	—
冠梁	25	16.7×10³	12.5×10³	—	—

（3）边界条件

模型施加的边界条件为：①约束模型底部边界上所有节点 Z 方向的变形；②约束模型 Y 方向两侧边界面上的所有节点 Y 方向的变形；③约束模型 X 方向两侧边界面上的所有节点 X 方向的变形。

（4）计算工况，整个开挖支护过程共包括两个工况：①从桩顶开挖至 $-5m$，无支护；②继续开挖至基坑底 $-9m$，无支护。

（5）计算结果分析

施加膨胀力见图 9.17。

2. 计算结果分析

桩身最大位移排桩锚索斜撑 26.80mm，双排桩 21.36mm，双排桩斜撑 16.27mm。提取数值计算完成后模型支护断面中间桩桩身位移数据绘制桩身位移数据进行对比分析，见图 9.18。

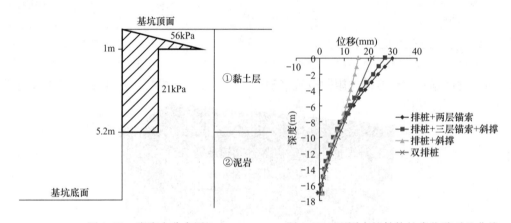

图 9.17　膨胀力分布图　　　　图 9.18　不同支护结构桩身位移对比曲线

由图 9.18 可知，最大位移为排桩锚索支护 29.60mm，四种支护结构均满足《建筑基坑工程监测技术规范》GB 50497—2009 对一级基坑桩顶水平位移报警值 30mm 的要求。另外，排桩锚索支护最为经济，而且施工相对斜撑来说不占用空间和耽搁工期。结合现场实测排桩锚索支护结构最大水平位移 24.25mm，综合分析，设计所采用排桩锚索支护结构支护效果合理有效。

9.5　排桩＋锚索＋斜撑支护效果分析

9.5.1　基坑开挖支护设计方案

本支护段断面为 DD' 段，基坑开挖深度 17.7m，支护桩桩长 24.7m，悬臂段长度 17.7m，桩径 1.2m，排桩间距 1.5m；锚索从基坑顶部起布设 3 道，第 1 道距离基坑顶部 8.7m，第 2 道距离第 1 道 2.5m，第 3 道距离第 2 道 2.5m；斜撑支护高度为 5.7m。土层参数和支锚信息详见表 9.8、表 9.9。

排桩锚索斜撑断面支护设计土层参数　　　表9.8

层号	土类名称	层厚（m）	重度（kN/m³）	黏聚力（kPa）	内摩擦角（℃）
1	素填土	3.20	18.5	10.00	10.00
2	黏性土	1.50	19.0	20.00	17.00
3	黏性土	1.30	19.5	40.00	18.00
4	含卵石黏性土	1.50	19.0	25.00	20.00
5	全风化岩	5.50	20.0	25.00	17.00
6	强风化岩	6.00	21.0	50.00	30.00
7	中风化岩	10.00	23.0	250.00	40.00

排桩锚索斜撑断面支锚信息　　　表9.9

支锚道号	支锚类型	水平间距（m）	竖向间距（m）	入射角（°）	总长（m）	锚固段长度（m）
1	内撑	8.000	5.700	—	—	—
2	锚索	1.500	3.000	25.00	22.50	13.00
3	锚索	1.500	2.500	25.00	19.00	12.00
4	锚索	1.500	2.500	25.00	17.00	10.00

9.5.2　支护效果的变形监测分析

　　基坑自2014年2月份开始从中部开挖，于3月下旬，排桩＋锚索＋斜撑断面开挖10m并施工第一层锚索，5月中旬施工第二层锚索，8月中旬施工第三层锚索，9月底开挖至设计基底并开始施工斜撑桩，12月初钢斜撑施工完成。

　　测斜工作自2014年1月22日开始，2014年5月17日由于第一层锚索施工打坏测斜管，测试工作结束，期间共进行测斜44次。钢筋应力测试工作自2014年1月22日开始，2015年4月1日结束，开挖及降雨工况加密测量，共计测量86次。锚索拉力测量第一层共计36次，第二层共计26次，第三层共计19次。钢斜撑测试自2014年12月2日开始，2015年4月1日结束，共计测量38次。

1. 桩身相对位移随深度变化规律

　　排桩锚索斜撑断面桩身位移曲线、排桩锚索斜撑断面位移随时间变化曲线分别见图9.19、图9.20。

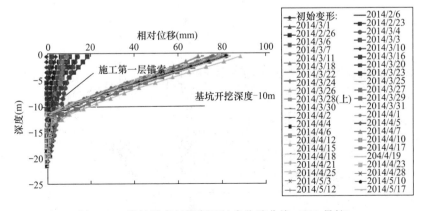

图9.19　排桩锚索斜撑断面桩身位移曲线（220号桩）

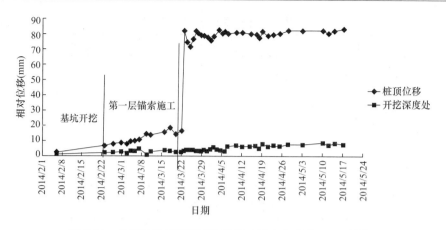

图 9.20　排桩锚索斜撑断面位移随时间变化曲线（220 号桩）

从图 9.19、图 9.20 可见，基坑开始开挖后，位移开始增大，最大位移发生在桩顶。3 月 22 日第一层锚索开始施工，位移突然增大，3 月 23 日测得桩顶最大位移 81.51mm，超过预警值。冠梁出现拉裂缝，延伸约 20m。当天采取回填措施后，位移有所下降，之后锚索继续施工，测斜管位移曲线起伏变化，但总体平稳。5 月 18 日因第二层锚索施工击穿测斜管，数据无法测量。

2. 桩身应力随深度变化规律

排桩锚索斜撑断面桩身钢筋应力曲线、排桩锚索斜撑断面钢筋应力随时间变化曲线分别见图 9.21、图 9.22。

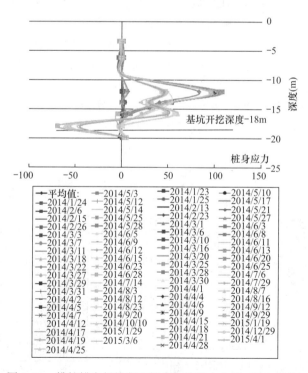

图 9.21　排桩锚索斜撑断面桩身钢筋应力曲线（220 号桩）

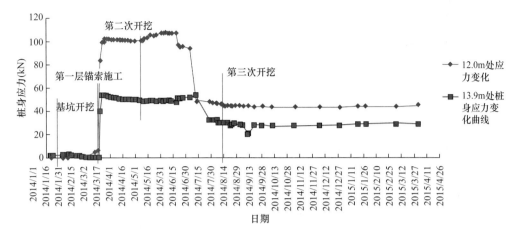

图 9.22　排桩锚索斜撑断面钢筋应力随时间变化曲线（220 号桩）

从图 9.21、图 9.22 可见，第一次基坑开挖，钢筋应力开始增大，但增幅很小，3 月 22 日第一层锚索施工，钢筋计读数开始显著增大，最大拉应力达到 102kN，超过预警值 88kN，之后采取回填反压措施，钢筋应力暂时稳定，5 月 20 日，开挖反压覆土，第二层锚索施工，钢筋应力计读数开始增大，最大拉应力达到 107.87kN，超过预警值。6 月 16 日第二层锚索施工完毕，分担了部分土压力，钢筋应力开始缓慢降低，至 7 月 14 日，钢筋拉应力回到 48.77kN，未超过预警值。8 月 29 日之后，钢筋计读数基本稳定。11 月 30 日，斜撑开始施工，对钢筋应力影响不明显。

3. 锚索拉力随时间变化规律

排桩锚索斜撑断面锚索拉力随时间变化曲线见图 9.23。

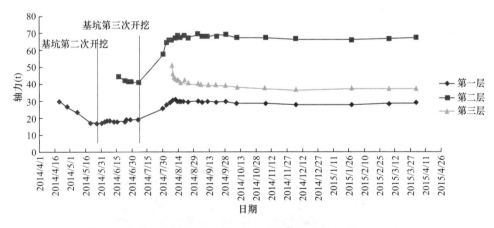

图 9.23　排桩锚索斜撑断面锚索拉力随时间变化曲线（220 号桩）

从图 9.24 可见，由于锚索自身和张拉工艺及周围黏结体滑移等因素的影响，锚索拉力在刚张拉完毕后都会呈现不同程度的预应力损失，不过下降值不大。基坑第二层土方开挖后，第一层锚索开始受力，但拉力值增大不明显。第二层锚索施工完毕，基坑第三层土方开挖后，两层锚索开始受力，拉力值增大，且第二层锚索受力大于第一层。第三层锚索施工完毕后，由于斜撑的施加，分担了部分土压力，所以第四层土方开挖对锚索的受力几乎没有影响。

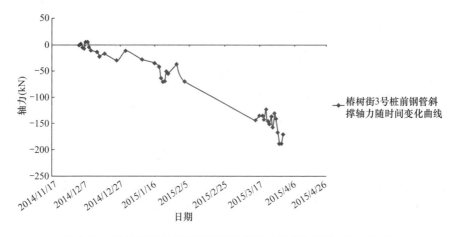

图 9.24　排桩锚索斜撑断面斜撑轴力随时间变化曲线（220 号桩）

4. 斜撑轴力随时间变化规律

排桩锚索斜撑断面斜撑轴力随时间变化曲线见图 9.24。

从图 9.24 可见，斜撑刚安装后，数据波动，但整体稳定，之后由于土方开挖，斜撑开始受力，压力缓慢增加。2015 年 3 月 17 日后，数据基本稳定，不过由于桩后行车荷载及相邻地块土方开挖的影响，数据有所波动。

9.5.3　支护效果的数值模拟验证及对比分析

对支护效果的分析，分别采用数值分析方法以及规范计算方法对排桩＋锚索＋斜撑支护效果进行分析。

1. 模型建立及计算

（1）模型建立

数值计算模型以 DD′段断面为原型建立，见图 9.25。根据试算经验，建立模型长宽高为 150m×69m×60m。模型地层根据勘察报告及计算书设置，考虑桩土之间相互作用，在模型中桩土之间据不同地层侧摩阻力设置接触面。由于桩身测斜管在第一层锚索施工时被打坏，故支护验证模型只考虑一层锚索施工。模型支护结构共建悬臂桩 36 根、锚索一层共 35 根以及冠梁。

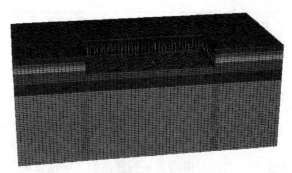

图 9.25　排桩锚索斜撑支护模型示意图

（2）参数设置

模型中不同地层的物理力学参数根据《绿地中心·蜀峰 468 超高层城市综合体岩土工

程勘察报告》中岩土层工程物理力学参数综合建议表取值。模型中岩土单元本构关系采用摩尔库伦模型，悬臂桩、冠梁及锚索结构单元本构关系采用弹性模型。模型中岩土主要物理力学参数参见表 9.10，锚索结构单元主要力学参数取值参见表 9.11。

模型岩土主要物理力学参数取值　　　　　　　　　　　　　　表 9.10

岩土名称	重度（kN/m³）	体积模量（MPa）	剪切模量（MPa）	黏聚力（kPa）	内摩擦角（°）
素填土	18.5	1.9	1.74	10	10
黏性土	20	23.8	16.3	40	18
强风化泥岩	21.5	71.42	22.06	50	30
中风化泥岩	23.5	345.17	133.59	250	40
悬臂桩	25	16.7×10^3	12.5×10^3	—	—
冠梁	25	16.7×10^3	12.5×10^3	—	—

锚索结构单元参数取值　　　　　　　　　　　　　　表 9.11

参数类型 结构单元	弹性模量（MPa）	横截面积（m²）	预应力（kN）
锚索	20×10^3	1.77×10^{-2}	200
斜撑	206×10^3	15.1×10^{-2}	—

（3）边界条件

模型施加的边界条件为：①约束模型底部边界上所有节点 Z 方向的变形；②约束模型 Y 方向两侧边界面上的所有节点 Y 方向的变形；③约束模型 X 方向两侧边界面上的所有节点 X 方向的变形。

（4）计算工况

由于监测桩桩身侧斜管于 2014 年 5 月 17 日在第一层锚索施工时被钻孔机打坏，故数值模型整个开挖支护只有一个工况：从桩顶开挖至 −9.2m，施工第一排锚索。

（5）计算结果分析

按一般条件施加膨胀力，见图 9.26。

2. 计算结果分析

以"绿地中心·蜀峰 468 超高层城市综合体"4 号、5 号地块膨胀土基坑排桩锚索斜撑支护断面为原型重新设计并建立排桩锚索、双排桩、排桩锚索斜撑、双排桩斜撑四种支护结构数值模型进行计算，结合安全性、经济性与施工条件综合对比分析各支护结构支护效果。

桩身最大位移排桩锚索 24.93mm，双排桩 12.41mm，排桩锚索斜撑 20.05mm，双排桩斜撑 11.39mm。提取数值计算完成后模型支护断面中间桩桩身位移数据绘制桩身位移数据进行对比分析，见图 9.27。

由图 9.27 分析可知，桩顶最大位移为排桩锚索支护 24.67mm，其次为排桩锚索斜撑支护 19.44mm，四种支护结构均满足《建筑基坑工程监测技术规范》GB 50497—2009 对一级基坑桩顶水平位移报警值 30mm 的要求。另外，排桩锚索支护较为经济，不过考虑桩后运土重载及后续相邻地块基坑开挖施工的影响，斜撑的施加可以有效控制桩身水平位移及分担桩身受力情况，保证膨胀土基坑施工安全。综合以上分析，本断面采用排桩＋锚索＋斜撑支护比较稳妥合理。

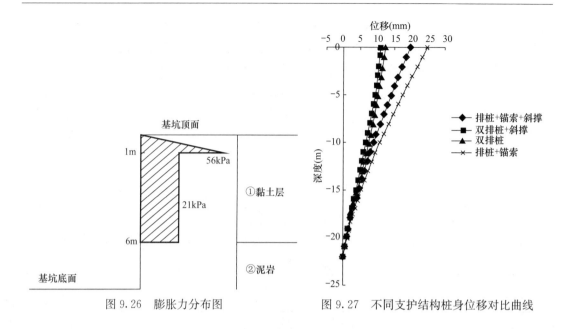

图 9.26　膨胀力分布图　　　　　图 9.27　不同支护结构桩身位移对比曲线

9.6　双排桩＋斜撑支护效果分析

9.6.1　基坑开挖支护设计方案

本支护段断面为 B'C 段，基坑开挖深度为 15.7m。支护桩桩长 23m，悬臂段长 15.7m，桩径 1.0m，桩间距 1.8m，前后排桩间距 3m，斜撑位置在开挖深度 7.7m 处。土层和支护参数详见表 9.12、表 9.13。

双排桩斜撑支护土层参数　　　　　表 9.12

层号	土类名称	层厚（m）	重度（kN/m³）	黏聚力（kPa）	内摩擦角（°）
1	素填土	0.40	18.5	10.00	10.00
2	黏性土	3.10	19.0	20.00	17.00
3	黏性土	4.50	19.5	40.00	18.00
4	黏性土	1.50	19.0	20.00	17.00
5	全风化岩	1.50	20.0	25.00	17.00
6	强风化岩	8.00	21.0	50.00	30.00
7	中风化岩	11.00	23.0	250.00	40.00

双排桩斜撑支护支锚信息　　　　　表 9.13

支锚道号	支锚类型	水平间距（m）	竖向间距（m）	预加力（kN）	支锚刚度（MN/m）
1	内撑	10.000	7.700	200.00	50.00

9.6.2　支护效果的变形监测分析

基坑自 2014 年 2 月份开始从中部开挖，于 3 月底，排桩＋锚索＋斜撑断面开挖 10m 并施工第一层锚索，5 月中旬施工第二层锚索，8 月中旬施工第三层锚索，9 月底开挖至设计基底并开始施工斜撑桩，12 月初钢斜撑施工完成。

测斜工作自 2014 年 1 月 22 日开始，2014 年 5 月 17 日由于第一层锚索施工打坏测斜管，测试工作结束，期间共进行测斜 44 次。钢筋应力测试工作自 2014 年 1 月 22 日开始，2015 年 4 月 1 日结束，开挖及降雨工况加密测量，共计测量 86 次。锚索拉力测量第一层共计 36 次，第二层共计 26 次，第三层共计 19 次。钢斜撑测试自 2014 年 12 月 2 日开始，2015 年 4 月 1 日结束，共计测量 38 次。

1. 桩身相对位移随深度变化规律

双排桩斜撑断面桩身位移曲线、双排桩斜撑断面位移随时间变化曲线见图 9.28、图 9.29。

从图 9.28、图 9.29 可见，最大位移发生在桩顶，前排桩达到 75.33mm，后排桩达到 81.37mm。其中基坑开挖后，测斜管的位移开始增大，后查明因基坑桩后土体管道泄漏，边坡渗水，导致土体参数降低，且此断面膨胀土层较厚，水的增量导致膨胀力增大，作用于桩上荷载增大，造成测斜管桩身位移迅速增大，4 月 25 日，桩顶位移达到 31.92mm，超过预警值（30mm）。之后施工方迅速施加钢斜撑，斜撑施工完成后，位移暂时得到控制。之后基坑继续开挖斜撑后缘覆土，外加 6 月 3 日至 8 月 20 日连续降雨原因，测斜管位移持续增大，于 9 月 1 日之后测斜管读数才渐趋稳定。

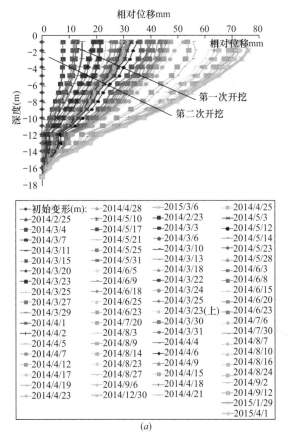

(a)

图 9.28　双排桩斜撑断面桩身位移曲线（一）

（a）前排桩（89 号桩）

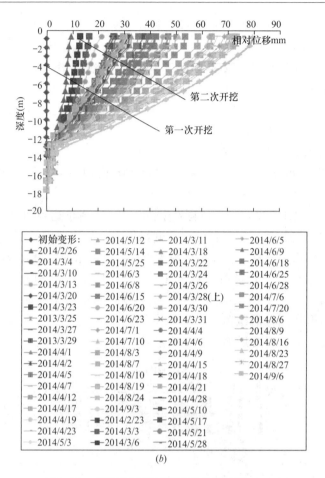

图 9.28　双排桩斜撑断面桩身位移曲线（二）

（b）后排桩（135 号桩）

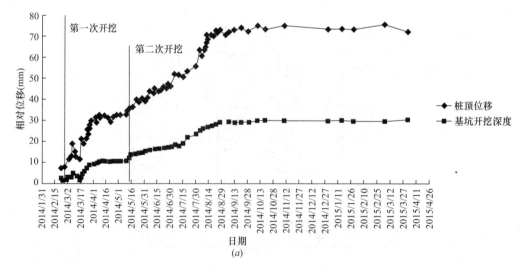

图 9.29　双排桩斜撑断面位移随时间变化曲线（一）

（a）前排桩（89 号桩）

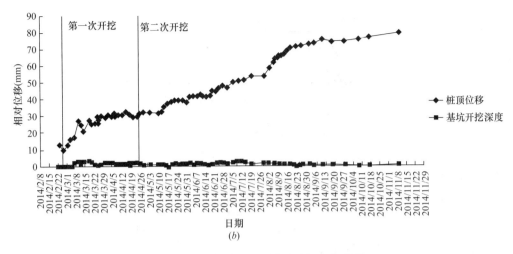

图 9.29　双排桩斜撑断面位移随时间变化曲线（二）

（*b*）后排桩（135 号桩）

2. 桩身应力随深度变化规律

双排桩斜撑断面桩身钢筋应力曲线、双排桩斜撑断面钢筋应力随时间变化曲线见图 9.30、图 9.31。

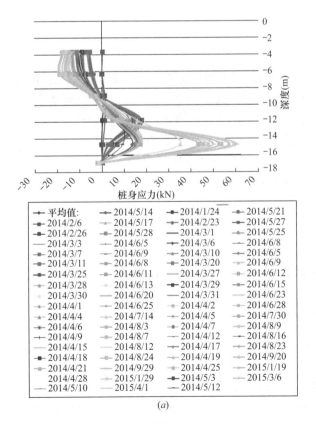

图 9.30　双排桩斜撑断面桩身钢筋应力曲线（一）

（*a*）前排桩（89 号桩）

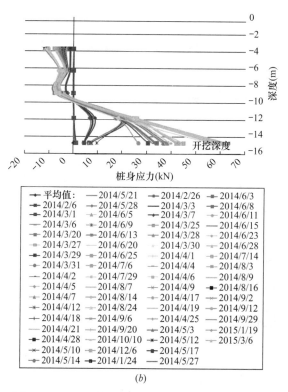

图 9.30　双排桩斜撑断面桩身钢筋应力曲线（二）

（b）后排桩（89 号桩）

从图 9.30、图 9.31 可见，桩身应力和锚固深度密切相关，桩身 9m 处钢筋计的读数一直较为稳定，桩身 12m 处至桩底 16m 处变化较大。基坑开挖后，钢筋计读数开始增大，3 月 23 日，斜撑施工完成后，数据逐步稳定。之后基坑继续开挖斜撑后缘覆土，外加 6 月 3 日至 8 月 20 日连续降雨原因，钢筋计读数变化显著增大，最大值 62.7kN，钢筋计数据于 9 月 1 日之后才渐趋稳定，与测斜数据吻合。

3. 斜撑轴力随时间变化规律

斜撑轴力随时间变化曲线见图 9.32。

从图 9.32 可见，斜撑安装后，开始受力，之后由于土方开挖，斜撑压力持续增加，至 2014 年 10 月 10 日之后数据渐趋稳定。

9.6.3　支护效果的数值模拟验证及对比分析

对支护效果的分析，分别采用数值分析方法以及规范计算方法对双排桩＋斜撑支护效果进行分析。

1. 模型建立及计算

（1）模型建立

数值计算模型以 $B'C$ 段断面为原型建立，见图 9.33。根据试算经验，建立模型长×宽×高为 150m×69m×60m。模型地层根据勘察报告及计算书设置，考虑桩土之间相互作用，在模型中桩土之间据不同地层侧摩阻力设置接触面。模型支护结构共建悬臂桩 70 根、钢斜撑 7 根以及冠梁和混凝土面层。

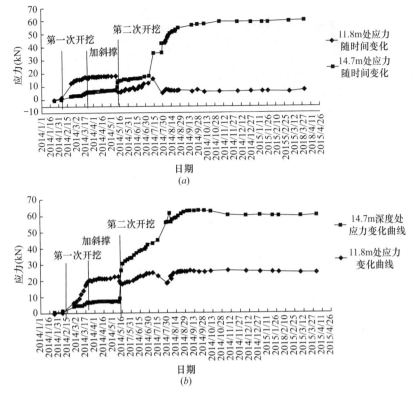

图 9.31　双排桩斜撑断面钢筋应力随时间变化曲线

(*a*) 前排桩（89 号桩）；(*b*) 后排桩（89 号桩）

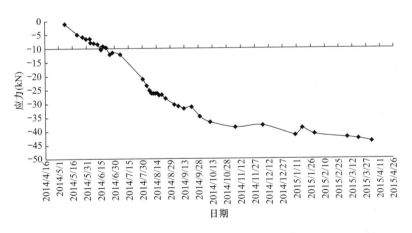

图 9.32　斜撑轴力随时间变化曲线

（2）参数设置

模型中不同地层的物理力学参数根据《绿地中心·蜀峰 468 超高层城市综合体岩土工程勘察报告》中岩土层工程物理力学参数综合建议表取值。模型中岩土单元本构关系采用摩尔-库仑模型，悬臂桩、冠梁及锚索结构单元本构关系采用弹性模型。模型中岩土主要物理力学参数参见表 9.14，锚索结构单元主要力学参数取值参见表 9.15。

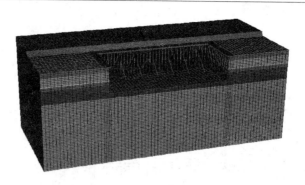

图 9.33 双排桩斜撑支护模型示意图

模型岩土主要物理力学参数取值   表 9.14

岩土名称	重度（kN/m³）	体积模量（MPa）	剪切模量（MPa）	黏聚力（kPa）	内摩擦角（°）
素填土	18.5	1.9	1.74	10	10
黏性土	20	23.8	16.3	40	18
强风化泥岩	21.5	71.42	22.06	50	30
中风化泥岩	23.5	345.17	133.59	250	40
悬臂桩	25	16.7×10^3	12.5×10^3	—	—
冠梁	25	16.7×10^3	12.5×10^3	—	—

结构单元参数取值   表 9.15

结构单元 ＼ 参数类型	弹性模量（MPa）	横截面积（m²）	预应力（kN）
斜撑	206×10^3	15.1×10^{-2}	—

（3）边界条件

模型施加的边界条件为：①约束模型底部边界上所有节点 Z 方向的变形；②约束模型 Y 方向两侧边界面上的所有节点 Y 方向的变形；③约束模型 X 方向两侧边界面上的所有节点 X 方向的变形。

（4）计算工况

整个开挖支护过程共包括两个工况：①从桩顶开挖至 $-8.2m$，无支护；②继续开挖至基坑底 $-16m$，斜撑桩施工并加斜撑。

（5）计算结果分析

施加膨胀力如图 9.34 所示。

2. 计算结果分析

以双排桩斜撑支护断面为原型，考虑边坡渗水工况，在原设计锚固深度基础上增加 5m 另建立排桩锚索、双排桩、排桩锚索斜撑、双排桩斜撑四种支护结构数值模型进行计算，结合安全性、经济性与施工条件综合对比分析四种支护结构的支护效果。

桩身最大位移排桩锚索 141.01mm，双排桩 39.62mm，排桩锚索斜撑 121.05mm，双排桩斜撑 27.92mm。提取数值计算完成后模型支护断面中间桩桩身位移数据绘制桩身位移数据进行对比分析，见图 9.35。

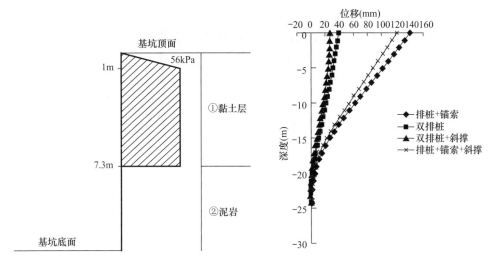

図 9.34　膨胀力分布图　　　　　図 9.35　不同支护结构桩身位移对比曲线

由图 9.35 可知，最大位移为排桩锚索支护 140.39mm，四种结构桩顶水平位移只有双排桩斜撑支护 27.46mm，《建筑基坑工程监测技术规范》GB 50497—2009 对一级基坑桩顶水平位移报警值 30mm 的要求。针对膨胀土基坑渗水工况，双排桩＋斜撑支护结构在原设计基础上适当增加锚固深度可以达到控制基坑桩顶水平位移在安全范围以内，保证基坑安全顺利施工。

9.7　本章小结

评价支护结构的综合支护效果，首先应以基坑安全为前提，在保证安全性的条件下，再结合经济性和施工条件对支护结构做出比较和选择。已有分析表明：双排桩＋斜撑造价最高，次为双排桩、排桩＋锚索＋斜撑，排桩＋锚索最为经济。斜撑造价高昂且占用空间较大，施工复杂，影响基坑开挖及地下室施工。

故而，基坑不同断面采用相应的支护结构其支护效果为：

（1）地块基坑西南侧：四种支护体系的数值计算桩身最大位移分别为：排桩锚索 29.40mm，排桩锚索斜撑 26.80mm，双排桩 21.36mm，双排桩斜撑 16.27mm，均满足《建筑基坑工程监测技术规范》GB 50497—2009（下称规范）一级基坑桩顶水平位移报警值要求，结合经济性及现场施工条件，设计宜采用排桩＋锚索支护结构。

（2）地块基坑西北侧：四种支护体系的数值计算桩身最大位移分别为：双排桩 18mm，排桩锚索 29.46mm，排桩锚索斜撑 22.49mm，双排桩斜撑 13.77mm，均满足规范中一级基坑桩顶水平位移报警值要求，结合经济性及现场施工条件，设计宜采用排桩＋锚索支护更为经济。

（3）地块基坑东侧：不考虑锚索施工影响，数值计算桩身最大位移：排桩锚索斜撑 20.05mm，排桩锚索 24.93mm，双排桩 12.41mm，双排桩斜撑 11.39mm，均满足规范对一级基坑桩顶水平位移报警值要求。结合经济性及现场施工条件来说，考虑桩后后续相邻地块基坑开挖施工及运土重载等的影响，设计宜采用排桩＋锚索＋斜撑支护，但在锚索施工时应尽量避免钻孔产生的震动过大等问题。

（4）地块基坑东北侧：不考虑施工影响，数值计算桩身最大位移：双排桩斜撑27.92mm，排桩锚索141.01mm，双排桩39.62mm，排桩锚索斜撑121.05mm。根据规范对一级基坑桩顶水平位移报警值30mm的要求，针对膨胀土基坑渗水工况，双排桩＋斜撑支护结构在原设计基础上适当增加锚固深度并合理分层开挖可以达到控制基坑桩顶水平位移在安全范围以内，保证基坑安全顺利施工的要求。

第 10 章 膨胀土基坑复杂围护体系工程实践

10.1 概述

基坑工程是一个具有长、宽、深的三维空间体系，同一个基坑不同区域的环境条件、土质条件、开挖深度等方面可能存在较大差异，因此可以针对不同区域采用多种围护结构形式以形成复杂型围护体系，达到"安全适用、技术先进、经济合理、保护环境"的目的。复杂围护结构包括平面组合和竖向组合，在设计计算中应充分考虑上下部围护结构的相互影响；在上部围护结构的分析支护应考虑下部围护结构在基坑开挖后产生变形的影响，而在下部围护结构分析中则应考虑上部放坡开挖或土钉支护部分超载的影响。本章在考虑膨胀荷载的条件下，以成都东郊"绿地中心·蜀峰468超高层城市综合体"紧邻地铁2号线洪河站一侧的膨胀土深基坑为例，该侧基坑采用的是复杂围护体系（排桩＋三道内撑），通过现场监测试验和数值模拟试验探讨深基坑的分层开挖过程中复杂围护结构的支护效果及其对基坑周围环境变形的控制效果，可为膨胀土深基坑变形研究提供思路与参考。

10.2 基坑开挖及支护概况

"绿地中心·蜀峰468超高层城市综合体"工程位置和场地工程地质概况参见第9章9.2节相关内容，本章所述位置为基坑北侧，该侧边界近乎与地铁线路走向平行（基坑与地铁位置关系见图10.1），基坑开挖深度在23m～26m，北侧基坑支护的环境条件十分复杂，该侧基坑长度约120m，基岩面标高509m～510m。该侧地下室外墙边线北侧距用地红线约4m，外侧约26.8m即为驿都大道。驿都大道路宽约44m，为双向8车道，为成都至龙泉驿区的市政主干道，车流量巨大。道路两侧地下管网埋深一般在地表以下0.5m～3.0m。驿都大道路面以下约10m以上为地铁2号线洪河车站，车站设2层。地下室北侧外墙边线距地铁轨道约25m，据洪河站A2

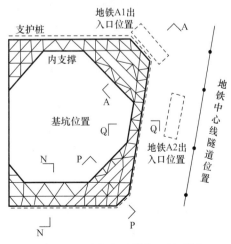

图 10.1 基坑与地铁位置关系图

出站口约15m，北东角距地铁通风口的冷却塔约5m，正北角处地铁洪河站A1出口已在地下室范围内。该侧地铁车站底标高约504m，地铁车站基础底板以上开挖范围可利用东侧和西侧的支护桩进行角支撑，并考虑避开T1塔楼结构体，采用多道内支撑体系，支撑道数3道，均采用钢筋混凝土结构。内支撑布置时临时立柱桩尽可能避开结构柱或利用结构柱作为内支撑立柱桩。基坑支护示意图见图10.2。

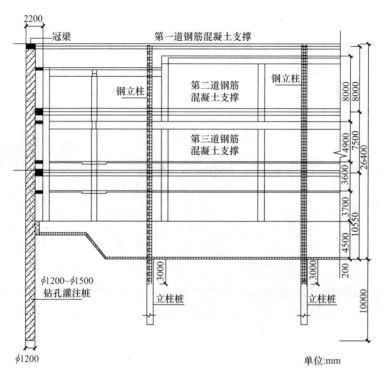

图10.2 基坑支护示意图

具体的支护分述如下：

1. 内支撑结构

基坑四角分别设置角撑，尤其是临地铁侧加强支撑，设多道角撑以加强约束基坑变形，内支撑结构一共三层，分别位于基坑开挖标高0m处，开挖深度8m处，开挖深度16m处。第一层内支撑采用两种截面设计，分别为900mm×700mm与700mm×700mm，第二层与第三层内支撑采用两种截面设计，分别为1400mm×800mm与800mm×800mm，整个内支撑结构互相连接成为一个整体，对于平衡基坑由于开挖引起的变形及内力分布有重要作用。

2. 钻孔灌注支护桩

设计基坑周围分布钻孔灌注支护桩，其中A边共59根桩，桩长30m，桩径1.2m，桩间距1.5m；B边共64根桩，桩长34m，桩径1.2m，桩间距1.5m；C边共53根桩，桩长34m，桩径1.2m，桩间距1.5m；D边共16根桩，桩长30m，桩径1.2m，桩间距1.5m；E边共8根桩，桩长34m，桩径1.2m，桩间距1.5m；混凝土采用C30混凝土。共计200根钻孔灌注支护桩。

10.3　复杂围护体系基坑变形监测研究

10.3.1　监测方案及实施

1. 测试项目

考虑基坑开挖时支护结构的变形规律、基坑开挖时周围环境及附属结构（这里主要指地铁设施）的变形规律开展相关监测工作，具体如下：

（1）周围环境及其附属设施的变形控制监测：主要为地表沉降监测；

（2）基坑支护结构的专门监测：主要包括桩身位移监测，桩身应力监测，内支撑应力监测。

2. 监测元件的选择及安装

结合各方面的研究需要以及其他因素，选定测试方案如下：

（1）在基坑周围的钻孔灌注桩中选取合适的桩位加入桩身测斜管以监测桩身位移；

（2）在基坑内支撑结构中选取合适的位置加入混凝土应变计以监测混凝土内支撑结构的应力；

（3）由于在地铁内部加入监测点较为困难，所以在地表尤其是地铁附属结构（通风口等）的地表位置设置观测点，主要监测开挖过程中地表的沉降变形。

监测点布置如图 10.3 所示。

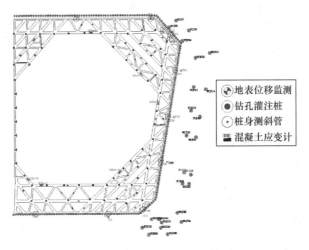

图 10.3　基坑实际监测点布置图

3. 监测频率

按《建筑基坑工程监测技术规范》GB 50497—2009 中表 7.0.3 规定控制监测频率。具体为：

地铁断面监测桩桩身变形监测周期为 5d，若遇到基坑开挖以及较大降雨，则将监测周期缩短，加密监测，若遇个别桩变形异常，则持续监测以确定是监测误差造成还是实际变形使然，取得数据后经分析，排除可确定异常点；

混凝土内支撑轴力监测周期为 5d，同样，若遇基坑开挖以及降雨，则持续监测，遇异常数据则多次读取数据，分析异常原因，排除由监测误差造成的异常数据；

地表位移监测周期为 7d，发现较大沉降或隆起则向施工方提出施工需要注意地表的裂隙、隆起等变形特征，下一次监测时重点监测异常处。

10.3.2 开挖过程桩身位移变形特征

对 A-A 剖面、N-N 剖面、P-P 剖面、Q-Q 剖面四个剖面的监测桩桩身水平位移随深度变化的监测数据进行梳理，得到：

1. A-A 剖面（以 DTA1-1 号桩为例）

现场监测 DTA1-1 号桩桩身变形曲线如图 10.4 所示，桩身位移随时间变化曲线如图 10.5 所示。

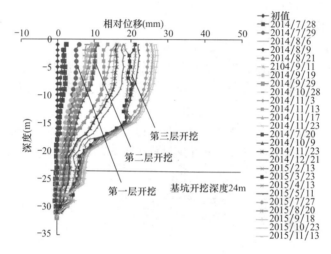

图 10.4　DTA1-1 号桩身测斜管相对位移图

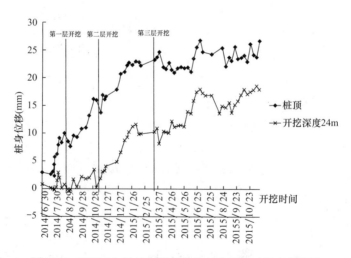

图 10.5　DTA1-1 号桩身测斜管相对位移随时间变化曲线

DTA1-1 号桩身测斜管数据表明：桩身发生整体倾斜，第三层开挖完成后，最大位移发生在桩身 15m 处，达到 31.3mm。开挖对桩身的变形影响较为显著：

第一次开挖 8m，最大变形达到 5.86mm，之后桩身变形由于降雨以及施工影响，处于总体缓慢增加的过程；

当第二层土开挖之初，桩顶总位移为 11.03mm，开挖后，变形再次显著增加，至开挖结束达到 16.24mm，之后变形趋于稳定；

当第三层土开挖之初，桩身位移再一次显著增加，开挖结束后桩顶位移达到 24.72mm，最大位移出现在 15m 处，达到 25.44mm。

显而易见的是，第三层开挖的过程中，桩身 24m 处由于土体开挖，出现明显的变形增大趋势，符合客观规律。值得注意的是，第三层开挖后，第二层内支撑所在位置（桩身 15m）处变形也显著增大，到开挖结束后的变形调整阶段，其变形逐渐与桩顶位移接近，分析认为：由于有第一层与第二层内支撑的存在，对于桩身位移具有一定约束作用，使该处桩身位移不再具有至桩顶位移越来越大的规律，而是第二层内支撑以下呈现该规律，而第二层内支撑与第一层内支撑之间位移则逐渐接近。

2. N-N 剖面（以 BC1 号桩为例）

现场监测 BC1 号桩桩身变形曲线如图 10.6 所示，桩身位移随时间变化曲线如图 10.7 所示。

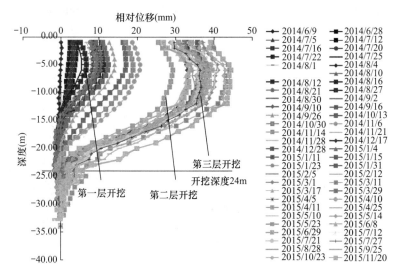

图 10.6　BC1 号桩桩身测斜管相对位移图

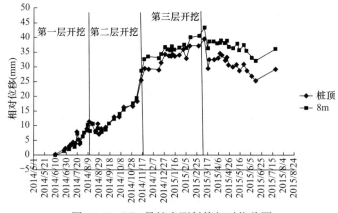

图 10.7　BC1 号桩桩身测斜管相对位移图

BC1 号桩身测斜管数据表明：桩身发生整体倾斜，第三层开挖完成后，最大位移发生在桩身 6m 处，达到 39.2mm。开挖对桩身的变形影响较为显著：

第一次开挖 8m 时，最大变形达到 11.3mm，变形曲线呈现明显的上部受弯，桩顶位移收敛的趋势。之后桩身变形由于降雨以及施工影响，处于总体缓慢增加的过程；

当第二层土开挖开始后，变形再次显著增加，至开挖结束达到 25.4mm，桩身变形曲线明显上部反弯，之后变形趋于稳定；

当第三层土开挖时，位移再一次显著增加，开挖结束后桩顶位移达到 32.44mm，最大位移出现在 6m 处，达到 39.2mm。

可以看到，变形最明显的过程是第二层土体开挖的过程，由于第一层开挖较浅，影响范围有限，所以第二层开挖后位移增加尤其明显，每次开挖后，开挖部分桩身位移均有增加。可以看到，由于有第一层内支撑存在，桩顶位移呈现明显的收敛趋势，由于第二层内支撑作用，16m 处位移与桩顶相近，由于第三层内支撑作用，24m 处位移增加并不明显，主要位移集中在上部。

3. P-P 剖面（以 DTTF-2 号桩为例）

现场监测 DTTF-2 号桩桩身变形曲线如图 10.8 所示，桩身位移随时间变化曲线如图 10.9 所示。

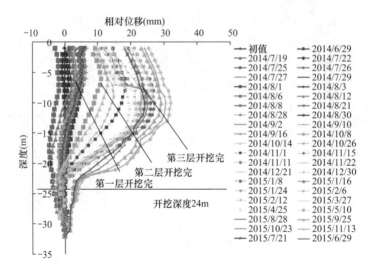

图 10.8　DTTF-2 号桩身测斜管相对位移图

DTTF-2 号桩身测斜管数据表明：桩身发生整体倾斜，第三层开挖完成后，最大位移发生在桩身 7m 处，达到 24.3mm。开挖对桩身的变形影响较为显著：

第一次开挖 8m 时，最大变形出现在桩顶，达到 5.97mm，变形曲线呈现明显的上部受弯，桩顶位移收敛的趋势。之后桩身变形由于降雨以及施工影响，处于总体缓慢增加的过程。

当第二层土开挖开始后，变形显著增加，至开挖结束最大位移达到 13.05mm，位于距离桩顶 7m 位置，桩顶位移为 10.62mm，桩身变形曲线明显上部反弯，之后变形趋于稳定。

当第三层土开挖时，位移再一次显著增加，开挖结束后桩顶位移达到 18.35mm，最大位移出现在 7m 处，达到 24.3mm。

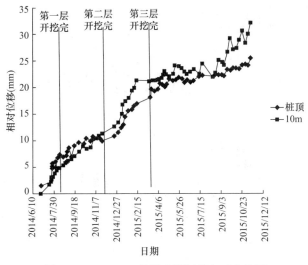

图 10.9　DTTF-2 号桩身测斜管相对位移图

从桩身变形图上可以看到，桩身总体位移还是呈现中上部位移大，上、下部分位移小的趋势，从变形随时间曲线上可以看到，位移显著增加均在开挖前后。同样可以看到，由于有第一层内支撑存在，桩顶位移呈现明显的收敛趋势，由于第二层内支撑作用，16m 处位移与桩顶相近，由于第三层内支撑作用，24m 处位移增加并不明显，主要位移集中在上部。

4. Q-Q 剖面（以 BC2 号桩为例）

现场监测 BC2 号桩桩身变形曲线如图 10.10 所示，桩身位移随时间变化曲线如图 10.11 所示。

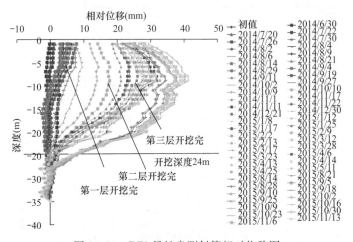

图 10.10　BC2 号桩身测斜管相对位移图

BC2 号桩身测斜管数据表明：桩身发生整体倾斜，第三层开挖完成后，最大位移发生在桩身 9m 处，达到 31.57mm。开挖对桩身的变形影响较为显著：

第一次开挖 8m 时，最大变形出现在桩顶，达到 6.92mm，变形曲线呈现明显的上部受弯的趋势。之后桩身变形由于降雨以及施工影响，处于总体缓慢增加的过程。

当第二层土开挖开始后，变形显著增加，至开挖结束最大位移达到 17.95mm，位于距离桩顶 6m 位置，桩顶位移为 15.57mm，桩身变形曲线明显上部反弯，之后变形趋于稳定。

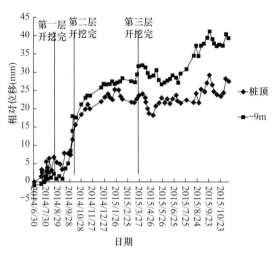

图 10.11　BC2 号桩身测斜管相对位移图

当第三层土开挖时，位移再一次显著增加，开挖结束后桩顶位移达到 23.71mm，最大位移出现在 9m 处，达到 31.57mm。

10.3.3　开挖过程内支撑受力特征

现场内支撑轴力监测数据见表 10.1。

内支撑轴力监测值　　　　　　　　　　　　　表 10.1

标号 ZCZL1	开挖 1 (kN)	开挖 2 (kN)	开挖 3 (kN)	标号 KYZLC	开挖 1 (kN)	开挖 2 (kN)	开挖 3 (kN)	标号 KYZLE	开挖 1 (kN)	开挖 2 (kN)	开挖 3 (kN)
9	500	2200	3000	1	2500	5000	6000	1	1000	1000	2000
10	3000	5000	6000	2	900	2000	2500	2	2000	500	3000
11	3000	3000	5000	3	800	2000	2800	3	1000	1500	1700
12	4000	6000	7000	1	140	−500	−270	4	6000	6000	2000
7	2000	4000	5000	2	2000	2500	3000	5	600	800	1500
				3	1200	2000	3500	6	3000	4000	4500
				4	1300	1500	2400	7	4000	4500	6000
				5	−170	−400	−600	8	2000	3000	4000
				6	2000	2400	3300	9	3000	3500	4000
				7	100	150	600	10	3000	3500	4500
				8	−300	−300	−600				
				9	300	500	1500				
				10	2500	3000	4000				
				11	2000	3000	4000				

注：开挖 1，第一层开挖；开挖 2，第二层开挖；开挖 3，第三层开挖。

从表 10.1 中可以看出，基坑第一层开挖时，内支撑大部分表现为压力，与实际规律一致。最大压力为 6000kN，最大拉力为 300kN，大部分杆件轴力比较小，在 2000kN 以下。第二层开挖后，大部分内支撑轴力有较明显增大，大部分压力都超过 2000kN，局部仍存在拉力，但拉力较小，最大拉力为 500kN。第三层开挖后，内支撑轴力进一步增大，最大压力达到 7000kN，大部分集中在 4000kN～6000kN 之间，均小于预警值，在合理范围内。

10.3.4　开挖过程地表位移特征

现场监测的地表位移数据见表 10.2。由表 10.2 可见，第一层开挖后大部分地表位移并不大，隆起位移占多数，最大隆起位移为 4.5mm，位于基坑右上侧转角处，地铁 A1 出口位置，最大沉降位移为 3.4mm，位于基坑右下侧转角外。近乎一半监测点的位移小于1mm，说明第一层开挖后，除个别位置外，大部分位置位移并不明显。第二层开挖后，大部分位移在第一层开挖的基础上有一定增大，也有部分位移在隆起和沉降之间转变，隆起与沉降位移各占一半，最大隆起位移为 2.8mm，位于基坑右上侧转角处，地铁 A1 出口位置，最大沉降位移为 4.7mm，位于基坑右下侧转角外，第二层开挖后，各监测点位移更为明显。第三层开挖后，大部分位移同样继续增大，少部分减小，以沉降位移为主。最大隆起位移为 2.3mm，位于基坑右上侧转角处，地铁 A1 出口位置，最大沉降位移为8.4mm，位于基坑右侧地铁 A2 入口与右下侧地铁通风口处。

基坑实际监测地表位移数据　　　　　　　　　　表 10.2

编号 DTJC	开挖 1	开挖 3	开挖 3	编号 DTJC	开挖 1	开挖 2	开挖 3
7	2.4	2.8	1.3	22	−1.4	−1.9	−4.8
8	−0.6	0.8	−0.6	23	1.9	0.5	−0.6
9	2	1.9	2.3	24	1.8	1	2.1
11	4.5	−2.6	−3.4	25	0.8	1.3	0.3
12	1.8	1	1.2	26	0.8	1.5	0.6
15	−0.3	−0.5	−2.3	27	0.3	0.5	−0.1
16	0.1	−0.7	−2.3	28	1.3	1.1	0.4
17	0.6	0.6	−2	29	−0.2	−3.1	−8.4
18	1.8	1.9	0	30	0	−1.2	−2.9
19	−3.4	−4.7	−8.4	31	0.1	−1.7	−3.2
20	−2	−3	−6.1	32	1.5	−2.3	−6
21	−3.1	−3.5	−2.7	33	−2.6	−3.9	−5.4

注：开挖 1，第一层开挖；开挖 2，第二层开挖；开挖 3，第三层开挖。

值得注意的是，在第二层与第三层开挖后，均有部分位移在隆起与沉降之间变化，也有位移随着基坑开挖深度加深而减小，说明基坑实际地表位移并不是随着开挖深度的加大而加大，实际地表位移的影响因素较多，受环境影响较大，如施工，荷载等，所以变化也较为复杂。但从总体变化规律可以看出，随着基坑开挖深度的加深，地表位移逐渐转变为以沉降位移为主，且大部分随着开挖越深，沉降位移越大，符合客观规律。

10.4　复杂围护体系基坑数值模拟研究

10.4.1　模型建立及参数设置

1. 模型建立
根据该基坑的基本情况建立计算模型。

模型长×宽×高分别为 225m×187.4m×50m，其中基坑规模为 105.8m×123m。模型自上而下有三层地层，其中 0m～12m 为黏土层，12m～34m 为强风化泥岩层，34m～50m 为中风化泥岩层。模型支护结构依据设计结果，主要有钻孔灌注支护桩结构与内支撑结构，其中钻孔灌注支护桩共 200 根，北侧两条边桩长为 30m，其他边桩长均为 34m，所有桩桩径均为 1.2m，桩间距 1.5m。模型边界向外扩展 50m，满足一般数值模型中模型边界距离计算基坑边缘 3 倍以上桩径的要求。

模型大部分结构采用实体单元，钻孔灌注支护桩采用实体单元建立，如图 10.12 所示。

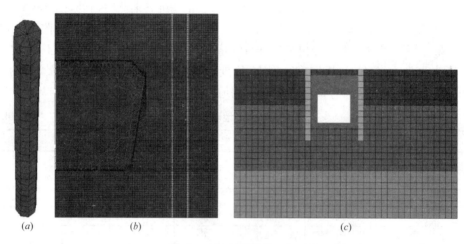

(a) (b) (c)

图 10.12　数值计算模型示意图
(a) 支护桩；(b) 内支撑；(c) 地铁隧道

2. 参数设置及边界条件

（1）模型参数

模型中不同地层的物理力学指标按照《绿地中心·蜀峰 468 超高层城市综合体岩土工程勘察报告》中岩土工程特性指标建议值取值。模型中黏土层与强风化泥岩层单元本构关系采用摩尔库仑模型，中风化层泥岩采用弹性模型，钻孔灌注桩和冠梁等结构单元本构关系采用弹性模型，各材料的物理力学参数如表 10.3 所示。

模型中各材料物理力学参数　　　　　　　　　　　　　　　　　　　　表 10.3

特性指标 岩土名称	重度（kN/m³）	体积模量（MPa）	剪切模量（MPa）	黏聚力（kPa）	内摩擦角（°）
黏土层	19.5	9.5	2.5	25	12.4
强风化泥岩	21.5	70	30	80	26
中风化泥岩	24.5	300	250	—	—
悬臂桩	25.0	21×10³	6×10³	—	—
冠梁	25.0	20.5×10³	5.6×10³	—	—

（2）接触面参数

在模型中接触面参数综合考虑《绿地中心·蜀峰 468 超高层城市综合体岩土工程勘察报告》中提供的极限侧阻力标准值和现场试验结果进行设置，桩极限侧阻力标准值如表 10.4 所示。

桩极限侧阻力标准值　　　　　　　　　　　　表 10.4

特性指标 岩土名称	桩极限侧阻力标准值（kPa）
黏土层	90
强风化泥岩	160
中风化泥岩	280

（3）模型边界

模型施加的边界条件为：1）约束模型底部边界上所有节点 Z 方向的变形；2）约束模型 Y 方向两侧边界面上的所有节点 Y 方向的变形；3）约束模型 X 方向两侧边界面上的所有节点 X 方向的变形。

（4）膨胀力分布

在计算模型降雨工况时，由于表层存在膨胀土，所以考虑膨胀力作用，根据第 7 章研究成果，膨胀力的分布模式如图 10.13 所示。

根据基坑膨胀力分布模式，取 $h_1 = 1\text{m}$，$w = 20\%$，考虑最危险工况，膨胀土深度取 20.32m，则计算得到基坑膨胀土分布见图 10.14 所示。在计算降雨工况基坑开挖时，将此膨胀力加入模型计算得到考虑膨胀力作用下的基坑变形结果。

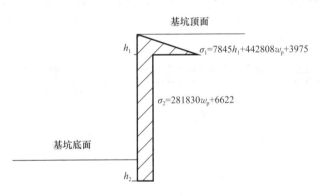

图 10.13　基坑膨胀力分布图

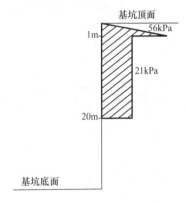

图 10.14　基坑膨胀力分布计算值

h_1—坡顶降雨入渗深度；h_2—坡底入渗深度；w—边坡土体初始含水率

10.4.2　基坑第一次开挖围护体系及周围环境变形特征

基坑第一次开挖深度为 8m，为准确模拟基坑开挖过程，所以模拟基坑第一次开挖深度同样为 8m，开挖时间为第一层内支撑结构建立之后，在第一层内支撑的作用下进行开挖计算，与实际施工安排相一致，可以得到较为准确的开挖影响结果。为考虑膨胀土的影响，故计算工况分为原始工况与降雨工况。

1. 非降雨工况计算结果分析

（1）桩身变形

选取计算模型中位于 A-A、P-P、Q-Q、N-N 剖面的钻孔灌注桩作为分析对象，桩号分别为 DTA1-1、DTTF-2、BC2、BC1，提取不同开挖阶段的桩身位移曲线作为对比参考，与设计计算结果相对比，分析模型的合理性与计算的精确度。

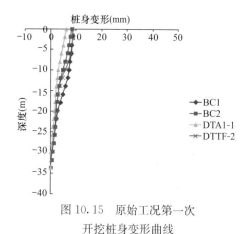

图 10.15　原始工况第一次
开挖桩身变形曲线

提取 DTA1-1，DTTF-2，BC2，BC1 四处桩身向基坑内侧位移曲线如图 10.15 所示，可以看出，第一次开挖结束后，桩身总体位移较小，最大位移出现在桩顶处，四个剖面最大位移均没有超过 10mm。位移曲线呈现出明显的上部受弯，下部变形不明显的趋势，分析认为：由于开挖第一层之后，基坑总体变形较小，桩身位移变形也较小，此时第一层内支撑起到了一定的约束变形作用，但由于桩整体变形较小，所以在桩身位移曲线上并没出现明显的桩顶位移收敛迹象，所以桩的变形呈现出较为规律的上部受弯趋势。

（2）内支撑轴力

提取第一层开挖后的内支撑轴力值，见表 10.5（正为压，复为拉），可以看出，第一次开挖后大部分内支撑杆件都处于受压状态，最大压力为 7225kN，其余大部分均在 4000kN 及以下，极少部分处于受拉状态，拉力较小，最大不到 500kN，还有少部分受力不明显。分析认为：由于本基坑内支撑杆件连成一个整体，在建立模型时也是按照整体互相连接受力互相传递的原理建立，所以在基坑开挖时，三侧临空面均向基坑内部挤压，导致大部分内支撑杆件处于受压状态下，而由于内支撑结构整体的应力调整，有少部分杆件受拉，少部分杆件受力不明显，符合客观规律。

模型第一次开挖后内支撑受力情况（原始工况）　　　　　　　　表 10.5

标号	第一次开挖计算轴力（kN）	标号	第一次开挖计算轴力（kN）
ZCZL1-9	4037	KYZLC-7	−61.85
ZCZL1-10	2538	KYZLC-8	−291.1
ZCZL1-11	4420	KYZLC-9	4.3
ZCZL1-12	4151	KYZLC-10	4318
ZCZL1-7	2875	KYZLC-11	4252
KYZLB-1	288.3	KYZLE-1	2846
KYZLB-2	2556	KYZLE-2	1790
KYZLD-1	3470	KYZLE-3	933.5
KYZLD-2	1389	KYZLE-4	7225
KYZLD-3	302.6	KYZLE-5	1326
KYZLC-1	63.72	KYZLE-6	1010
KYZLC-2	3495	KYZLE-7	4539
KYZLC-3	−88.47	KYZLE-8	311.2
KYZLC-4	1451	KYZLE-9	2702
KYZLC-5	−262.8	KYZLE-10	15.1
KYZLC-6	2495		

（3）地表沉降位移

取原始工况第一次开挖后模型地表所设监测点的地表位移如表 10.6 所示。由表可见，第一次开挖结束后，大部分监测点位移均为负值，即地表位移以沉降为主，但沉降位移都不大，最大沉降位移为 1.69mm，部分位置有隆起位移，隆起位移也不大，最大隆起位移为 2.25mm。

模型第一次开挖后地表监测点位移（原始工况）　　　　　　　　　表 10.6

编号	位移（mm）	编号	位移（mm）
DTJC-7	1.21	DTJC-22	−1.06
DTJC-8	−0.24	DTJC-23	0.55
DTJC-9	1.68	DTJC-24	0.84
DTJC-11	2.25	DTJC-25	−0.68
DTJC-12	−1.69	DTJC-26	−0.91
DTJC-15	−1.29	DTJC-27	−0.77
DTJC-16	1.73	DTJC-28	−0.99
DTJC-17	−0.99	DTJC-29	−0.26
DTJC-18	1.24	DTJC-30	−0.05
DTJC-19	−0.93	DTJC-31	−0.54
DTJC-20	−1.23	DTJC-32	0.66
DTJC-21	−1.42	DTJC-33	−0.5

（4）地铁轨道沉降变形

原始工况第一层开挖计算完成后，取地铁轨道所布置的四个位移监测点，得到其位移沉降变形值（z 方向位移）见表 10.7，负值代表向下。由表可见，第一层开挖结束后，地铁轨道的沉降位移很小，不到 0.5mm，几乎可以忽略其变形，可以认为，该基坑开挖第一层对地铁的影响很小，基坑支护结构对地铁的变形控制在第一层开挖后表现得很明显。

第一层开挖结束后地铁轨道沉降位移（原始工况）　　　　　　　　　表 10.7

	1 号（mm）	2 号（mm）	3 号（mm）	4 号（mm）
开挖第一层	−0.38	−0.33	−0.39	−0.41

2. 降雨工况计算结果分析

膨胀土在降雨入渗后会产生膨胀力，降雨工况即在原始工况的基础上，加入膨胀土的膨胀力，考虑最危险工况，即开挖过程全程降雨，膨胀力持续全过程的工况。

（1）桩身位移

提取四处桩身向基坑内侧位移曲线如图 10.16 所示，可以看出，降雨工况第一次开挖结束后，桩身位于曲线形态与原始工况相似，但桩身总体位移较原始工况有一定增大，其中 BC2，DTA1-1，DTTF-2 桩位移较小，最大位移在 10mm 左右，出现在桩顶，而 BC1 上部位移较大，且桩顶处出现反弯的形态，最大位移出现在离桩顶 4m 左右，四个剖面下部变形都不明显，主要是由于开挖深度较浅，影响范围并没有到达深部。

（2）内支撑轴力

提取降雨工况第一层开挖后的内支撑轴力值，见表 10.8（正为压，复为拉）。可以看出，大部分内支撑杆件在降雨工况下轴力较原始工况有一定增加，大

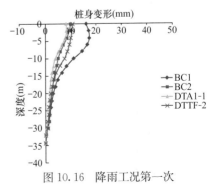

图 10.16　降雨工况第一次
开挖桩身变形曲线

部分内支撑杆件仍然处于受压状态,最大压力为 6330kN,其余大部分均在 5000kN 及以下,最小压力为 129.4kN。极少部分处于受拉状态,拉力较小,最大不到 500kN,还有少部分受力不明显。可见考虑膨胀土对第一层基坑开挖后内支撑杆件的受力存在一定影响。

模型第一次开挖后内支撑受力情况(降雨工况) 表 10.8

标号	降雨工况第一次开挖计算轴力(kN)	标号	降雨工况第一次开挖计算轴力(kN)
ZCZL1-9	6330	KYZLC-7	−88.1
ZCZL1-10	3530	KYZLC-8	−252.9
ZCZL1-11	5180	KYZLC-9	−76.4
ZCZL1-12	4819	KYZLC-10	4752
ZCZL1-7	3752	KYZLC-11	4754
KYZLB-1	129.4	KYZLE-1	2869
KYZLB-2	2871	KYZLE-2	3439
KYZLD-1	3839	KYZLE-3	1346
KYZLD-2	1528	KYZLE-4	4357
KYZLD-3	−178.6	KYZLE-5	1370
KYZLC-1	198.5	KYZLE-6	1246
KYZLC-2	4196	KYZLE-7	4956
KYZLC-3	−139.4	KYZLE-8	136.8
KYZLC-4	1890	KYZLE-9	2952
KYZLC-5	−9.9	KYZLE-10	−15.61
KYZLC-6	2507		

(3)地表沉降位移

取降雨工况第一次开挖后模型地表所设监测点的地表位移如表 10.9 所示。由表可见,第一次开挖结束后,部分监测点位移为负值,部分为正值,即地表位移沉降隆起均有,位移都不大,最大沉降位移为 2.51mm,部分位置有隆起位移,隆起位移也不大,最大隆起位移为 1.72mm。

模型第一次开挖后地表监测点位移(降雨工况) 表 10.9

编号	位移(mm)	编号	位移(mm)
DTJC-7	1.38	DTJC-22	−1.21
DTJC-8	−1.08	DTJC-23	0.62
DTJC-9	1.72	DTJC-24	0.97
DTJC-11	2.37	DTJC-25	1.01
DTJC-12	−1.48	DTJC-26	0.57
DTJC-15	−2.18	DTJC-27	−1.31
DTJC-16	1.28	DTJC-28	−1.22
DTJC-17	−1.82	DTJC-29	−1.01
DTJC-18	1.4	DTJC-30	0.88
DTJC-19	−2.38	DTJC-31	0.65
DTJC-20	−1.81	DTJC-32	0.47
DTJC-21	−2.51	DTJC-33	−2.39

（4）地铁轨道沉降变形

降雨工况下第一层开挖计算完成后，取地铁轨道所布置的四个位移监测点，得到其位移沉降变形值（z 方向位移）见表 10.10，负值代表向下。由表可见，考虑膨胀力作用下，第一层开挖结束后，地铁轨道的沉降位移仍然很小，不到 0.5mm，几乎可以忽略其变形，可以认为，在考虑膨胀土的降雨工况下，该基坑开挖第一层对地铁的影响很小，基坑支护结构对地铁的变形控制作用十分明显。

第一层开挖结束后地铁轨道沉降位移（降雨工况）　　　　表 10.10

编号	1 号（mm）		2 号（mm）		3 号（mm）		4 号（mm）	
工况	原始工况	降雨工况	原始工况	降雨工况	原始工况	降雨工况	原始工况	降雨工况
开挖第一层	−0.38	−0.41	−0.33	−0.28	−0.39	−0.43	−0.41	−0.45

3. 计算值与设计值对比

第一层开挖完后，A-A 剖面原始工况最大位移值与设计值较为接近，其他剖面值相差并不大，且模型计算各剖面最大位移的相对关系与设计值也较为接近，第一层开挖后各剖面的变形不大，在允许值之内，且数值模拟计算与设计计算可以互相印证，由此可见，设计支护结构对基坑变形有较好的约束作用，数值模型也较为可靠，可以进行下一步开挖计算。而在降雨工况充分考虑膨胀土作用之后，第一层开挖后最大位移明显加大，可见膨胀土对基坑位移的作用明显，在设计计算中不可忽视。

10.4.3　基坑第二次开挖围护体系及周围环境变形特征

1. 非降雨工况计算结果分析

（1）桩身位移曲线

原始工况第二次开挖 16m 计算结束后，四处桩身向基坑内侧位移曲线，见图 10.17。

图 10.17 可以看出，第二次开挖结束后，桩身总体位移较第一次开挖有明显的增大，桩总体变形趋势大致相同，最大位移不到 20mm，最大位移出现在 5m～10m 处，为 18mm 左右。BC2 处桩身位移最大，DTA1-1 处桩身位移最小。位移曲线呈现出中间大，两侧小的趋势，分析认为：与第一次开挖结束不同，第二次开挖结束后，开挖深度进一步加大，使得桩上部位移进一步增大，尤其是开挖面以上，而此时第一层内支撑对于位移的约束作用就明显地表现在桩身位移曲线上，

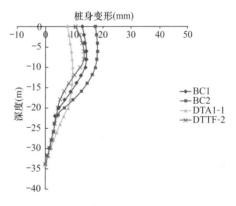

图 10.17　第二次开挖计算桩身
变形曲线（原始工况）

由于第一层内支撑位于桩顶位置，所以桩顶位移出现收敛，悬臂桩为刚性结构，其内部位移调整出现该趋势，与实际规律相符合。

（2）内支撑轴力

提取原始工况第一层开挖后的内支撑轴力值，见表 10.11（正为压，复为拉），可以看出，由于开挖深度的加深，第二次开挖后大部分内支撑杆件应力较第一次开挖后有明显增大，同样，大部分杆件都处于压应力状态，最大轴力出现在 KYZLE-4 处，增大到

8310kN，其余大部分均在5000kN及以下，极少部分处于拉应力状态，拉应力较小，最大不到600kN，还有少部分受力不明显。由于第二次开挖导致临空面进一步加深，基坑向基坑内侧位移的趋势更大，而内支撑是一个整体结构，所以内支撑承受的压应力普遍增大，是内部应力调整的结果，符合客观规律。

模型第二次开挖后内支撑受力情况　　　　　　　表 10.11

标号	第二次开挖计算轴力（kN）	标号	第二次开挖计算轴力（kN）
ZCZL1-9	6367	KYZLC-7	−32.76
ZCZL1-10	3331	KYZLC-8	−365.8
ZCZL1-11	7097	KYZLC-9	267.2
ZCZL1-12	5718	KYZLC-10	5094
ZCZL1-7	5237	KYZLC-11	5326
KYZLB-1	924.2	KYZLE-1	3716
KYZLB-2	2827	KYZLE-2	4104
KYZLD-1	5020	KYZLE-3	1252
KYZLD-2	1981	KYZLE-4	8310
KYZLD-3	509.1	KYZLE-5	1736
KYZLC-1	−96.09	KYZLE-6	1246
KYZLC-2	6102	KYZLE-7	5867
KYZLC-3	3.38	KYZLE-8	234.7
KYZLC-4	1648	KYZLE-9	3320
KYZLC-5	−510.2	KYZLE-10	−526.7
KYZLC-6	2477		

（3）地表沉降位移

取原始工况第二次开挖后模型地表所设监测点的地表位移如表10.12所示。由表可见，第二次开挖结束后，由于开挖深度的加深，大部分隆起沉降位移在变大，少部分在变小甚至在隆起与沉降之间转变性质。可见基坑开挖对地表的位移影响是较为复杂的。基坑大部分地表位移仍以沉降为主，但沉降位移较第一层开挖有一定增大，最大沉降位移为3.75mm，部分位置有隆起位移，隆起位移也不大，最大隆起位移为2.47mm。

模型第二次开挖后地表监测点位移原始工况（原始工况）　　　　表 10.12

编号	位移（mm）	编号	位移（mm）
DTJC-7	2.04	DTJC-22	−1.12
DTJC-8	0.42	DTJC-23	0.74
DTJC-9	1.6	DTJC-24	1.26
DTJC-11	2.47	DTJC-25	−0.88
DTJC-12	0.57	DTJC-26	0.33
DTJC-15	−2.06	DTJC-27	−0.56
DTJC-16	−2.21	DTJC-28	−1.16
DTJC-17	−1.27	DTJC-29	−1.44
DTJC-18	1.53	DTJC-30	−1.09
DTJC-19	−3.33	DTJC-31	−1.8
DTJC-20	−3.75	DTJC-32	−0.77
DTJC-21	−3.64	DTJC-33	−1.88

（4）地铁轨道沉降变形

原始工况第二层开挖计算完成后，取地铁轨道所布置的四个位移监测点，得到其位移沉降变形值（z 方向位移）见表 10.13，负值代表向下。由表可见，第一层开挖结束后，地铁轨道的沉降位移很小，不到 0.5mm，第二层开挖结束后，地铁轨道沉降位移有些许增大，但都不到 1mm，可以认为，该基坑开挖第二层对地铁的影响很小，基坑支护结构显著降低了开挖对地铁影响，基坑支护结构对地铁的变形控制效果显著。

第二层开挖结束后地铁轨道沉降位移（原始工况）　　　表 10.13

	1 号（mm）	2 号（mm）	3 号（mm）	4 号（mm）
开挖第一层	−0.38	−0.33	−0.39	−0.41
开挖第二层	−0.83	−0.77	−0.85	−0.88

2. 降雨工况计算结果分析

（1）桩身位移

考虑膨胀土作用第二层开挖结束后，四处桩身向基坑内侧位移曲线见图 10.18，可以看出，考虑膨胀土作用后，桩身总体位移较原始工况有明显的增大，桩总体变形趋势大致相同，上部位移收敛的形态更加明显，最大位移在 15mm～30mm 左右，最大位移出现在 5m～15m 处。BC1 处桩身位移最大，DTTF-2 处桩身位移最小。位移曲线呈现出中间大，两侧小的趋势。

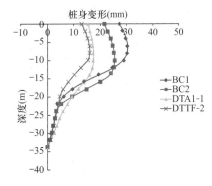

图 10.18　第二次开挖计算桩身变形曲线（降雨工况）

（2）内支撑轴力

取降雨工况第二层开挖后的内支撑轴力值，见表 10.14（正为压，负为拉）。可以看出，大部分内支撑杆件在降雨工况下轴力较原始工况有一定增加，大部分内支撑杆件仍然处于受压状态，最大压力为 7849kN，其余大部分均在 5000kN 及以下，最小压力为 60.8kN。极少部分处于受拉状态，拉力较小，最大不到 500kN，还有少部分受力不明显。可见膨胀力对基坑内支撑杆件的受力存在一定影响。

模型第二次开挖后内支撑受力情况（降雨工况）　　　表 10.14

标号	降雨工况第二次开挖计算轴力（kN）	标号	降雨工况第二次开挖计算轴力（kN）
ZCZL1-9	7849	KYZLC-2	6808
ZCZL1-10	4157	KYZLC-3	134.5
ZCZL1-11	7170	KYZLC-4	1789
ZCZL1-12	6099	KYZLC-5	−181.7
ZCZL1-7	5614	KYZLC-6	2584
KYZLB-1	471.3	KYZLC-7	−91.6
KYZLB-2	3375	KYZLC-8	−381.3
KYZLD-1	5604	KYZLC-9	60.8
KYZLD-2	2321	KYZLC-10	5285
KYZLD-3	−223.8	KYZLC-11	5638
KYZLC-1	213.2	KYZLE-1	3836

续表

标号	降雨工况第二次开挖计算轴力（kN）	标号	降雨工况第二次开挖计算轴力（kN）
KYZLE-2	4161	KYZLE-7	6172
KYZLE-3	1639	KYZLE-8	1042
KYZLE-4	5726	KYZLE-9	3404
KYZLE-5	1849	KYZLE-10	−16.7
KYZLE-6	1435		

（3）地表沉降位移

取降雨工况第二次开挖后模型地表所设监测点的地表位移如表 10.15 所示。由表可见，相比于原始工况，大部分隆起沉降位移比原始工况大，可见考虑膨胀土作用对地表的位移使有明显影响的。基坑最大沉降位移为 3.92mm，最大隆起位移为 2.69mm。

模型第二次开挖后地表监测点位移原始工况（降雨工况）　　　　表 10.15

编号	位移（mm）	编号	位移（mm）
DTJC-7	2.34	DTJC-22	−1.36
DTJC-8	1.11	DTJC-23	0.88
DTJC-9	1.85	DTJC-24	1.47
DTJC-11	2.69	DTJC-25	−1.01
DTJC-12	0.68	DTJC-26	0.71
DTJC-15	−2.33	DTJC-27	−0.89
DTJC-16	−2.67	DTJC-28	−1.39
DTJC-17	−1.31	DTJC-29	−1.62
DTJC-18	1.79	DTJC-30	−1.17
DTJC-19	−3.58	DTJC-31	−1.63
DTJC-20	−3.92	DTJC-32	−1.83
DTJC-21	−3.81	DTJC-33	−2.76

（4）地铁轨道沉降变形

降雨工况下第二层开挖计算完成后，取地铁轨道所布置的四个位移监测点，得到其位移沉降变形值（z 方向位移）见表 10.16，负值代表向下。由表可见，与第一层降雨工况开挖结束一样，第二层开挖结束后，地表沉降位移较原始工况有一定增大，但增幅较小，与第一层降雨工况相比，位移增加较为明显。可以看出，基坑支护结构显著降低了开挖对地铁影响，基坑支护结构对地铁的变形控制效果显著。

第二层开挖结束后地铁轨道沉降位移（降雨工况）　　　　表 10.16

编号	1 号（mm）		2 号（mm）		3 号（mm）		4 号（mm）	
工况	原始工况	降雨工况	原始工况	降雨工况	原始工况	降雨工况	原始工况	降雨工况
开挖第一层	−0.38	−0.41	−0.33	−0.28	−0.39	−0.43	−0.41	−0.45
开挖第二层	−0.83	−0.87	−0.77	−0.81	−0.85	−0.96	−0.88	−0.92

3. 计算值与设计值对比

第二层开挖完后，A-A 剖面与 P-P 剖面原始工况最大位移值与设计值较为接近，其他剖面值相差并不大，且模型计算各剖面最大位移的相对关系与设计值也较为接近。第二层开挖后各剖面的变形不大，在允许值之内，且数值模拟计算与设计计算可以互相印证，由此可见，设计支护结构对基坑变形有较好的约束作用，数值模型也较为可靠，可以进行下一步开挖计算。而在降雨工况充分考虑膨胀土作用之后，第二层开挖后最大位移明显加大，N-N 剖面达到 30mm，其他剖面也有明显增大。可见膨胀土对基坑位移的作用明显，在设计计算中不可忽视。

10.4.4　基坑第三次开挖围护体系及周围环境变形特征

1. 非降雨工况计算结果分析

（1）桩身位移曲线

原始工况第三次开挖 24m 计算结束后，四处桩身向基坑内侧位移曲线，见图 10.19。

可以看出，第三次开挖结束后，桩身总体位移进一步增大，尤其是开挖面以上的位移。桩总体变形趋势大致相同，最大位移不到 30mm，最大位移出现位置下移到了 15m～10m 处，各桩最大位移位置大致相同，为 10m 左右，DTA1-1 由于处于转角位置，最大位移位置稍有不同。与第二次开挖相同，BC2 处桩身位移最大，DTA1-1 处桩身位移最小。位移曲线同样呈现出中间大，两侧小的趋势，分析认为：第三次开挖时，三层内支撑都已经建好，其对位移的约束作用进一步增大，从位移曲线上就可以看出，桩顶位移有明显收敛，而第二层内支撑所在位置 8m 也处在位移的收敛段上，第三层内支撑所在位置也并不在最大位移处，对位移的约束也有一定作用。

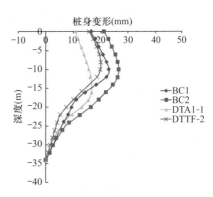

图 10.19　第三次开挖计算桩身变形曲线（原始工况）

（2）内支撑轴力

提取原始工况第三层开挖后的内支撑轴力值，见表 10.17（正为压，复为拉），可以看出，由于开挖深度的加深，第三次开挖后大部分内支撑杆件应力较前两次开挖后有明显增大，同样，大部分杆件都处于压应力状态，最大轴力出现在 KYZLE-4 处，增大到 8900kN，其余大部分均在 7000kN 及以下，极少部分处于拉应力状态，拉应力较小，最大不到 800kN，还有少部分受力不明显。

模型第三次开挖后内支撑受力情况（原始工况）　　　　表 10.17

标号	第三次开挖计算轴力（kN）	标号	第三次开挖计算轴力（kN）
ZCZL1-9	7726	KYZLC-2	7778
ZCZL1-10	4073	KYZLC-3	85.89
ZCZL1-11	8887	KYZLC-4	2108
ZCZL1-12	7254	KYZLC-5	−730.4
ZCZL1-7	6805	KYZLC-6	3124
KYZLB-1	1236	KYZLC-7	−54.74
KYZLB-2	3408	KYZLC-8	−443.4
KYZLC-1	−235.4	KYZLC-9	364.8

续表

标号	第三次开挖计算轴力（kN）	标号	第三次开挖计算轴力（kN）
KYZLC-10	6023	KYZLE-4	8900
KYZLC-11	6527	KYZLE-5	2293
KYZLD-1	6210	KYZLE-6	1452
KYZLD-2	2462	KYZLE-7	7443
KYZLD-3	−666.5	KYZLE-8	2270
KYZLE-1	4576	KYZLE-9	4072
KYZLE-2	6269	KYZLE-10	−771.4
KYZLE-3	1706		

（3）地表沉降位移

取原始工况第三次开挖后模型地表所设监测点的地表位移如表 10.18 所示。由表可见，第三次开挖结束后，由于开挖深度的加深，地表大部分监测点位移进一步增大，最大沉降位移为 6.91mm，最大隆起位移为 2.48mm。

模型第三次开挖后地表监测点位移（原始工况）　表 10.18

编号	位移（mm）	编号	位移（mm）
DTJC-7	2.48	DTJC-22	−2.09
DTJC-8	0.55	DTJC-23	0.92
DTJC-9	2.03	DTJC-24	1.49
DTJC-11	−0.52	DTJC-25	−1.35
DTJC-12	0.74	DTJC-26	0.52
DTJC-15	−2.17	DTJC-27	−0.83
DTJC-16	−2.46	DTJC-28	−1.35
DTJC-17	−1.58	DTJC-29	−2.93
DTJC-18	2.04	DTJC-30	−3.11
DTJC-19	−6.91	DTJC-31	−3.36
DTJC-20	−6.26	DTJC-32	−2.26
DTJC-21	−3.77	DTJC-33	−3.06

（4）地铁轨道沉降变形

原始工况第三层开挖计算完成后，取地铁轨道所布置的四个位移监测点，得到其位移沉降变形值（z 方向位移）见表 10.19，负值代表向下。由表可见，第一层开挖结束后，地铁轨道的沉降位移很小，不到 0.5mm，第二层开挖结束后，地铁轨道沉降位移有些许增大，但都不到 1mm，第三层开挖结束后，地铁轨道沉降位移继续增大，总体不到 2mm。可以认为，该基坑开挖第三层对地铁的影响很小，基坑支护结构显著降低了开挖对地铁影响，基坑支护结构对地铁的变形控制效果显著。

第三层开挖结束后地铁轨道沉降位移（原始工况）　表 10.19

	1 号（mm）	2 号（mm）	3 号（mm）	4 号（mm）
开挖第一层	−0.38	−0.33	−0.39	−0.41
开挖第二层	−0.83	−0.77	−0.85	−0.88
开挖第三层	−1.20	−1.13	−1.25	−1.28

2. 降雨工况计算结果分析

（1）桩身位移

取四处桩身向基坑内侧位移曲线见图 10.20。可以看出，考虑膨胀土作用第三次开挖结束后，桩身总体位移较原始工况进一步增大，尤其是上部位移。桩总体变形趋势大致相同，最大位移不到 40mm，各桩最大位移位置大致相同，为10m～15m 左右。BC1 号桩处桩身位移最大，DTA1-1处桩身位移最小。位移曲线同样呈现出中间大，两侧小的趋势。考虑膨胀土作用后，桩身位移进一步增大，由此可见膨胀土对基坑开挖面变形作用明显，需要重点考虑。

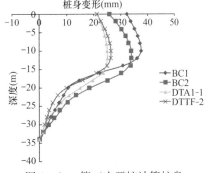

图 10.20　第三次开挖计算桩身
变形曲线（降雨工况）

（2）内支撑轴力

提取降雨工况第三层开挖后的内支撑轴力值，见表 10.20（正为压，复为拉）。可以看出，大部分内支撑杆件在降雨工况下轴力较原始工况有一定增加，少部分比原始工况有一定减小，大部分内支撑杆件仍然处于受压状态，最大压力为 9229kN，其余大部分均在 7000kN 及以下，最小压力为 49.77kN。极少部分处于受拉状态，拉力较小，最大不到 500kN。可见膨胀力对基坑内支撑杆件的受力存在一定影响。

模型第三次开挖后内支撑受力情况（降雨工况）　　　　　表 10.20

标号	降雨工况第一次开挖计算轴力（kN）	标号	降雨工况第一次开挖计算轴力（kN）
ZCZL1-9	9066	KYZLC-7	−104.2
ZCZL1-10	4937	KYZLC-8	−328.9
ZCZL1-11	9229	KYZLC-9	108.8
ZCZL1-12	7408	KYZLC-10	6803
ZCZL1-7	7118	KYZLC-11	7249
KYZLB-1	653.4	KYZLE-1	4761
KYZLB-2	4220	KYZLE-2	6963
KYZLD-1	6941	KYZLE-3	1888
KYZLD-2	2912	KYZLE-4	6945
KYZLD-3	−276.6	KYZLE-5	2590
KYZLC-1	392.5	KYZLE-6	1448
KYZLC-2	8838	KYZLE-7	7906
KYZLC-3	−117.2	KYZLE-8	3412
KYZLC-4	2849	KYZLE-9	4463
KYZLC-5	−356.2	KYZLE-10	−106.8
KYZLC-6	3645		

（3）地表沉降位移

取降雨工况第三次开挖后模型地表所设监测点的地表位移如表 10.21 所示。由表可见，相比于原始工况，地表大部分监测点位移进一步增大，最大沉降位移为 7.24mm，最大隆起位移为 2.63mm。由此可见，膨胀土的作用对基坑第三层开挖后地表位移的增大有一定影响。

模型第三次开挖后地表监测点位移（降雨工况） 表 10.21

编号	位移（mm）	编号	位移（mm）
DTJC-7	2.63	DTJC-22	−2.78
DTJC-8	1.35	DTJC-23	1.07
DTJC-9	2.41	DTJC-24	1.85
DTJC-11	−0.73	DTJC-25	−1.68
DTJC-12	0.86	DTJC-26	1.09
DTJC-15	−2.49	DTJC-27	−1.22
DTJC-16	−2.88	DTJC-28	−1.69
DTJC-17	−1.71	DTJC-29	−3.46
DTJC-18	2.11	DTJC-30	−3.27
DTJC-19	−7.24	DTJC-31	−3.58
DTJC-20	−6.49	DTJC-32	−2.95
DTJC-21	−3.91	DTJC-33	−3.86

（4）地铁轨道沉降变形

降雨工况第三层开挖计算完成后，取地铁轨道所布置的四个位移监测点，得到其位移沉降变形值（z方向位移）见表10.22，负值代表向下。由表可见，第三层开挖结束后，地表沉降位移较原始工况有一定增大，但增幅较小，与前两层降雨工况相比，位移增加较为明显。可以看出，基坑支护结构显著降低了开挖对地铁影响，基坑支护结构对地铁的变形控制效果显著。

第二层开挖结束后地铁轨道沉降位移（降雨工况） 表 10.22

编号	1 号（mm）		2 号（mm）		3 号（mm）		4 号（mm）	
工况	原始工况	降雨工况	原始工况	降雨工况	原始工况	降雨工况	原始工况	降雨工况
开挖第一层	−0.38	−0.41	−0.33	−0.28	−0.39	−0.43	−0.41	−0.45
开挖第二层	−0.83	−0.87	−0.77	−0.81	−0.85	−0.96	−0.88	−0.92
开挖第三层	−1.20	−1.42	−1.13	−1.29	−1.25	−1.17	−1.28	−1.34

3. 计算值与设计值对比

第三层开挖完后，Q-Q剖面与P-P剖面原始工况最大位移值与设计值较为接近，A-A剖面与N-N剖面模拟计算比设计值大。最大位移出现在Q-Q剖面，为26.64mm，在允许值之内，且数值模拟计算与设计计算可以互相印证，由此可见，设计支护结构对基坑变形有较好的约束作用，数值模型也较为可靠。而在降雨工况充分考虑膨胀土作用之后，第三层开挖后最大位移明显加大，N-N剖面达到37.47mm，其他剖面也有明显增大。可见膨胀土对基坑位移的作用明显，在设计计算中不可忽视。

10.5 膨胀土基坑复杂围护体系支护效果分析

10.5.1 支护效果分析

1. 桩身位移

将设计计算桩身位移值、模拟计算桩身位移值以及实际监测所得桩身位移值对比分析见表 10.23。以实际监测位移为标准，可以看到，设计位移普遍偏小，数值计算原始工况也较实际位移偏小，数值计算降雨工况较实际位移偏大，总体来看，数值计算值与实际结果较为接近，数值计算原始工况与设计计算结果比较接近，实际位移介于数值计算原始工况与降雨工况之间。相比较而言，数值计算降雨工况，即考虑膨胀土作用所得结果虽然较实际结果偏大，但更加合理。总而言之，在第一层开挖时，由于开挖深度较浅，基坑整体位移并不大，所以设计值与实际值较为接近，而随着开挖深度的加深，设计值与实际值差距越来越大，可见对于本膨胀土基坑，设计计算时没有充分考虑膨胀土作用，对于实际而言是偏于保守的，而数值模拟中充分考虑膨胀土作用的工况更加与实际情况吻合。

桩身位移对比　　　　　　　　　　　　　　　　　表 10.23

剖面号 桩号		A-A 剖面 DTA1-1	N-N 剖面 BC1	P-P 剖面 DTTF-2	Q-Q 剖面 BC2
第一层开挖完	设计最大位移值	5.99	3.29	3.63	3.62
	计算最大位移值（原始工况）	6.03	8.33	8.54	8.31
	计算最大位移值（降雨工况）	8.44	17.17	10.47	10.06
	实际监测值	6.29	11.34	5.82	6.92
第二层开挖完	设计最大位移值	7.62	8.79	13.93	13.9
	计算最大位移值（原始工况）	9.50	14.27	13.54	17.94
	计算最大位移值（降雨工况）	17.26	30.43	16.19	25.34
	实际监测值	16.24	29.27	13.05	17.95
第三层开挖完	设计最大位移值	8.00	14.63	21.91	26.34
	计算最大位移值（原始工况）	16.74	23.09	20.13	26.64
	计算最大位移值（降雨工况）	25.15	37.47	26.34	34.42
	实际监测值	21.09	39.01	24.03	31.57

2. 支撑内力

将现场监测所得内支撑轴力与数值模拟原始、降雨工况所得内支撑轴力对比见表 10.24。

内支撑轴力对比　　　　　　　　　　　　　　　　表 10.24

标号	第一次开挖（kN）			第二次开挖（kN）			第三次开挖（kN）		
	原始工况	降雨工况	实际值	原始工况	降雨工况	实际值	原始工况	降雨工况	实际值
ZCZL1-9	4037	6330	500	6367	7849	2200	7726	9066	3000
ZCZL1-10	2538	3530	3000	3331	4157	5000	4073	4937	6000
ZCZL1-11	4420	5180	3000	7097	7170	3000	8887	8729	5000
ZCZL1-12	4151	4819	4000	5718	6099	6000	7254	7408	7000
ZCZL1-7	2875	3752	2000	5237	4914	4000	6805	5818	5000
KYZLB-1	288.3	129.4	500	924.2	471.3	1000	1236	653.4	1500
KYZLB-2	2556	2471	1800	2827	2475	3000	3408	2920	3500
KYZLD-1	3470	3839	2500	5020	5604	5000	6210	6941	6000
KYZLD-2	1389	1528	900	1981	1821	2000	2462	2112	2500
KYZLD-3	302.6	−178.6	800	509.1	−223.8	2000	−666.5	−276.6	2800
KYZLC-1	−63.7	198.5	140	−96.09	213.2	−500	−235.4	392.5	−270
KYZLC-2	3495	2996	2000	6102	4208	2500	7778	4838	3000

标号	第一次开挖（kN）			第二次开挖（kN）			第三次开挖（kN）		
	原始工况	降雨工况	实际值	原始工况	降雨工况	实际值	原始工况	降雨工况	实际值
KYZLC-3	−88.5	−139.4	1200	3.38	−134.5	2000	85.89	−117.2	3500
KYZLC-4	1451	1290	1300	1648	1789	1500	2108	1849	2400
KYZLC-5	−263	−9.9	−170	−510.2	−181.7	−400	−730.4	−356.2	−600
KYZLC-6	2495	2507	2000	2477	2584	2400	3124	3045	3300
KYZLC-7	−61.9	−88.1	100	−32.76	−91.6	150	−54.74	−104.2	600
KYZLC-8	−291	−252.9	−300	−365.8	−381.3	−300	−443.4	−428.9	−600
KYZLC-9	4.3	−76.4	300	267.2	60.8	500	364.8	108.8	1500
KYZLC-10	4318	4752	2500	5094	5285	3000	6023	5903	4000
KYZLC-11	4252	4754	2000	5326	5138	3000	6527	5849	4000
KYZLE-1	2846	2869	1000	3716	3836	1000	4576	4761	2000
KYZLE-2	1790	3439	2000	4104	4161	500	6269	5963	3000
KYZLE-3	933.5	1346	1000	1252	1639	1500	1706	1888	1700
KYZLE-4	7225	4357	6000	8310	5726	6000	8900	6945	2000
KYZLE-5	1326	370.4	600	1736	1849	800	2293	2590	1500
KYZLE-6	1010	946.3	3000	1246	1235	4000	1452	1448	4500
KYZLE-7	4539	2456	4000	5867	3172	4500	7443	3906	6000
KYZLE-8	311.2	136.8	2000	234.7	−42.45	3000	2270	49.77	4000
KYZLE-9	2702	2952	3000	3320	3404	3500	4072	3963	4000
KYZLE-10	15.1	156.1	3000	−526.7	−16.7	3500	−771.4	−106.8	4500

　　由表 10.25 可以看出，总体而言，降雨工况比原始工况所计算得到的轴力值更大。降雨工况第一层开挖计算后，大部分内支撑杆件仍然处于受压状态，最大压力为 6330kN，其余大部分均在 5000kN 及以下，最小压力为 129.4kN。极少部分处于受拉状态，拉力较小，最大不到 500kN，还有少部分受力不明显。大部分模拟计算值与实际值较为接近，由于实际基坑开挖过程中变形复杂，所以有少部分轴力不吻合属于正常范畴。

　　降雨工况第二层开挖计算后，大部分内支撑杆件仍然处于受压状态，最大压力为 7849kN，其余大部分均在 5000kN 及以下，最小压力为 60.8kN。极少部分处于受拉状态，拉力较小，最大不到 500kN，还有少部分受力不明显。第二层开挖后，数值模拟计算值较第一层开挖有一定增大，总体也与实际监测所得第二层开挖后内支撑轴力值比较吻合，进一步证明模型较为正确可靠。

　　降雨工况第三层开挖计算后，大部分内支撑杆件仍然处于受压状态，最大压力为 9229kN，其余大部分均在 7000kN 及以下，最小压力为 49.77kN。极少部分处于受拉状态，拉力较小，最大不到 500kN。第三层开挖后，数值模拟计算值较第二层开挖有一定增大，总体也与实际监测所得第三层开挖后内支撑轴力值比较吻合，充分证明模型较为正确可靠。

　　总之，模拟计算大部分杆件受力与实际所得相近，少部分存在差异，由于内支撑由许多杆件组成，受力情况十分复杂，模型大部分结果与实际较为吻合，个别差异在可接受范围内。相比而言，降雨工况所得内支撑轴力值更加合理。

3. 地表位移

将实际监测所得地表位移与数值模拟原始工况、降雨工况所得地表监测点位移对比见表 10.25。

地表位移对比（mm）　　　　　　　　　　　　　　　　　　　表 10.25

工况	第一层开挖			第二次开挖			第三层开挖		
	原始工况	降雨工况	实际监测	原始工况	降雨工况	实际监测	原始工况	降雨工况	实际监测
DTJC-7	1.21	1.38	2.40	2.04	2.34	2.80	2.48	2.63	1.30
DTJC-8	−0.24	−1.08	−0.60	0.42	1.11	0.80	0.55	1.35	−0.6
DTJC-9	1.68	1.72	2.00	1.6	1.85	1.90	2.03	2.41	2.30
DTJC-11	2.25	2.37	4.50	2.47	2.69	−2.60	−0.52	−0.73	−3.40
DTJC-12	−1.69	−1.48	1.80	0.57	0.68	1.00	0.74	0.86	1.20
DTJC-15	−1.29	−2.18	−0.30	−2.06	−2.33	−0.50	−2.17	−2.49	−2.30
DTJC-16	1.73	1.28	0.10	−2.21	−2.67	−0.70	−2.46	−2.88	−2.30
DTJC-17	−0.99	−1.82	0.60	−1.27	−1.31	0.60	−1.58	−1.71	−2.00
DTJC-18	1.24	1.40	1.80	1.53	1.79	1.90	2.04	2.11	0.00
DTJC-19	−0.93	−2.38	−3.40	−3.33	−3.58	−4.70	−6.91	−7.24	−8.40
DTJC-20	−1.23	−1.81	−2.00	−3.75	−3.92	−3.00	−6.26	−6.49	−6.10
DTJC-21	−1.42	−2.51	−3.10	−3.64	−3.81	−3.50	−3.77	−3.91	−2.70
DTJC-22	−1.06	−1.21	−1.40	−1.12	−1.36	−1.9	−2.09	−2.78	−4.80

（注：最左侧有"编号"竖排列标签，适用于全部 DTJC 行）

从表 10.26 中可以得到，总体来看，第三层开挖结束后，24 个位移监测点中计算值与实际值方向相同且差距较小（差值小于 2mm）的有 16 个点，计算值与实际值方向相同且差距较大（差值大于 2mm）的有 4 个点。超过 2mm 的差值分别为 2.11mm，2.67mm，3.05mm，4.94mm，最大差值 4.94mm，出现在地铁通风口最靠近基坑一侧的 DTJC-29，实际值为 −8.40mm，计算值为 3.46mm，这是由于模型计算时并没有建立通风口模型，而实际 DTJC-29 离基坑最近，所以沉降位移最大，模型计算时附近地形为实体土体，所以沉降位移小于实际。计算值与实际值方向相反的有 4 个点，其中，DTJC-8 实际值为 −0.6mm，计算值为 1.35mm，DTJC-8 位于基坑右上侧地铁 A1 入口处，模型计算时并未建立地铁入口模型，而实际是存在入口的，所以开挖后实际表现为沉降位移，而模型计算为隆起位移，但即使方向不同，但位移值相差很小，不到 2mm。DTJC-23 实际值为 −0.6mm，计算值为 1.07mm，DTJC-23 位于基坑右下侧地铁通风口处，模型计算时并未建立地铁通风口模型，而实际是存在的，且模型计算并没有实际工况复杂，所以开挖后实际表现为沉降位移，而模型计算为隆起位移，同样，其位移值相差很小，不到 2mm。DTJC-25 实际值为 0.30mm，计算值为 −1.68mm，DTJC-28 实际值为 0.4mm，计算值为 −1.69mm，DTJC-25，DTJC-28 位于基坑右下侧地铁通风口处，与 DTJC-23 一样，由于存在地铁通风口，所以实际开挖影响较为复杂，与模型稍有不吻合，但相差均很小。

总之，模拟计算大部分位移与实际监测位移相近，即使有少部分点位移方向不同，但相差都很小，这是由于实际现场存在诸多其他影响因素且现场情况没有数值模拟计算中理想，模型计算时没有考虑现场某些较为复杂的结构，所以现场数据有少部分存在不规律变动，与模拟结果有一定差距，但总体模型计算结果与实际比较吻合。相比较而言，降雨工况所得地表位移与实际更加接近，再一次证明，充分考虑膨胀土作用的计算与实际更加吻合。

10.5.2 基坑开挖对周围环境的影响

对该基坑进行支护结构的设计计算，确定实际的支护结构主要由钻孔灌注桩与内支撑结构组成。设计计算中，由于计算方法的局限，并没有充分考虑膨胀土的作用，在此条件下设计的支护结构在设计计算中变形在合理范围内，对基坑变形有较强的约束作用，可以认为对地铁结构有较好的变形控制作用。实际上设计计算的位移值比实际值小，而随着开挖深度的加深，设计计算的位移越来越不符合现场实际的变形值，证明设计计算方法在考虑膨胀土作用方面存在一定不足，对膨胀土的作用考虑得并不充分，导致设计计算变形值小于现场实际监测值。

认识到设计计算方法存在一定缺陷，所以针对设计支护结构进行数值模拟计算，通过数值模拟计算的方法得到基坑变形数据以及地铁变形数据。数值模拟计算分为两部分，一部分是原始工况，即不考虑膨胀土作用下的基坑开挖计算，另一部分是降雨工况，即考虑膨胀土作用下的基坑开挖计算，考虑膨胀土作用下的基坑变形与受力更加符合现场实际监测数据。由桩身位移曲线、内支撑轴力值与地表位移监测与实际监测数据较为吻合可以认为，数值模型的建立是正确的，所以通过数值模拟计算结果所得到的地铁轨道变形可以认为是实际的地铁轨道变形。

模型计算地铁轨道变形如表 10.26 所示，可以看到，基坑开挖对地铁结构的变形存在一定影响，地铁轨道的沉降变形随着基坑开挖深度的加大而增大，但总体都不大，基坑第三层开挖完后，地铁轨道最大沉降位移为 1.42mm，经查阅相关规范综合确定，地铁结构变形的控制标准为地铁轨道的垂直沉降值小于 20mm。可见基坑的开挖变形对地铁结构的影响较小，基坑开挖并未引起地铁轨道结构发生较大位移，基坑支护结构对地铁轨道的变形控制作用十分明显。而对于地铁附属设施而言，基坑第三层开挖完后，地表最大隆起位移为 2.3mm，位于地铁 A1 出口位置，最大沉降位移为 8.4mm，位于地铁通风口处，均小于标准控制值，可见基坑支护结构对地铁附属设施的控制作用也较为明显。

数值模拟计算地铁轨道沉降值　　　　　　　　　　　表 10.26

编号	1 号（mm）		2 号（mm）		3 号（mm）		4 号（mm）	
工况	原始工况	降雨工况	原始工况	降雨工况	原始工况	降雨工况	原始工况	降雨工况
开挖第一层	−0.38	−0.41	−0.33	−0.28	−0.39	−0.43	−0.41	−0.45
开挖第二层	−0.83	−0.87	−0.77	−0.81	−0.85	−0.96	−0.88	−0.92
开挖第三层	−1.2	−1.42	−1.13	−1.29	−1.25	−1.17	−1.28	−1.34

10.6　本章小结

通过理论分析、数值计算、现场监测等方法，对膨胀土超深基坑分层开挖对既有地铁设施变形控制的效果进行了分析研究。基坑实际的变形值比设计值大且超出预警值，地铁及其附属结构也出现了一定的变形，但均稳定在可控范围内，表明目前的支护体系对边坡变形以及既有地铁设施变形控制较为明显。同时，由于紧邻地铁，膨胀土基坑开挖对临近地铁存在一定影响，但地铁轨道沉降变形较小，表明支护结构对地铁轨道的变形控制较为明显。具体来说：

（1）在基坑支护结构设计计算时，现有的计算方法对膨胀力的作用考虑得并不充分，在设计计算时应充分考虑膨胀土作用对基坑支护结构变形的影响，否则设计计算将相对危险，不利于基坑安全。

（2）由于紧邻地铁，工程基坑开挖对临近地铁存在一定影响，但地铁轨道沉降变形较小，表明支护结构对地铁轨道的变形控制较为明显。

（3）在土基坑中，基坑开挖对地铁结构的变形起主要作用，而膨胀土的作用也会对地铁变形带来一定影响，在类似工况中不可忽视，需要充分考虑。

第11章　膨胀土基坑支护结构改进实践

11.1　概述

现阶段，多种多样的支护结构类型及复合支护体系，例如悬臂桩、双排桩、土钉、预应力锚索、内支撑以及他们的不同组合形式等已经在膨胀土深基坑工程中得到了广泛应用与尝试。工程实践表明，一些支护结构如悬臂桩等由于不能有效支护膨胀土边坡变形而造成基坑工程事故，另外一些如桩锚支护、双排桩等虽然保证了膨胀土基坑工程的正常施工，但是由于对其支护效果没有清晰地认识造成工程材料的浪费及造价的提高。基于此，本书作者针对膨胀土基坑支护结构开展了一系列的改进实践研究，如玄武岩纤维复合筋材岩土锚固技术、高压旋喷扩大头锚索技术，并对现行支护结构使用效果的影响因素通过数值模拟的手段开展了优化设计，同时对考虑裂隙性膨胀土基坑土压力计算方法进行了改进。旨在通过膨胀土基坑设计实践的研究，为以后的膨胀土基坑支护设计提供有益的参考价值。

11.2　玄武岩纤维复合筋材在膨胀土基坑支护中应用实践

目前，玄武岩筋材从未在岩土工程中有过应用，缺乏相关的工程经验，考虑到锚杆工程可验证玄武岩筋材锚固特性，亦可通过破坏试验检验玄武岩筋材锚杆的抗剪性能，因此实践研究同时开展玄武岩筋材锚杆边坡工程和玄武岩筋材锚索基坑工程，通过验证玄武岩筋材在岩土工程中的锚固特性和可靠性，为下一步的应用研究提供可靠依据和工程经验。

11.2.1　玄武岩筋材锚杆基坑工程应用

1. 工程概况

选取的玄武岩筋材锚杆应用边坡工程位于成都市驿都大道与椿树街交汇处的成都绿地中心468基坑项目西侧。边坡场地原为弃土堆填场，边坡土体全部为新近人工填土，填土类型较为杂乱，以黏土为主（场地工程地质条件见第9章相关内容）。该边坡坡面高度5.5m，开挖坡比为1∶0.75，边坡采用锚杆＋挂网喷浆支护，锚杆采用直径14mm玄武岩筋材，挂网采用直径4mm玄武岩筋材。共设计了3排锚杆，锚杆竖向间距1.5m，水平间距2m，其中第1、3排锚杆长度为8m，第2排锚杆长度为9m，挂网网筋间距为150mm。

玄武岩筋材锚杆支护边坡应用工程照片如图 11.1 所示。

图 11.1　玄武岩筋材锚杆支护边坡应用工程照片

2. 锚杆制作与施工

按照锚杆长度截取玄武岩纤维复合筋材，通过黏结套筒在每根玄武岩纤维复合筋材顶部连接专用锚头，锚头长度为 30cm，锚头顶部焊接有十字挂网钢架。同时，为了对应用边坡中玄武岩筋材锚杆受力特性进行长期监测，还选取了 2 根 9m 长玄武岩筋材锚杆作为长期监测锚杆，用于监测锚杆受力情况。锚杆测力计从距锚杆端部 2m 处开始安装，安装间距为 2m。制作完成的玄武岩筋材锚杆和测力元件安装照片如图 11.2 所示。

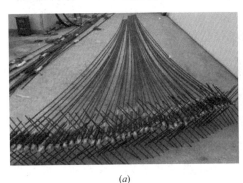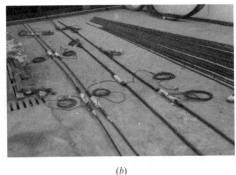

(a)　　　　　　　　　　　　　　　　　　(b)

图 11.2　制作的玄武岩复合筋材锚杆

(a) 制作完成的玄武岩筋材锚杆；(b) 锚杆安装元件照片

锚杆制作完成后，按照以下步骤进行施工：

（1）开挖清理原始边坡，开挖至设计坡度，整平坡面，按设计要求测量确定锚杆钻孔孔位，并标注；

（2）采用风钻在设计孔位钻孔至要求的深度，钻孔要求深度超过锚杆设计长度 0.5m 以上，锚孔偏斜度不应大于 5%，锚孔定位偏差不宜大于 20mm；

（3）钻孔完成后用高压风将钻好的锚杆孔中的岩屑吹除，每隔 2.0m 设置对中支架，将加工好的锚杆缓慢放入钻孔中，并同时放入注浆管；

（4）采用直径 4mm 玄武岩筋材在坡面挂网，挂网时将锚杆锚头预留在面网外侧，并使用扎丝和面网绑扎连接；

（5）对锚杆进行注浆，按设计的配合比拌制 M30 的水泥砂浆，将注浆管插至孔底后，用注浆机将水泥砂浆注入锚杆孔内；

（6）对坡面进行混凝土砂浆喷射处理，喷射厚度大于 8cm，并保证覆盖整个面网。

施工照片如图 11.3 所示。

图 11.3　玄武岩筋材锚杆施工照片

（a）玄武岩筋材锚杆安装；（b）玄武岩筋材网筋铺设；（c）锚头与网筋；

（d）锚杆注浆施工；（e）坡面喷浆施工；（f）施工完成后的边坡

3. 应用效果

该玄武岩筋材锚杆支护边坡于 2014 年 3 月 19 日施工完成，施工完成后共进行了 8 个月的锚杆受力与边坡变形监测工作，监测周期内包含了整个雨季。长期监测锚杆 S1、S2 上不同位置的轴力-时间曲线如图 11.4 所示，图中 4 条曲线分别代表距离锚杆顶部 2m、4m、6m 和 8m 处的锚杆拉力。从图中可以看出，锚杆顶部的拉力最大，随着深度的增加，拉力逐渐减小，锚杆最大拉力约为 15kN。

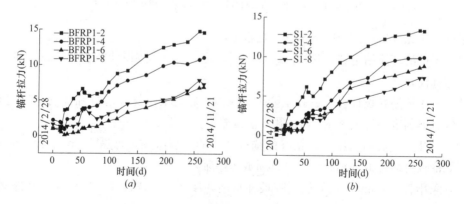

图 11.4　玄武岩筋材锚杆拉力随时间变化曲线

（a）S1 锚杆；（b）S2 锚杆

在坡顶布置的测斜管测试结果如图 11.5 所示。从图中可以看出，随着时间的增加边坡变形也在逐渐增大，但整体变化幅度很小，坡顶最大水平位移仅 1.2mm，由此可以认为，玄武岩筋材锚杆有效控制了边坡的变形，支护效果良好。

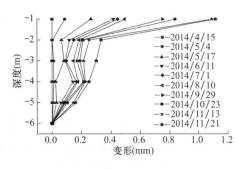

在实际工程中，该边坡使用超过两年后因基坑回调清除，使用期间边坡变形量始终较小，未出现变形过大或开裂滑塌情况，玄武岩筋材锚杆在边坡支护中的应用非常成功。

图 11.5　坡顶测斜管测试结果

11.2.2　玄武岩筋材锚索基坑工程应用

1. 工程概况

选取的玄武岩筋材锚索应用边坡工程位于成都市驿都大道与椿树街交汇处的成都绿地中心项目 8 号地块（场地工程地质条件见第 9 章相关内容），8 号地块两侧分别采用了支护桩＋3 道内支撑和支护桩＋1 道圆环撑＋4 道锚索的支护方案。由于玄武岩筋材锚索尚未有过工程应用经验，因此在本次应用中仅选取了圆环撑＋锚索支护方案中的南侧边坡的第 1 道锚索进行应用研究，如图 11.6（a）中选定部分。

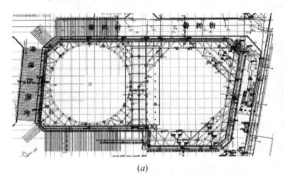
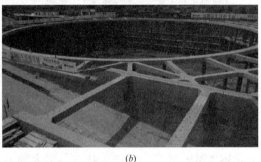

(a)　　　　　　　　　　　　　　　　　　(b)

图 11.6　玄武岩筋材锚索应用区段示意图
(a) 应用区段示意图；(b) 基坑现场照片

2. 锚索制作与施工

玄武岩筋材锚索设计方案，是由原钢绞线锚索设计方案为基础采用等强度替换所得。原设计方案中锚索选用 5 根直径 15.2mm 的 HRB400 钢绞线，屈服张拉荷载为 1100kN。玄武岩纤维复合筋材的抗拉强度标准值为 750MPa，计算得到直径 14mm 玄武岩纤维复合筋材的名义屈服张拉荷载为 115kN。根据等强度替换原则，可采用 10 根 14mm 玄武岩纤维复合筋材替代原方案中 5 根 15.2mm 钢绞线，此处计算忽略筋材根数对锚索张拉力的影响。

为了对应用边坡中玄武岩筋材锚索受力特性进行分析，选取了 2 根锚索作为长期监测锚索，通过在锚具上直接安装锚索拉力计来监测锚索拉力。

玄武岩筋材锚索按照如下步骤制作：

（1）截取设计长度的玄武岩纤维复合筋材，通过连接套筒在每根玄武岩筋材的顶部黏

235

结特制的压制式套筒锚具，锚具长为 60cm，玄武岩筋材与延长钢绞线（张拉变形用）各进入套筒 30cm；

（2）向套筒内注胶，然后插入筋材，待胶水凝固后再注胶插入钢绞线；

（3）将玄武岩筋材用塑料锚索支架固定，中间插入注浆管，完成玄武岩筋材锚索制作。

玄武岩筋材锚索制作完成后按照如下步骤施工：（1）测量确定设计锚索点位，并在点位处标记；（2）利用设备完成钻孔后，将制作好的玄武岩筋材锚索插入孔中，采用人工下锚方式；（3）利用注浆管进行锚索注浆；（4）安装锚具和锚索应力计，按照设计要求采用分级张拉方式进行预加力张拉；（5）安装锚索应力计保护盒等后续工作。安装过程如图 11.7 所示。

图 11.7　制作完成的玄武岩筋材锚索
（a）锚索安装；（b）注浆；（c）锚索张拉

3. 应用效果

现场监测得到的玄武岩筋材锚索轴力随时间变化曲线如图 11.8 所示，从图中可以看出，锚索预加力施加完成后，由于基坑的开挖使得锚索轴力有一定的增加，但变形稳定后锚索轴力基本处于一个稳定状态，最大轴力约 300kN。基坑已于 2016 年 12 月完全回填完毕，基坑变形仍处于变形容许范围内，因此可认为玄武岩筋材锚索锚固效果较好。

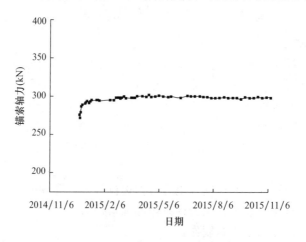

图 11.8　锚索轴力随时间变化曲线

11.3　高压旋喷扩大头锚索技术在膨胀土基坑中应用实践

11.3.1　工程概况

项目场地位于龙泉驿区龙都北路以南建材路以东（交汇处）。建筑面积约 38 万 m²，包含 5 栋高层住宅、2 栋高层公寓及办公楼和酒店。基坑周长为 352.0m，基底标高为 498.7m，根据建设单位提供数据：基坑深度以场地地坪标高至对应段基底标高算出对应段的深度，场地标高分别为 514.0m～514.5m，开挖基坑深度分别为 15.3m、15.8m。

基坑周边环境：

（1）拟开挖基坑北侧：为已有平安粮站 6 层宿舍，无地下室，基坑开挖边线距建筑物距离约 8.2m；

（2）基坑东侧：为已有建筑物，大部分为一层，局部为两层，一层建筑物距离基坑开挖线最近距离为 3.4m，二层基坑开挖边线距离建筑物距离约为 6.0m；

（3）基坑南侧：为已有道路，基坑开挖边线距离道路用地红线距离约为 13.7m。

根据基坑深度及周边建筑物情况，该基坑工程按期等级为一级，基坑支护平面图如图 11.9 所示。

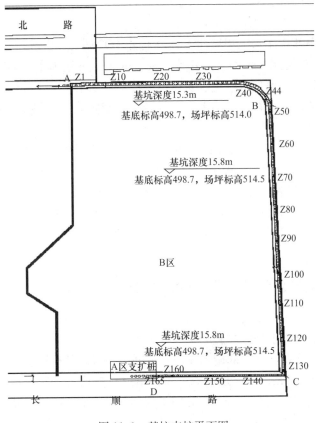

图 11.9　基坑支护平面图

11.3.2 场地工程地质条件

拟建场地平坦，场地内空口高程在 513.69m～514.74m 之间，最大高差约 1.05m，在地貌单元上属于冰水沉积的合地。

经勘察查明，钻探揭露深度范围内，场地土主要由第四系全新统人工填土（Q_4^{ml}）、第四系中更新统冲积黏性土层（Q_2^{al}）、第四系中更新统冰水沉积黏性土、粉土层（Q_2^{fgl}）及白垩纪上统灌口组泥岩（K_{2g}）组成。各层土的构成和特征分述如下：

（1）第四系全新统人工填土（Q_4^{ml}）

杂填土①₁：色杂，以黑褐色为主，松散，稍湿，主要以碎砖块、混凝土渣等建筑垃圾为主，局部含少量生活垃圾。部分场地分布，层厚 0.80m～2.10m。

素填土①₂：黄褐色、青灰色，稍密，稍湿，主要以粉质黏土为主，局部表层发育少量植物根茎。全场地分布，层厚 1.20m～5.10m。

（2）第四系中更新统冲积黏性土层（Q_2^{al}）

黏土 2：青灰、黄褐色，可塑为主，局部呈硬塑，裂隙发育，局部充填有灰白色黏土矿物，并含有少量铁锰质氧化物，局部黄褐色矿物或青灰色矿物含量增多，具弱膨胀性。建场地局部有分布，厚度约 7.20m～15.80m。

粉质黏土③₁：橘黄色、青灰色及黄褐色，可塑为主，局部硬塑，微裂隙发育，局部相变为青灰色粉质黏土，部分地段砂质含量较高变为粉土，层厚 2.30m～12.10m。

粉质黏土③₂：青灰色、黄褐色，软塑状，分布无规律，含少量铁锰质氧化物，仅在场地局部地段分布，层厚 1.20m～3.70m。

（3）第四系中更新统冰水沉积黏性土、粉土层（Q_2^{fgl}）

粉质黏土④₁：青灰色、橘黄色、灰黄色及黄绿色，可塑为主，局部硬塑，干强度中等，裂隙发育，期间充填大量青灰色、灰白色或橘黄色黏土矿物，并混有 10％～20％圆砾或角砾，磨圆度一般，一般粒径约为 1.0m～2.0cm，该层在拟建场地局部地段分布。该层厚度约 2.10m～6.90m。

黏土④₂：橘黄色、砖黄色或黄绿色，可塑为主，局部硬塑，干强度高。混有约 10％～20％圆砾或角砾，磨圆度一般，一般粒径约为 1.0m～2.0cm，底部砂质含量较高，相变为粉土或细砂，广泛分布于整个场地，层厚约 1.40m～7.90m。

粉土④₃：青灰色、黄褐色，稍湿—饱和，中密—密实，黏粒含量较高，可搓成条，局部砂质含量较高渐变为粉细砂。遇水易散，强度迅速降低，分布于整个场地，层厚 3.10m～7.70m。

11.3.3 高压旋喷扩大头锚索设计参数试验

本次现场试验目的是为了建立施工参数与扩大头尺寸、成形效果、注浆质量的关系，确定出适用于成都硬塑黏土地区的旋喷扩大头施工参数。

根据试验目的，共设计了不同旋喷压力和不同旋喷时间的试验扩大头锚索 6 组，试验锚索长 10m，扩大头长 5m，根据现场剩余土体情况尽量增大开孔角度。其中压力影响因数试验 4 组，固定旋喷时间为 20min，分别采用 20MPa、25MPa、30MPa 和 35MPa 的旋喷压力进行扩孔施工。旋喷时间影响因素试验 3 组，固定旋喷压力 25MPa，分别采用

15min、20min 和 25min 的旋喷时间进行扩大头施工。设计的 6 组试验锚索的施工参数如表 11.1 所示。施工完成后对所有的试验扩大头进行开挖质量对比分析，评价不同施工参数下的高压旋喷扩大头锚固体尺寸及成形质量。

旋喷扩大头锚索施工参数试验工况统计表　　　　　　　表 11.1

编号	旋喷压力（MPa）	旋喷时间（min）	扩大头长度（m）
S1	20	20	5
S2	25	20	5
S3	30	20	5
S4	35	20	5
S5	25	15	5
S6	25	25	5

1. 旋喷压力影响分析

现场旋喷扩大头锚索施工完成 14d 后，将锚索周边土体开挖后取芯，对旋喷扩大头部分锚固体尺寸及质量进行测量。由于开挖出的锚固体并非规则的圆柱体，因此采用周长替代直径用于描述扩大头锚固体的外形尺寸。

S1～S4 号试验锚索旋喷施工时间为 20min，旋喷压力分别为 20MPa、25MPa、30MPa 和 35MPa。开挖出的试验锚索扩大头锚固体照片如图 11.10 所示。从开挖后的锚固体现场观察与测量结果可知，扩大头锚固体质感坚硬，表面凹凸粗糙度高，锚固体与土体无明显分界线，边界由强度稍高的水泥土逐渐过渡为黏土。其中 S1 试验锚索实测扩大头周长约 87cm，S2 试验锚索实测扩大头周长约 94cm，S3 试验锚索实测扩大头周长约 97cm，S4 试验锚索实测扩大头周长约 108cm。

图 11.10　开挖后的扩大头锚固体照片

绘制出旋喷压力与扩大头锚固体周长的关系曲线，如图 11.11 所示。从图中可以看出，锚固体周长随着旋喷压力的增大而增加。根据实测结果回归分析出线性拟合公式如下所示：

$$L = 0.66P + 80$$
$$R^2 = 0.951 \tag{11.1}$$

式中，L 为锚固体周长；P 为旋喷压力。

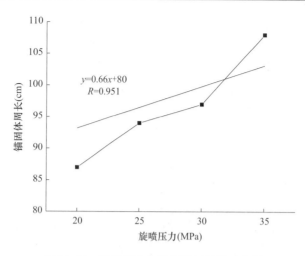

图 11.11　旋喷压力与锚固体周长关系曲线

2. 旋喷时间影响分析

S5、S2、S6 号试验锚索旋喷施工压力为 25MPa，旋喷时间分别为 15min、20min 和 25min。试验锚索扩大头锚固体开挖后照片如图 11.12 所示，从开挖后的锚固体现场观察与测量结果可知，扩大头锚固体质感坚硬，表面凹凸粗糙度高，锚固体与土体无明显分界线，边界由强度稍高的水泥土逐渐过渡为黏土。其中 S5 试验锚索扩大头锚固体在开挖过程中损坏，估算周长约 88cm；S6 试验锚索挖出的扩大头锚固体仅剩余尾端部分，实测周长 98cm，估算扩大头平均周长应超过 100cm。

图 11.12　开挖后的扩大头锚固体照片
（a）S5 锚索；（b）S6 锚索

绘制出旋喷时间与扩大头锚固体周长的关系曲线，如图 11.13 所示。从图中可以看出，锚固体周长随着旋喷时间的增加而增大。根据实测结果回归分析出线性拟合公式如下所示：

$$L = 0.5t + 83.33$$
$$R^2 = 0.987 \tag{11.2}$$

式中，L 为锚固体周长；t 为旋喷时间。

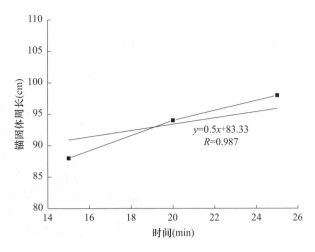

图 11.13　旋喷时间与锚固体周长关系曲线

11.3.4　旋喷扩大头锚索抗拔力及应用效果分析

1. 旋喷扩大头锚索抗拔力试验

利用拉拔设备对现场试验场地内工程锚索进行抗拉力测试，现场试验照片如图 11.14 所示。考虑到试验对象为工程锚索，因此在拉拔力试验过程中并未进行破坏试验，但最大试验拉力均超过 800kN，远大于设计抗拔力。

通过对现场 6 根工程锚索拉拔力试验结果可知（见表 11.2），全部测试锚索抗拔力均在 600kN 以上，锁定后预加力均超过 500kN，锁定值约为张拉值的 70%，试验结果表明该旋喷扩大头锚索完全满足设计要求。

图 11.14　工程锚索拉拔力测试照片

工程锚索拉拔力试验结果　　　　　　　　　　　　　　表 11.2

锚索编号	实测锚索拉力（kN）	锁定后预加力（kN）	锁定值/张拉值
SL1	875	602	68.8%
SL2	915	625	68.3%
SL3	879	611	69.5%
SL4	821	614	74.8%
SL5	839	647	77.1%
SL6	827	540	65.3%

2. 旋喷扩大头锚索应用长期监测

为了分析高压旋喷扩大头锚索应用效果，在研究依托工程现场选取了基坑西北侧边坡 Z21～Z24 桩间锚索进行监测，监测布置示意图如图 11.15 所示。对该新型旋喷扩大头锚索的受力特征及预应力情况进行长期监测，分析该锚索在全生命首期内的预应力损失及松弛情况。基坑现场监测工作照见图 11.16。

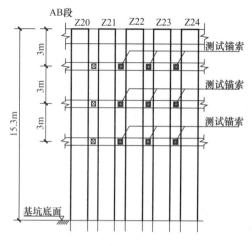

图 11.15　现场长期监测断面布置

图 11.16　基坑现场监位置测照片

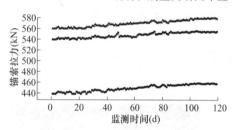

图 11.17　第一排锚索监测结果

现场三排锚索长期监测结果如图 11.17～图 11.19 所示。从图中可以看出，当锚索施加预加力后，在一定时间范围内，锚索拉力大小稳定，并没有出现明显的损失。随着基坑的继续开挖，受基坑变形影响，锚索拉力出现了一定的增大，拉力最大增幅约 20kN，但锚索总体拉力均远小于其自身抗拔力。

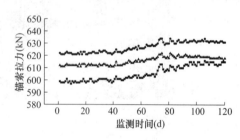

图 11.18　第二排锚索监测结果

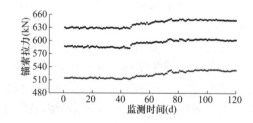

图 11.19　第三排锚索监测结果

11.4　考虑降雨、施工动荷载影响的基坑支护结构改进实践

11.4.1　工程概况

某深基坑工程项目位于成都市东部，拟建场地地处成都平原岷江水系Ⅲ级阶地，为山前台地地貌，地形有一定起伏，地面高程 519.22m～527.90m，最大高差为 8.68m。经勘察查明，在钻探揭露深度范围内，施工场地内部岩土主要由第四系全新统人工填土（Q_4^{ml}）、其下的第四系中、下更新统冰水沉积层（Q_{1+2}^{fgl}）和白垩系上统灌口组（K_{2g}）泥岩构成。

①$_1$：杂填土（Q_4^{ml}），主要分布于已拆建筑和既有建筑的基础、地坪等范围。钻探揭露层厚 0.30m～2.80m。

①$_2$：素填土（Q$_4^{ml}$），黑褐—黄褐色，稍湿—很湿，多以黏性土、粉粒为主，该层场地普遍分布，钻探揭露层厚 0.40m～5.50m。

②：黏土（Q$_3^{al+pl}$），硬塑—坚硬，层底多含砾石、卵石，局部地段无分布。黏土中分布的裂隙情况如下：1）埋深 2.0m 以上，网状裂隙较发育，裂隙短小而密集，上宽下窄，较陡直而方向无规律性，将黏土切割成短柱状或碎块，隙面光滑，充填灰白色黏土薄层，厚 0.1cm～0.5cm。2）埋深 2.0m 以下，网状裂隙很发育，局部分布有水平状裂隙，裂隙倾角多呈闭合状，裂隙一般长 3cm～16cm，间距为 3cm～45cm，充填的灰白色黏土厚 0.1cm～2.0cm，倾角变化为 4°～40°，少量为 60°～70°。网状裂隙交叉部位，灰白色黏土厚度较大。3）该层呈层状分布，局部缺失，具有弱膨胀潜势，层底局部相变为粉质黏土，钻探揭露层厚 2.00cm～8.70m。

③：粉质黏土（Q$_3^{al+pl}$），硬塑—可塑。颗粒较细，网状裂隙较发育，裂隙面充填灰白色黏土，在场地内局部分布，钻探揭露层厚 1.30m～4.50m。

④：含卵石粉质黏土（Q$_3^{al+pl}$），硬塑—可塑，以黏性土为主，含少量卵石，卵石粒径以 2cm～5cm 为主，含量约 15%～40%。该层局部夹厚度 0.3m～1.0m 的全风化状紫红色泥岩孤石。该层普遍分布，钻探揭露层厚 0.70m～12.30m。

⑤：卵石层（Q$_3^{al+pl}$），稍湿—饱和，稍密—中密，粒径多为 2cm～8cm，少量卵石粒径可达 10cm 以上。该层场地内局部分布，钻探揭露层厚 0.30m～8.10m。

⑥：泥岩（K$_{2g}$），泥状结构，薄层—巨厚层构造，局部夹乳白色碳酸盐类矿物细纹，局部夹 0.3m～1.0m 厚泥质砂岩透镜体。场地内岩层产状约在 300°∠11°。根据风化程度可分为全风化泥岩、强风化泥岩、中等风化泥岩、微风化泥岩。

⑦：强风化泥质砂岩（K$_{2g}$），风化裂隙很发育—发育，岩体破碎，岩石结构清晰可辨。该层以透镜体赋存与泥岩中。钻探揭露该层层厚 0.40m～0.90m。

11.4.2　数值计算模型建立

1. 模型建立

根据基坑实际规模以及发生变形破坏时的开挖深度、支护结构，建立模型。模型长×宽×高分别为 270m×240m×30m，其中基坑规模为 212m×208m×8m，共有 349800 个单元，357064 个节点。模型自上而下共分四层地层，其中 0m～3m 为素填土，3m～11m 为黏土层，11m～19m 为强风化泥岩层，19m～30m 为中风化泥岩层。模型地层根据勘察报告及计算书设置。

模型支护结构依照现场实际情况，主要有钻孔灌注的排桩-冠梁结构与角撑结构，其中钻孔灌注支护桩桩长均为 23m，所有桩桩径均为 1m，桩间距 2m。满足一般数值模型中模型边界距离计算基坑边坡边缘 3 倍以上桩径的要求。模型除角撑是用结构单元建立，其余结构均用实体单元建立。全基坑模型及角撑结构单元见图 11.20。

由于需对 FLAC^{3D}模型进行动力学响应分析，所以只选取其中发生变形破坏的 220 断面进行分析，建立 220 断面分模型，缩短运算时间，减少运算过程的不确定性，提高运算结果准确性。

动力分析模型长×宽×高分别为 82m×10m×50m，共有 46500 个单元，52333 个节点。模型自上而下共分三层地层，其中 0m～10m 为黏土层，10m～18m 为强风化泥岩层，

18m～50m 为中风化泥岩层。模型地层根据勘察报告及计算书设置，考虑桩土之间相互作用，在模型中桩土之间据不同地层侧摩阻力设置接触面。

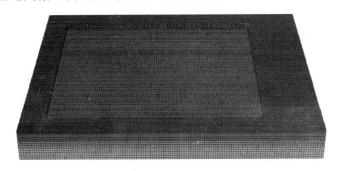

图 11.20　全基坑模型及角撑结构单元示意图

　　模型支护结构根据现场情况，只有钻孔灌注的排桩-冠梁共 5 根。桩长均为 22m，桩径均为 1m，桩间距均为 2m；冠梁高 1m，宽 1.2m。满足数值模型中一般模型边界距离计算基坑边坡边缘 3 倍以上桩径的要求。为便于动力学响应分析，模型全部结构均用实体单元建立，排桩-冠梁模型如图 11.21 所示，总体模型如图 11.22 所示。

 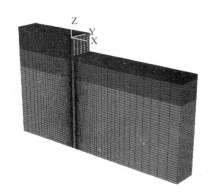

图 11.21　排桩-冠梁模型　　　　　图 11.22　动力学分析模型示意图

2. 模型参数

　　模型中不同地层的物理力学参数根据《某超高层项目岩土工程勘察报告》中岩土层工程物理力学参数综合建议表取值。模型中岩土单元本构关系采用摩尔库仑模型，悬臂桩、冠梁本构关系采用弹性模型。模型中岩土主要物理力学参数见表 11.3。

模型岩土主要物理力学参数取值　　　　　　　　　　　表 11.3

岩土名称	重度（kN/m³）	体积模量（MPa）	剪切模量（MPa）	黏聚力（kPa）	内摩擦角（°）
素填土	18.5	1.9	1.74	10	10
黏性土	20	23.8	16.3	40	18
强风化泥岩	21.5	71.42	22.06	50	30
中风化泥岩	23.5	345.17	133.59	250	40
悬臂桩	25	16.7×10^3	12.5×10^3	—	—
冠梁	25	16.7×10^3	12.5×10^3	—	—

3. 膨胀力分布

在计算模型降雨工况时，由于表层存在膨胀土，所以考虑膨胀力作用，根据《膨胀土基坑边坡支护设计理论试验研究报告》研究成果，膨胀应力的分布模式如图 11.23 所示。

根据基坑膨胀应力分布模式，取 $h_1=1m$，$w=20\%$，膨胀土深度取 10m，考虑最危险工况，则计算得到基坑膨胀土分布见图 11.24。在计算降雨工况基坑开挖时，将此膨胀应力加入模型计算得到考虑膨胀力作用下的基坑变形结果。

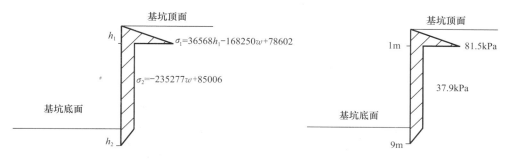

图 11.23 基坑膨胀应力分布图

h_1—坡顶降雨入渗深度；h_2—坡底入渗深度；

w—边坡土体初始含水量

图 11.24 基坑膨胀应力分布计算值

4. 模型边界条件

静力学分析时模型施加的边界条件为静态边界：（1）约束模型底部边界上所有节点 Z 方向的变形；（2）约束模型 Y 方向两侧边界面上的所有节点 Y 方向的变形；（3）约束模型 X 方向两侧边界面上的所有节点 X 方向的变形。

动力学分析时模型施加的边界条件为自由场边界：（1）释放模型底部边界上所有节点 Z 方向的变形；（2）释放模型 Y 方向两侧边界面上的所有节点 Y 方向的变形；（3）释放模型 X 方向两侧边界面上的所有节点 X 方向的变形。

11.4.3 大气降雨对基坑边坡的影响分析

1. 模拟降雨工况下的数值计算

模拟降雨工况下开挖计算后的 X 方向位移云图见图 11.25，Y 方向位移云图见图 11.26，220 号桩桩身位移云图见图 11.27。

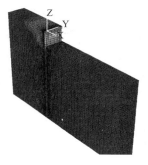

图 11.25 降雨工况下开挖计算后的 X 方向位移云图

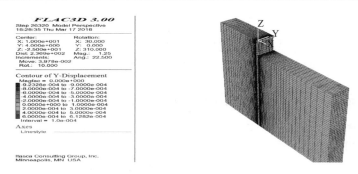

图 11.26　降雨工况下开挖计算后的 Y 方向位移云图

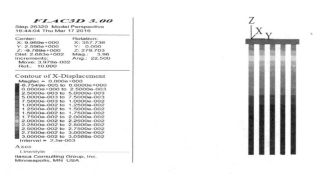

图 11.27　降雨工况下开挖计算后的 220 号桩身位移云图

2. 模拟计算结果分析

由降雨工况下开挖计算的 X 方向位移云图可以看出，在膨胀土基坑中考虑降雨所产生的膨胀力时，对基坑的变形影响是十分大的，导致了桩身位移进一步加大，其中开挖面以上的位移，尤其是桩顶的位移增加更为明显。Y 方向位移云图中，整个模型的最大位移为 0.9mm，对于 X 方向位移来说，相对较小，可忽略不计，认为 Y 方向的位移较稳定。在 220 号桩身位移云图中可以看出，桩顶位移达到了 30.57mm，比只开挖的工况增加了 18.54mm。并且膨胀力对于基坑开挖面上部的影响更大，使基坑开挖面以上的桩身位移更为突出。提取模型数据，可以得出降雨工况下与现场发生变形破坏时实测桩身位移曲线对比图，见图 11.28。

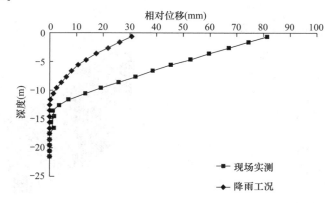

图 11.28　降雨工况与发生破坏时实测对比（220 号桩）

由图 11.28 可以看出，虽然降雨产生的膨胀力对支护桩变形造成的影响十分大，但是却并未达到现场发生变形破坏时的位移量，可见降雨产生的膨胀力是导致此次基坑边坡变形破坏的原因之一，但却不是唯一因素。

11.4.4　锚索施工产生动荷载对基坑边坡的影响

1. 模拟锚索施工下的数值计算

通过查阅资料，履带式气动钻机的工作原理及动荷载的产生方式，通过询问商家，了解施工所用履带式气动钻机在岩体中工作的频率、振幅等数据。以地震波的形式，在模型开挖面以上 1m 桩身处施加了加速度如图 11.29 所示的加速度震源。加速度震源主波可近似看成一个振幅为 1.4m/s²，周期为 0.05s 的正弦波。

模拟加入锚索施工产生的动荷载情况下，开挖计算后的 220 号桩桩顶应力随时间变化曲线见图 11.30，220 号桩桩顶位移随时间变化曲线见图 11.31。

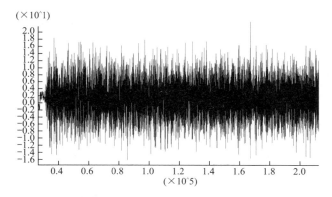

图 11.29　模拟锚索施工所用加速度震源

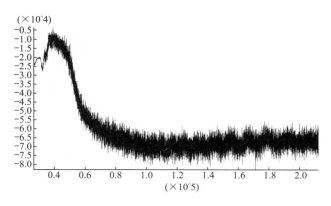

图 11.30　施加锚索施工动荷载后 220 号桩桩顶应力随
时间变化曲线

可得出，当施加以加速度为震源的动荷载后，随着计算时间（计算步数）的增加，桩顶应力首先有向基坑开挖相反方向增长的趋势，并在 10kN～20kN 之间波动，但很快又呈急剧向基坑方向增长的趋势，当应力增长至 75kN 后开始趋于稳定，即桩后土压力与支护桩的反作用力达到平衡状态。结合现场施工工况分析，当刚开始用履带式气动钻机打孔时，由于履带式气动钻机作用在混凝土浇筑的桩身上，使得排桩产生基坑开挖方向相反的应力，但打孔过程中对桩身及桩后土产生扰动所带来的土压力远大于履带式气动钻机工作时对排桩的冲击力，故桩顶应力向基坑方向急剧增加。同理，开始施加动荷载后，桩顶位移在 12mm 附近波动，很快便向基坑开挖方向急剧增加，直至增加至 41mm 后开始趋于稳定，并不再增长。计算过程中，桩顶应力与桩顶位移变化趋势相吻合。

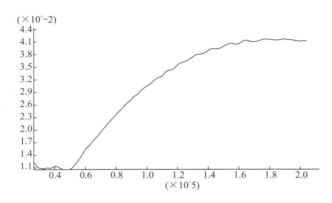

图 11.31　施加锚索施工动荷载后 220 号桩桩顶位移随时间变化曲线

综上所述，加入地震波形式的动荷载后，数值模拟计算结果与实际工况相吻合，计算正确。

模拟施加锚索施工产生的动荷载情况下，开挖计算后的 X 方向位移云图见图 11.32，220 号桩桩身位移云图见图 11.33。

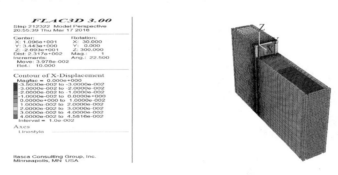

图 11.32　施加锚索打孔动荷载后 X 方向位移云图

图 11.33　施加锚索打孔动荷载后 220 号桩桩身位移云图

2. 模拟计算结果分析

由施加动荷载后开挖计算 X 方向位移云图可以看出，锚索孔施工过程中对土体及桩身的扰动效果非常明显，使得桩身位移增加量非常明显，其中开挖面临空面以上的位移，尤其是桩顶的位移增加更为明显。在 220 号桩身位移云图中可以看出，桩顶位移达到了41.23mm，比只开挖的工况增加了 29.20mm；比开挖＋降雨工况增加了 10.66mm。说明锚索施工产生的动荷载对支护桩变形影响比降雨产生的膨胀力影响更大，使基坑开挖面以上的桩身位移增加幅度更大。提取模型数据，可以得出锚索施工工况下与现场发生变形破坏时实测桩身位移曲线对比图，见图 11.34。

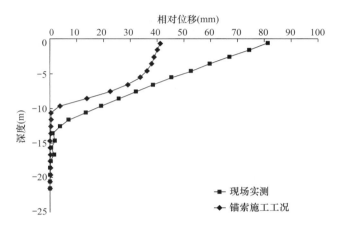

图 11.34　锚索（220 号）施工工况与发生破坏时实测对比

由以上对比图可以看出，虽然锚索施工产生的动荷载对支护桩变形造成的影响十分大，但仍并未达到现场发生变形破坏时的位移量，可见锚索施工产生的动荷载也是导致此次基坑边坡变形破坏的原因之一，却也不是唯一因素。

11.4.5　运渣车产生动荷载对基坑边坡的影响

1. 模拟运渣车产生动荷载下的数值计算

通过查阅相关论文资料，且经过简单滤波后，得到一辆运渣车满载工作时产生动荷载的波形图，见图 11.35。

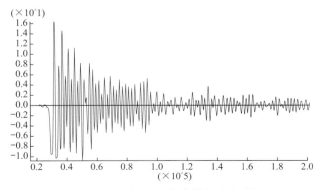

图 11.35　一辆运渣车满载加速度震源

　　为确定膨胀土基坑边坡发生变形破坏的因素，尽最大程度还原施工现场，所模拟的现场工况为模型范围内运渣车满载且连续工作状态，所以应提取震源峰值部分，重复施加计算，以地震波的形式加载到模型中椿树街的位置，震源形式为加速度震源。地震波影响范围为 220 断面后 9m～19m。加速度震源如图 11.36 所示。

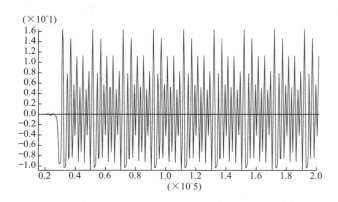

图 11.36　模拟运渣车工作所用加速度震源

　　模拟加入运渣车工作产生的动荷载情况下，开挖计算后的 220 号桩桩顶应力随时间变化曲线见图 11.37，220 号桩桩顶位移随时间变化曲线见图 11.38。

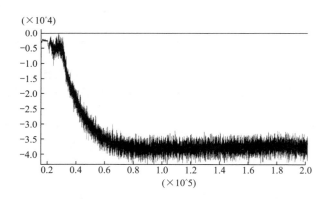

图 11.37　施加运渣车动荷载后 220 号桩桩顶应力随时间变化曲线

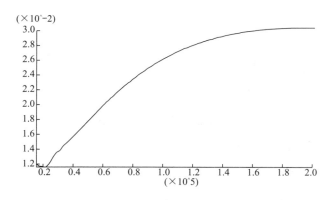

图 11.38　施加运渣车动荷载后 220 号桩桩顶位移随时间变化曲线

可得出，当施加以加速度为震源的动荷载后，随着计算时间（计算步数）的增加，桩顶应力在 5kN 附近小幅波动后，向基坑方向急剧增加。当应力增长至 80kN 后开始趋于稳定，并回弹至 40kN。即桩后土压力与支护桩的反作用力达到平衡状态。结合现场施工工况分析，当运渣车开始工作时，对桩后土体产生扰动，使得桩后土压力向基坑开挖方向急剧增加。施加运渣车产生的动荷载后，桩顶位移平稳很短时间后便开始急剧增加，直至增加至 30mm 后开始趋于稳定，并不再增长。计算过程中，桩顶应力与桩顶位移变化趋势相吻合。

综上所述，加入地震波形式的动荷载后，数值模拟计算结果与实际相吻合，计算正确。

模拟运渣车工作产生的动荷载情况下，开挖计算后的 X 方向位移云图见图 11.39，220 号桩桩身位移云图见图 11.40。

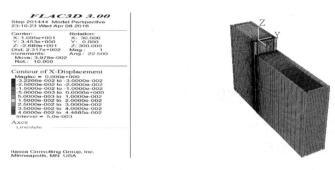

图 11.39　施加运渣车动荷载后 X 方向位移云图

图 11.40　施加运渣车动荷载后 220 号桩桩身位移云图

2. 模拟计算结果分析

由施加动荷载后开挖计算 X 方向位移云图可以看出，运渣车工作过程中产生的动荷载对支护桩的效果较为明显，使得桩身位移增加量较大，其中开挖面临空面以上的位移，尤其是桩顶的位移增加更为明显。在 220 号桩身位移云图中可以看出，桩顶位移达到了 30.13mm，比只开挖的工况增加了 18.10mm；比开挖＋降雨工况减少了 0.44mm，说明运渣车工作产生的动荷载对支护桩变形影响比降雨产生的膨胀力影响稍小，但差别不大；比开挖＋锚索施工工况减少了 11.10mm，说明运渣车工作产生的动荷载虽然对桩身位移影响较大，但仍逊锚索施工产生的动荷载。提取模型数据，可以得出运渣车工作工况下与现场发生变形破坏时实测桩身位移曲线对比图，见图 11.41。

由以上对比图可以看出，虽然运渣车工作产生的动荷载对支护桩变形造成的影响较大，但远未达到现场发生变形破坏时的位移量，可见运渣车工作产生的动荷载也是导致此次基坑边坡变形破坏的原因之一，也不是唯一因素。

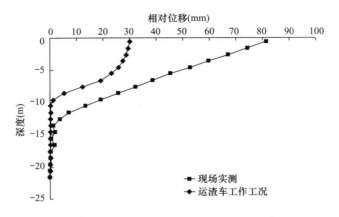

图 11.41　运渣车（220 号）工作工况与发生破坏时实测对比

11.4.6　综合上述工况的共同影响分析

1. 所有影响因素下的数值计算

由于基坑边坡发生变形破坏时，是所有因素共同作用。所以综合开挖工况、降雨工况、锚索打孔工况、运渣车工作工况共同模拟计算，得到计算后的 220 号桩桩顶应力随时间变化曲线见图 11.42，220 号桩桩顶位移随时间变化曲线见图 11.43。

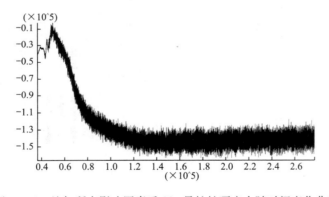

图 11.42　施加所有影响因素后 220 号桩桩顶应力随时间变化曲线

可得出，当所有影响因素共同施加后，随着计算时间（计算步数）的增加，桩顶应力首先有向基坑开挖相反方向增长的趋势，并在 20kN～40kN 之间波动，但很快又呈急剧向基坑方向增长的趋势，当应力增长至 150kN 后开始趋于稳定，即桩后土压力与支护桩的反作用力达到平衡状态。结合现场施工工况分析，当刚开始用履带式气动钻机打孔且运渣车开始工作时，由于履带式气动钻机作用在混凝土浇筑的桩身上，且作用在桩身上的力大于运渣车工作产生动荷载所带来的土压力，所以桩顶应力先向基坑开挖相反方向小幅增加。但打孔过程中对桩身及桩后土产生扰动和运渣车工作产生动荷载共同带来的土压力远大于履带式气动钻机工作时对排桩的冲击力，故桩顶应力向基坑方向急剧增加。同理，开始施加动荷载后，桩顶位移在 31mm 附近波动，很快便向基坑方向急剧增加，直至增加至 79mm 后开始趋于稳定，并不再增长。计算过程中，桩顶应力与桩顶位移变化趋势相吻合。

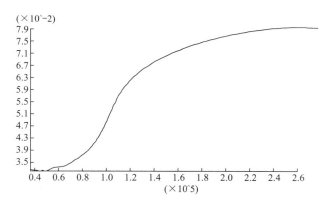

图 11.43　施加所有影响因素后 220 号桩桩顶位移随时间变化曲线

综上所述，加入此次对基坑边坡变形破坏的所有影响因素后，数值模拟计算结果与实际相吻合，计算正确。

加入所有影响因素情况下，开挖计算后的 X 方向位移云图见图 11.44，220 号桩桩身位移云图见图 11.45。

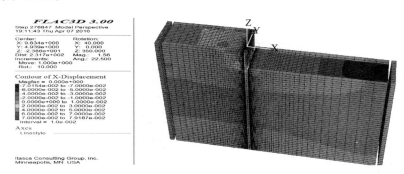

图 11.44　施加所有影响因素后 X 方向位移云图

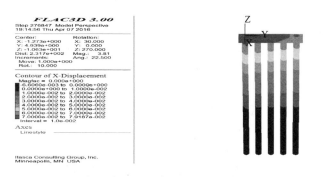

图 11.45　施加所有影响因素后 220 号桩桩身位移云图

2. 模拟计算结果分析

由施加动荷载后开挖计算 X 方向位移云图可以看出，施加所有对此次基坑开挖边坡变形破坏的影响因素后，桩身位移增加量极大，其中开挖面临空面以上的位移，尤其是桩顶的位移增加极为明显。在 220 号桩身位移云图中可以看出，桩顶位移达到了 79.19mm，比只开挖的工况增加了 67.16mm；比开挖＋降雨工况增加了 48.62mm；比开挖＋锚索施工工况增加了 37.96mm；比开挖＋运渣车工作工况增加了 49.06mm。提取模型数据，可以得出施加各类影响因素条件下与现场发生变形破坏时实测桩身位移曲线对比图，见图 11.46。并通过简单的计算分析可以得出各类影响因素在此次变形破坏过程中所占百分比，见表 11.4。

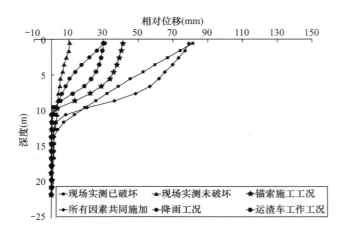

图 11.46　所有工况下与实测对比（220 号）

各类工况下桩顶位移变化量及所占百分比　　　　　　　　　　表 11.4

工况	开挖卸荷	大气降雨	锚索施工	路面加载
桩顶位移变化量（mm）	12.03	18.54	29.20	18.10
变形所占百分比（%）	15.45	23.81	37.50	23.24

　　由此可以看出，基坑开挖时，每个单独影响因素导致的桩身变形量都不足以引起基坑边坡的变形破坏，在所有影响因素的共同作用下桩顶的位移变化量与现场实测数据极为相似，桩身位移变化量已经超出了现场实测数据。根据本章的数值模拟过程可以判断，锚索施工过程中产生的动荷载是基坑边坡变形破坏的最主要影响因素，对桩顶位移的影响最大，约占 37.50%；降雨所产生的膨胀力和运渣车工作过程中产生的动荷载对桩顶位移的影响相持平，小于锚索施工产生的动荷载，分别占 23.81%、23.24%；开挖卸荷所产生的土压力对此次变形破坏的影响最小，约占 15.45%，但也是不可或缺的因素。

　　所以综上所述，可以充分地证明，此次开挖过程中的基坑边坡变形破坏是多种因素共同导致的，只是各项影响因素对基坑边坡变形破坏的影响程度各不相同。

11.5　考虑裂隙性膨胀土基坑土压力改进计算

　　本节首先通过离散元数值模拟方法对裂隙的角度的影响进行了研究，并通过三轴试验研究裂隙倾角对土体强度的影响。根据摩尔强度理论，把裂隙面类比为岩石的节理面，推导含有裂隙的基坑土压力计算公式。裂隙间距是裂隙的又一重要特性，通过数值模拟和三轴试验对裂隙间距的影响进行研究。对于多组裂隙、裂隙面的内摩擦角和黏聚力的影响，由于试验的限制，只对它们进行了数值分析。

11.5.1　模型的建立

1. 模型尺寸

为了方便建模与计算，概化模型的尺寸定为长 60m，高 30m。支护结构等效为厚度 1m、高 11m 的地下连续墙，其中悬臂段 6m，锚固段 5m。为计算收敛，结合勘察报告，裂隙发育的黏土层厚 6m，以下依次为无裂隙的黏土层、泥岩层，模型尺寸如图 11.47 所示。

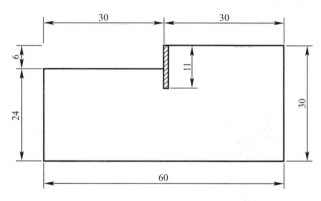

图 11.47　模型尺寸（单位：m）

2. 材料参数

根据前面的讨论，对于裂隙发育的成都膨胀土，土块体的强度往往比整体的土体强度要高得多，而地勘报告上给出的土体强度指标一般都是综合的土体强度，并不是在实验室测得的土块体强度，而是结合裂隙的发育程度在此基础上进行了一定的折减。本次数值模拟的基本假设是裂隙将整个土层切割形成各个土块体，所以土体的强度不再考虑裂隙的作用，而是直接取土块体的强度。天然状态下黄色黏土以及白色黏土填充物的黏聚力分别为 105.6kPa 和 75.2kPa，内摩擦角分别为 20.1°及 18.2°，而对于整个膨胀土层，大部分都为黄色黏土，白色黏土仅仅出现在一些裂隙隙壁中以及少量呈团状出现，所以本次数值计算其综合强度值分别取为黏聚力 100kPa，内摩擦角 20°。黏土及泥岩采用摩尔-库仑本构模型，地下连续墙采用各向同性线弹性本构模型，各个材料参数取值如表 11.5 所示。

材料参数取值　　　　　　　　　　　　　　　　　　　　　表 11.5

材料名称	重度（kN/m³）	体积模量（MPa）	剪切模量（MPa）	黏聚力（kPa）	内摩擦角（°）
黏土层	20	22.2	7.4	100	20
泥岩层	21	70	30	100	26
地下连续墙	24	16700	12500	—	—

裂隙的节理模型采用库伦滑移模型。由于裂隙的黏聚力和内摩擦角难以通过试验获得，本次试验先假设黏聚力 c 取 10MPa，内摩擦角 φ 取 10°，再通过后面的试验中改变节理参数，研究不同参数下基坑模型的响应。为了计算的稳定和收敛，对于裂隙的法向刚度

k_n 和切向刚度 k_s，软件帮助手册指出一般取值范围如下：

$$k_n \, \text{and} \, k_s \leqslant 10.0 \left[\max \left(\frac{K + 4/3G}{\Delta z_{\min}} \right) \right] \tag{11.3}$$

式中，K 为块体的体积模量；G 为块体的剪切模量；$\Delta z_{\min}$ 为相邻节理面之间的最小法向距离。

将土层的相关参数代入上式，计算得 $k_n \leqslant 637\text{MPa}$，$k_s \leqslant 637\text{MPa}$。经过多次试算，最终法向刚度 k_n 取 200MPa，切向刚度 k_s 取 50MPa。

11.5.2 裂隙倾角对基坑土压力的影响

1. 数值模拟的结果分析

假定模型中每一层的土层均为同性质土体，基坑底部均有一条裂隙，分别选择当裂隙间距为 0.4m 和 20m 时，分析倾角变化对基坑土压力的影响，裂隙倾角分别为 0°、10°、30°、45°和 60°，计算模型和其他参数不变，进行分析对比，计算结果如图 11.48~图 11.57 所示。

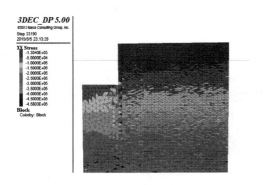

图 11.48　倾角 0°时应力云图（间距＝0.4m）　　图 11.49　倾角为 45°时应力云图（间距＝0.4m）

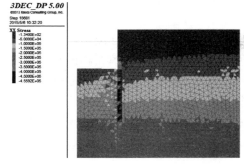
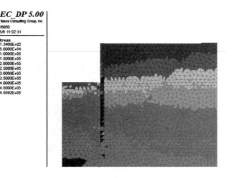

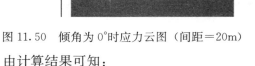

图 11.50　倾角为 0°时应力云图（间距＝20m）　　图 11.51　倾角为 45°时应力云图（间距＝20m）

由计算结果可知：

（1）当裂隙倾角为 0°和 10°时，裂隙的出现对基坑的土压力和桩身的水平位移产生的影响很不明显，裂隙间距越多影响越大。

（2）当裂隙倾角大于 10°时，裂隙的出现明显对基坑土压力产生影响，土压力随深度增大的趋势变大，土压力在裂隙处会产生应力集中，土压力随桩深呈波浪形增加。

（3）当裂隙倾角大于 10°时，基坑的土压力随裂隙倾角的增大先增大然后减小，在裂隙倾角为 45°时，土压力达到最大。

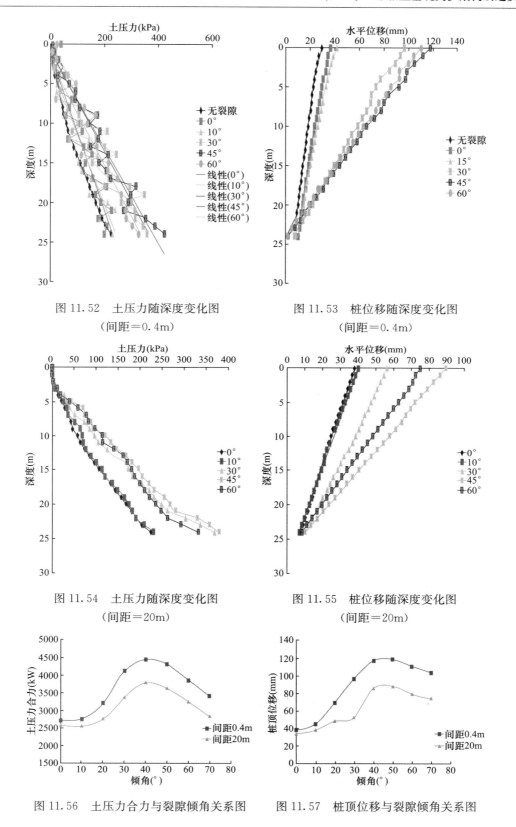

图 11.52　土压力随深度变化图
（间距＝0.4m）

图 11.53　桩位移随深度变化图
（间距＝0.4m）

图 11.54　土压力随深度变化图
（间距＝20m）

图 11.55　桩位移随深度变化图
（间距＝20m）

图 11.56　土压力合力与裂隙倾角关系图

图 11.57　桩顶位移与裂隙倾角关系图

（4）桩的水平位移的变化规律与土压力的变化规律类似，水平位移随倾角的增大也是先增大后减小，水平位移增大的趋势比减小的趋势要大，倾角为45°时，水平位移达到最大。

2. 试验结果及分析

为了进一步说明裂隙倾角的影响，对含有不同倾角的试样进行了三轴试验。为了尽量排除可能影响试样强度的其他因素的干扰，本试验采用具有相同的天然含水率、相同的密度、裂隙角度分别为0°、15°、30°、45°和60°的重塑土在给定围压下的三轴试验。试验结果显示，在裂隙倾角为0°、15°时，土样并没有沿着裂隙面破坏，此时裂隙对土样的强度的影响很小，其强度基本上为土样本身的强度。裂隙倾角为30°、45°和60°时，土样沿着裂隙面滑动破坏，此时裂隙对土样的强度起到控制作用，土样的强度不再是重塑土本身的强度，强度与裂隙面性质有关。

其应力-应变曲线如图11.58、图11.59和图11.60所示。

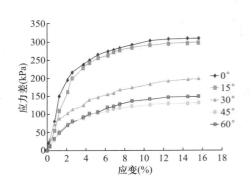

图11.58　不同角度的应力-应变曲线
（$\sigma_3 = 100\text{kPa}$）

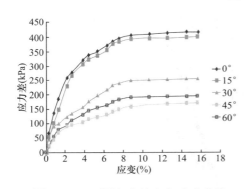

图11.59　不同角度的应力-应变曲线
（$\sigma_3 = 200\text{kPa}$）

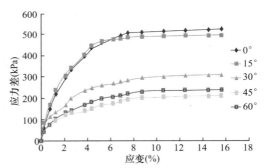

图11.60　不同角度的应力-应变曲线
（$\sigma_3 = 300\text{kPa}$）

从图中可以看出以下几点：

（1）应力-应变曲线基本上呈渐稳型，围压的改变对应力-应变曲线的形状不产生影响。

（2）裂隙倾角为0°和15°时，相同的应变量上，应力并没有因为裂隙角度的变化，而出现很大的变化，可以看出，当裂隙倾角小于一特定角度时，裂隙倾角基本上对黏土的强度没有影响。

（3）裂隙倾角为30°、45°和60°时，在相同的应变量上，由于角度的变化应力也出现了很大的变化，和0°裂隙的黏土、15°裂隙的黏土相比，黏土的强度明显降低，可以得知，当裂隙角度在一定范围时，裂隙倾角对黏土强度的影响是明显的。

（4）在低围压下，黏土随裂隙倾角的变化，其强度变化的比较均匀，随着围压升高，裂隙倾角为0°和15°的试样强度提高了很多，倾角为15°时，在100kPa围压下最大应力差为250kPa，在300kPa的围压下最大应力差为500kPa左右，而裂隙倾角为30°、45°和60°的试样的强度提高的很小，曲线的形状也十分相似，倾角为45°时，100kPa围压的最大应力差为 130kPa，围压为 300kPa 的最大应力差为 210kPa，围压的升高使倾角对试验强度的影响降低。

裂隙倾角对抗剪强度的指标黏聚力和内摩擦角有着明显的影响，由三轴试验得出的黏土强度指标黏聚力和内摩擦角的数值如表 11.6 所示。

<table>
<tr><td colspan="3" style="text-align:center">在不同裂隙倾角下三轴试验成果</td><td>表 11.6</td></tr>
<tr><td>试样裂隙的角度（°）</td><td>黏聚力（kPa）</td><td>内摩擦角（°）</td></tr>
<tr><td>0</td><td>73.9</td><td>19.3</td></tr>
<tr><td>15</td><td>71.7</td><td>18.2</td></tr>
<tr><td>30</td><td>55.4</td><td>12.9</td></tr>
<tr><td>45</td><td>37.6</td><td>9.8</td></tr>
<tr><td>60</td><td>41.1</td><td>10.5</td></tr>
</table>

将表 4-3 绘制为黏聚力、内摩擦角与裂隙倾角的关系曲线，如图 11.61、图 11.62 所示。

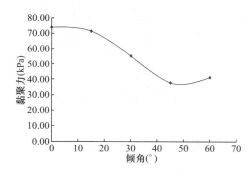

图 11.61　黏聚力与倾角关系曲线图　　　图 11.62　内摩擦角与倾角关系曲线图

从图 11.61、图 11.62 可以看出，倾角为 0°和 15°的抗剪强度指标没有明显的差距，而随倾角的继续增大，黏聚力和内摩擦角逐渐变小，倾角达到 45°时，其黏聚力和内摩擦角最小，倾角继续增加，内摩擦角与黏聚力又逐渐变大。假定基坑开挖深度及桩身长度与数值模拟所用基坑一致，基坑周围土体为含有裂隙的成都黏土，对于不同裂隙倾角，土体的抗剪强度参数指标取试验的结果，运用朗肯土压力计算公式计算土体中裂隙倾角不同时基坑的主动土压力，如图 11.63 所示。

由图 11.63 可知，裂隙倾角为 15°的基坑土压力略大于倾角为 0°的土压力，此时裂隙对基坑土压力的影响很小。当裂隙大于 15°时，裂隙对土压力的影响增大，倾角为 45°时，基坑的土压力最大，随深度增加的趋势也最大。

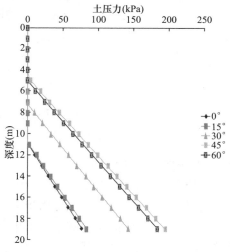

图 11.63　土压力随深度变化图

11.5.3 裂隙间距对基坑土压力的影响

1. 数值计算结果分析

裂隙性黏土的力学性态复杂，为方便研究裂隙面数量对基坑土压力的影响，假定模型中每一层的土层均为同性质土体，裂隙角度均相等，基坑底部均有一条裂隙，分别选择当裂隙倾角为 45°和 30°时，裂隙间距分别为 0.4m、0.8m、1.2m 和 1.6m，计算模型和其他参数不变，进行分析对比，其结果如图 11.64～图 11.71 所示。

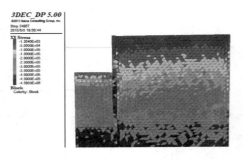
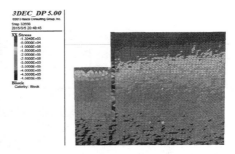

图 11.64 倾角为 45°的应力云图　　　　图 11.65 倾角为 30°的应力云图
（间距＝0.8m）　　　　　　　　　　（间距＝0.4m）

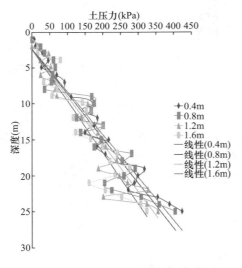
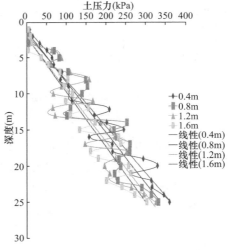

图 11.66 桩后土压力随桩深变化图　　　图 11.67 桩后土压力随桩深变化图
（倾角＝45°）　　　　　　　　　　（倾角＝30°）

由计算结果可知：

（1）裂隙的间距对基坑的桩后土压力产生影响，裂隙间距越小，裂隙数量越多，裂隙处越容易产生应力集中，土压力越大，桩后土压力呈波浪式增大。

（2）随着裂隙间距的减小，土压力增大，但其增大的趋势在变缓，当裂隙间距达到一定数量时，裂隙间距对基坑土压力的影响将不再增加，基坑土压力将趋于稳定，不再随着间距的减小而增加。

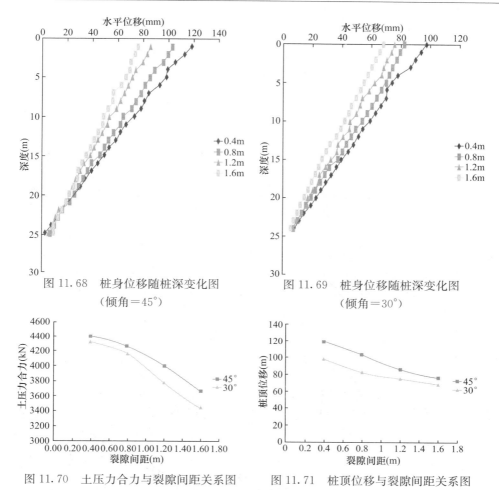

图 11.68　桩身位移随桩深变化图
（倾角＝45°）

图 11.69　桩身位移随桩深变化图
（倾角＝30°）

图 11.70　土压力合力与裂隙间距关系图

图 11.71　桩顶位移与裂隙间距关系图

（3）间距相同时，倾角为 45°的土压力合力比倾角为 30°的土压力合力大，随着间距减小，二者的合力差在减小，说明间距对其影响增大，倾角对其影响减小。

（4）随着裂隙间距的减小，水平位移也逐渐变大，但变大的趋势越来越小，对于悬臂桩最大位移发生在桩顶处。

2. 试验结果分析

本章利用三轴试验研究裂隙数量对土体强度的影响。首先控制裂隙倾角的影响，本试验采用相同的天然含水率、相同的密度、裂隙倾角分别为 30°和 45°时，裂隙数量为一条、两条、三条的重塑土在三轴试验下研究。试验结果显示，土样破坏都随着裂隙破坏，对于倾角为 30°的土样，由于倾角的影响较小，裂隙破坏随着最上边的一条裂隙破坏，而对于倾角为 45°的土样，每个裂隙面上都有滑动。

其应力-应变曲线如图 11.72～图 11.79 所示。

从图中可以看出以下几点：

（1）应力-应变曲线基本上呈渐稳型，围压对应力-应变曲线的形状的影响很不明显。

（2）在裂隙倾角为 30°的情况下，曲线的形状基本一致，各个曲线在坐标系中靠的比较近，变形之间没有明显的不同。

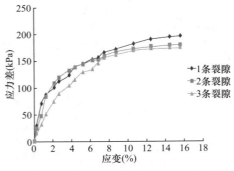

图 11.72 不同数量裂隙的应力-应变曲线
（倾角＝30°，σ_3＝100kPa）

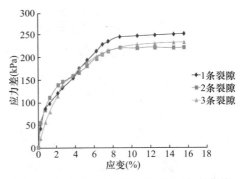

图 11.73 不同数量裂隙的应力-应变曲线
（倾角＝30°，σ_3＝200kPa）

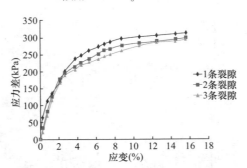

图 11.74 不同数量裂隙的应力-应变曲线
（倾角＝30°，σ_3＝300kPa）

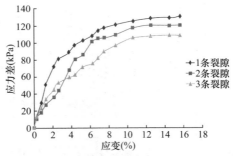

图 11.75 不同数量裂隙的应力-应变曲线
（倾角＝45°，σ_3＝100kPa）

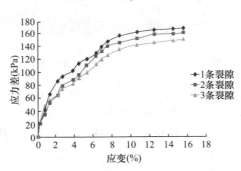

图 11.76 不同数量裂隙的应力-应变曲线
（倾角＝45°，σ_3＝200kPa）

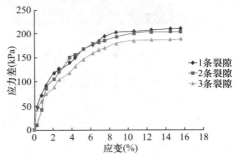

图 11.77 不同数量裂隙的应力-应变曲线
（倾角＝45°，σ_3＝300kPa）

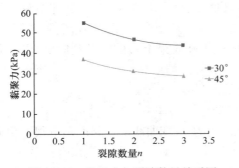

图 11.78 黏聚力与裂隙数量关系图

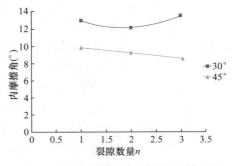

图 11.79 内摩擦角与裂隙数量关系图

（3）在裂隙倾角为 45°的情况下，随着裂隙间距的增加，其变形能力逐渐提高，土体强度逐渐降低。

（4）在高围压的情况下，随着裂隙间距的增加，其应力-应变曲线的差异越来越小，可见围压的增加，影响了裂隙间距的效应。

（5）随着裂隙数量的增加，土样的黏聚力逐渐减小，土样抗剪强度减小，并且减小的趋势逐渐变小，可见土样的强度不会随着裂隙数量的增加而无限制的减小，当裂隙无限增多时，土样的强度将趋于稳定。

11.5.4　多组裂隙对基坑土压力的影响

为了研究多组裂隙对基坑土压力的影响，首先要假定裂隙有着相同的角度和相同的裂隙的间距，基坑底部有一条裂隙，本章首先假定裂隙间距为 0.8m，角度为 45°和 135°的两组裂隙，角度为 30°和 150°的两组裂隙，通过分析比较单条裂隙和多组裂隙对基坑土压力的影响，其结果图 11.80～图 11.85 所示。

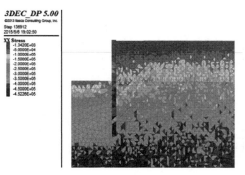

图 11.80　应力云图（45°和 135°）

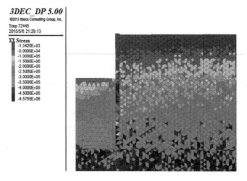

图 11.81　应力云图（30°和 150°）

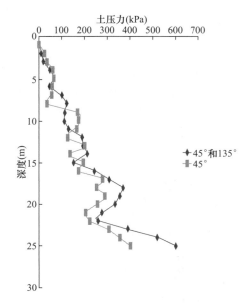

图 11.82　土压力随深度变化图

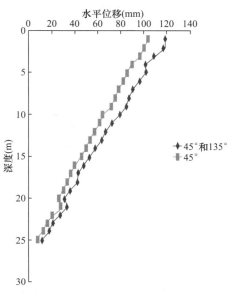

图 11.83　桩身水平位移随深度变化图

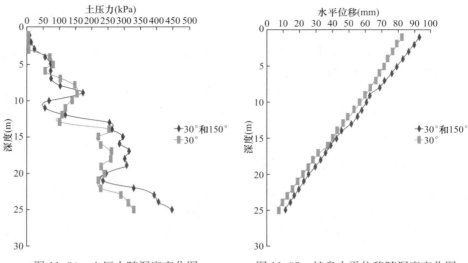

图 11.84　土压力随深度变化图　　　　图 11.85　桩身水平位移随深度变化图

由图 11.82～图 11.85 可知：

（1）多组裂隙的土压力与单组裂隙的土压力随深度的变化规律是相似的，基坑土压力随深度的增大而增大，多组裂隙的土压力在裂隙处的应力大于单组裂隙的应力，随着深度的增大，多组裂隙的土压力的变化趋势较大。

（2）桩身 13m 以上，多组裂隙与单组裂隙的土压力随深度交替增长，桩身 13m 以下，多组裂隙的土压力随深度增大而增大的趋势比单组裂隙的大，在桩底二者的应力差达到最大，45°时应力差为 201kPa，30°时应力差为 117kPa，多组裂隙的土压力合力大于单组裂隙的土压力合力。

（3）多组裂隙的水平位移大于单组裂隙的水平位移。

11.5.5　裂隙面强度对基坑土压力的影响

1. 黏聚力的影响

为了研究裂隙的黏聚力对基坑土压力的影响，首先要假定裂隙有着相同的角度，裂隙的间距也是相同的，其内摩擦角为 10°，基坑底部有一条裂隙，假定裂隙间距为 0.4m 和 0.8m，角度为 45°，分别研究黏聚力为 2Pa、2kPa、4kPa 和 8kPa 时的基坑土压力，其他参数与计算模型不变，通过分析比较其对基坑土压力的影响，其结果如图 11.86～图 11.90 所示。

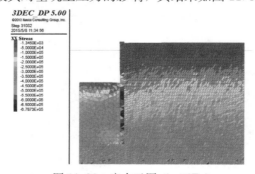

图 11.86　应力云图（$c=2$Pa）

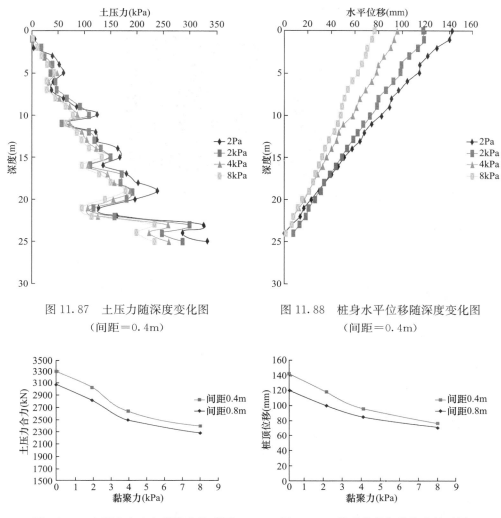

图 11.87　土压力随深度变化图
（间距＝0.4m）

图 11.88　桩身水平位移随深度变化图
（间距＝0.4m）

图 11.89　土压力合力与黏聚力关系图

图 11.90　桩顶位移与黏聚力关系图

由图可知：

（1）随着裂隙面黏聚力的增大，基坑土压力不断减小，土压力随着深度增大的趋势减小。

（2）土压力的合力随黏聚力的增大而减小，在黏聚力接近 0 时，黏聚力的变化对土压力的影响较大，黏聚力大于 2kPa 时，黏聚力的影响效应逐渐减小。

（3）桩顶的水平位移随黏聚力的增大逐渐减小，其变化规律和土压力合力的变化规律相似，黏聚力越大，裂隙间距对其影响越明显的。

2. 内摩擦角的影响

为了研究裂隙的内摩擦角对基坑土压力的影响，首先要假定裂隙有着相同的角度，裂隙的间距也是相同的，基坑底部有一条裂隙，本章首先假定裂隙间距为 0.4m 和 0.8m，角度为 45°，分别研究内摩擦角为 1°、5°、9°、13°和 18°时的基坑土压力，通过分析比较其对基坑土压力的影响，其结果如图 11.91～图 11.95 所示。

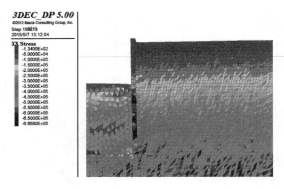

图 11.91　应力云图（$\varphi=1°$，间距＝0.4m）

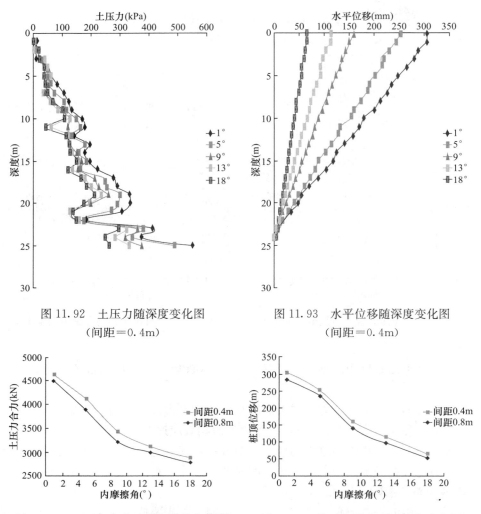

图 11.92　土压力随深度变化图
（间距＝0.4m）

图 11.93　水平位移随深度变化图
（间距＝0.4m）

图 11.94　土压力合力随内摩擦角变化图

图 11.95　桩顶位移随内摩擦角变化图

由图可知：

（1）随着内摩擦角的增大，基坑土压力逐渐减小，土压力随桩深增大的趋势随内摩擦角增大而减小。

（2）随内摩擦角的增大，土压力的合力减小，在内摩擦角小于 9° 时，土压力合力减小的幅度比较大，大于 9° 后，土压力合力减小的趋势变缓，内摩擦角对土压力的影响在变小，当裂隙面的内摩擦角大到一定程度，桩后土压力将不再增加，趋于稳定。

（3）内摩擦角的增大，增大了裂隙面的抗剪强度，桩顶的水平位移随内摩擦角的增大而减小，裂隙间距为 0.4m，内摩擦角为 1° 时，桩顶的最大水平位移达到了 304mm，随着内摩擦角增大，最大水平位移快速降低，当内摩擦角为 13° 时，水平位移已经减小到 118mm，当内摩擦角大于 13°，水平位移随内摩擦角增大而减小的趋势在减小，内摩擦角为 18° 时水平位移为 65mm。

11.6　本章小结

针对膨胀土基坑支护结构开展了一系列的改进实践研究，认为玄武岩纤维复合筋材岩土锚固技术、高压旋喷扩大头锚索技术在膨胀土基坑中具有较好的应用效果。而在采用常规支护措施进行膨胀土基坑设计时，需要考虑支护结构几何尺寸、降雨情况、施工动荷载等因素对对其支护效果的影响，施工工作时应依据场地条件，科学合理的施工，做到信息化施工和科学施工。

（1）通过等强度替代后，玄武岩纤维复合筋材锚索受力情况与钢绞线锚索基本一致，玄武岩纤维复合筋材锚索可以代替传统钢绞线进行基坑支护。

（2）旋喷扩大头锚索锚固体坚硬完整，表面凹凸粗糙度高，可提供较高的摩阻力与钢绞线握裹力；采用现场施工参数与施工工法的高压旋喷扩大头锚索，其实测拉拔力可达 900kN 以上（未破坏），预加力锁定值约为张拉值的 70%。现场实测高压旋喷扩大头锚索在运营阶段锚索拉力大小稳定，没有出现明显的损失，工程应用效果良好。

（3）基坑边坡变形破坏是现场多种影响因素共同导致的，其中较为显著的影响因素是现场施工时采用履带式气动钻机进行桩身锚索孔施工所产生的动荷载，但开挖卸荷、大气降雨产生的膨胀力、运渣车工作时产生的动荷载也是不可忽视的。数值模拟结果表明，开挖卸荷在计算中所占位移影响百分比为 15.45%，大气降雨产生的膨胀力所占位移影响百分比为 23.81%，锚索施工过程中产生的动荷载和运渣车工作过程中产生的动荷载在计算中所占位移影响百分比分别为 37.50% 和 23.24%。

（4）裂隙的倾角、间距、组数和裂隙面的力学特性对基坑土压力有直接的影响。数值计算结果表明，当裂隙倾角小于 10° 时，裂隙对基坑土压力的影响很小，当大于 10° 时，裂隙倾角的影响随着倾角的增大逐渐变大，倾角为 45° 时达到最大值，当裂隙倾角继续增大时，其对桩后土压力的影响又逐渐减小，45° 时的桩后土压力是为 0° 时的 1.7 倍，桩顶的最大位移约为 0° 的 3 倍；当裂隙间距为 0.8m 时，倾角为 45° 与 135° 交叉裂隙的桩前土压力是 45° 的 1.2 倍，倾角为 30° 与 150° 交叉裂隙的桩前土压力是 30° 的 1.2 倍。同时，随着黏聚力和内摩擦角的增大，基坑支护桩后的土压力逐渐减小，内摩擦角为 10° 时，黏聚力为 2kPa 的桩后土压力是 8kPa 时的 1.4 倍。而当黏聚力固定为 2kPa 时，内摩擦角为 1° 时的桩后土压力是 18° 时的 1.8 倍。

第 12 章　代表性研究成果

成果 1：成都黏土地区支护式基坑事故的分析

出版源：工业建筑，2017（9）：170～174，185.

　　该文以成都黏土基坑工程为背景，在现场调查的基础上，分析总结成都黏土基坑的破坏形式及特点，重点研究造成基坑破坏的主要原因，针对影响基坑稳定性的主要因素，提出合理的预防措施，对类似地区的基坑工程的设计和施工具有参考价值。

1　现场调查

　　根据成都黏土分布特点，对成都地区具有代表性的 18 处基坑进行现场调查。结果表明，成都黏土地区基坑的变形破坏形式主要有局部破坏和整体破坏两类，其中局部破坏又包括坡顶浅层破坏、坡面结构破坏和坡脚软化破坏。

　　坡顶浅层破坏是指基坑表层土体反复胀缩、土体强度逐步衰减、土体结构逐渐破坏的现象，其变化深度多在 1m～2m，基坑表层土体发生崩解塌落，见图 1。

　　坡面结构破坏是指基坑坡面发生结构性破坏。这种破坏现象与成都黏土中的裂隙面密切相关，由于成都黏土中裂隙发育、切面光滑、充填灰白色黏土，常形成网纹状，切割破坏土体的完整性，加之水的侵入，灰白色黏土界面软化润滑，导致土体沿着裂隙面发生崩解剥落，见图 2。

图 1　坡顶浅层破坏　　　　　　　　　　图 2　坡面结构破坏

　　坡脚软化破坏是指基坑开挖后坡脚没有进行有效的防护，降雨、地表排水汇集到坡脚后，由于不能有效排泄，水体浸泡坡脚土体，使其发生软化崩解、强度降低，成为基坑变形破坏过程中的薄弱环节，见图 3。

　　整体破坏是指随着基坑局部变形的逐步累积，支护结构无法继续承载基坑侧壁土体的水土压力，导致支护结构失效破坏，基坑侧壁土体发生整体滑动失稳，见图 4。

　　结合上述的基坑破坏形式，所调查的 18 处基坑中，采用悬臂桩进行支护的大部分基坑不同程度地发生了局部破坏或整体破坏。发生破坏的基坑数量占调查基坑总数的 78%，说明成都黏土地区悬臂桩支护的基坑破坏现象具有一定的普遍性。通过分析基坑的勘察、设计文件发现，对于成都黏土基坑的勘察和设计工作还存在一些需要补充和深入研究的内容。

图 3　坡脚软化破坏

图 4　基坑的整体破坏

2　事故原因分析

　　在 18 处调查的成都黏土基坑中，选取具有代表性的、悬臂桩支护的 1 号基坑为研究对象，结合其现场监测数据，通过数值分析计算，研究基坑变形破坏的主要原因。1 号基坑自 2012 年 8 月 26 日施工开始，经历了多次开挖、变形以及基坑回填，至 11 月 17 日基坑变形最终达到稳定。现场基坑变形情况见图 5～图 7。现场选取 5 根悬臂桩进行监测工作，编号分别为 393、396、399、402、405 号，相应的监测元器件均布置在对应的桩身和桩后，桩身埋设钢筋计和测斜管、桩间土埋设应变计 3 个，桩后 1m 处埋设测斜管。共形成 5 条监测断面。由于监测数据较多，限于篇幅，在综合考虑场地条件的情况下，以 405 号监测断面的数据为代表进行分析，现场监测结果见图 8～图 10。

图 5　1 号基坑冠梁发现裂缝（10 月 1 日）

图 6　1 号基坑地面裂缝贯通
（10 月 6 日）

图 7　1 号基坑发生桩身倾斜、冠梁错断
（10 月 6 日）

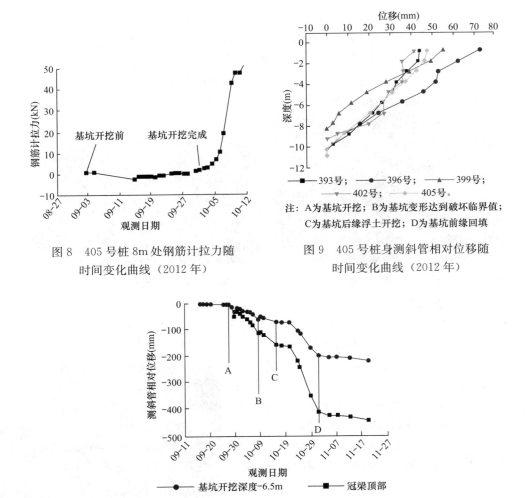

图 8　405 号桩 8m 处钢筋计拉力随
时间变化曲线（2012 年）

图 9　405 号桩身测斜管相对位移随
时间变化曲线（2012 年）

图 10　不同监测桩 10 月 7 日现场监测的桩身位移曲线

　　根据现场变形和应力监测曲线，可以按时间分为开挖前（2012 年 9 月 3 日之前）、开挖阶段（2012 年 9 月 3 日～28 日）、开挖完成（有降雨）（2012 年 9 月 29 日～10 月 6 日）、破坏（2012 年 10 月 7 日～结束）4 个阶段进行研究。

　　开挖前，悬臂桩周围土体未发生扰动，侧壁土压力相互平衡，基坑未产生大变形。开挖阶段，由图 8 可以看出，钢筋计所测拉力均比较小，最大值不超过 4kN，并且图 9 中测斜管所测的位移曲线呈水平，未产生大的变形和裂缝。因此，可认为基坑在开挖至开挖完成阶段，悬臂桩支护未发生破坏，能够承担侧土压力。9 月 29 日开挖完成以后，由于降雨等影响，钢筋拉应力和桩身位移逐渐增大，但增加幅度不大。根据图 10 桩身测斜管相对位移随时间变化曲线可以看出，从开挖完成（9 月 29 日～10 月 6 日期间），相对位移可近似认为呈线性变化。从 10 月 7 日开始相对位移增量突然增加，在此之后，变化呈非线性趋势。而在 10 月 7 日之后，根据现场 5 根监测桩的桩身位移曲线（图 10），桩顶位移均大于《建筑基坑工程监测技术规范》GB 50497—2009 规定的位移变形报警值 30mm，因此，可认为在 9 月 29 日～10 月 6 日期间，虽然应力和应变都有不同程度的增加，但基坑并未发生破坏，10 月 7 日以后，可以认为基坑已经发生破坏。

通过监测数据分析可知，基坑开挖和降雨是影响成都黏土基坑变形的影响因素。在悬臂桩支护作用下，从开挖期间直至开挖完成初期，基坑均没有出现大的变形破坏。因此，可以认为在悬臂桩支护的情况下，基坑开挖对变形破坏的影响不大。但降雨过后，即使有悬臂桩的支护，成都黏土基坑的变形仍会持续增大，最终导致基坑发生变形破坏，说明降雨是导致成都黏土基坑变形破坏的主要影响因素。

在分析上述结果的基础上，根据地质勘察资料，建立数值计算模型，重点分析降雨作用对成都黏土基坑变形的影响。模型长×宽×高为 103.8m×33m×30m。现场监测桩均布置在 x 方向悬臂桩中，分别为 393 号、396 号、399 号、402 号和 405 号。自 393 号～405 号桩身位移依次增大，桩底变形均为 $-5\text{mm}\sim3\text{mm}$，桩身最大变形出现在 405 号桩顶处，达 33.53mm。

计算结果显示，在降雨工况下，成都黏土基坑在变形计算时，仅考虑膨胀土吸水后抗剪强度衰减，进行 c、φ 值的折减，得到的结果是偏于危险的。因为膨胀土吸水后，不仅土体抗剪强度发生衰减，同时还会产生一部分膨胀力，且此膨胀力不容忽视。因此，在实际工况下，支护桩的桩身位移会大于模型计算结果。

3　预防措施

根据上述分析结果可知，水是影响成都黏土地区基坑产生变形破坏的主要因素，而且在成都黏土基坑设计中，单纯折减土体力学参数的计算方法对工程安全来说是不可靠的。

因此，在成都黏土基坑设计中，应综合考虑土体力学参数折减与遇水产生的膨胀力的影响。在施工中，重点做好基坑的防排水措施与变形监测。建议对坡顶地面进行封闭、坡脚进行排水，坡面开挖后及时进行挂网喷浆，对坡顶已产生的裂缝及时进行勾缝处理，并且查明基坑周边的地下水管和沟渠，确保不出现泄露现象，保证基坑安全。监测时，应及时通报变形过大的现象并采取相应的紧急预案，防止基坑进一步变形破坏造成危害。

4　结论

（1）悬臂桩支护的成都黏土基坑的破坏现象具有一定的普遍性，其主要破坏形式为局部破坏和整体破坏。

（2）对于成都黏土基坑的设计，仅考虑土体力学参数折减是不可靠的，还需综合考虑土体遇水后产生的膨胀力。

（3）水是成都黏土基坑发生变形破坏的主要因素，在施工中需加强基坑的防排水措施。

成果2：成都某膨胀土基坑边坡失稳机理分析

出版源：建筑科学，2015，31（9）：8～12.

1 基坑工程概况

　　研究的基坑工程位于成都东郊，所在区域为著名的成都黏土（膨胀土）的分布区域。基坑地层分为三层，分别为第四系人工堆积填土层、冰水沉积黏土层以及白垩系关口组泥岩。基坑边坡土体主要以弱—中等膨胀性的黏土层为主，黏土层天然含水率20%。边坡支护工程共有单排桩、双排桩以及土钉墙三种形式，本文研究对象为单排桩段基坑边坡，基坑总长50m，开挖深度6m，锚固深度5m；悬臂桩桩长11m，桩径为1m，桩间距分别为0.8m、1.0m、1.2m、1.4m、1.6m，基坑边坡支护设计图如图1所示。该膨胀土基坑边坡于2012年9月20日开挖完成，在10月初连续降雨条件下，基坑边坡出现桩间土鼓出、支护结构错断、边坡整体变形过大等破坏现象，严重影响了基坑工程的进一步施工以及周围道路的安全运行。

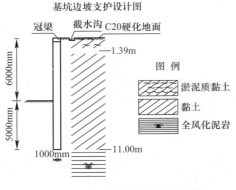

图1　基坑边坡支护设计图

　　（1）支护结构较大变形及破坏

　　悬臂桩桩身变形监测资料分析表明，基坑边坡自9月20日开挖完成，至9月28日，边坡变形较小，边坡土体含水率在天然含水率20%左右。在9月29日至10月6日期间，基坑工程区域连续降雨一周，降雨沿着边坡土体裂隙持续入渗，边坡表层土体含水率达到28%左右。边坡变形出现突变且持续增加，由测斜仪桩身测试曲线（图2）可知，桩顶变形最大处位于桩顶位置，10月5日桩顶变形达到60mm。在降雨的影响下，桩身变形曲线呈直线型，基坑底部变形最大达到30mm，表明支护结构锚固抗力不足甚至锚固段失效。

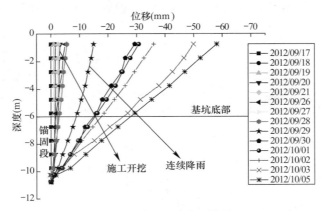

图2　悬臂桩桩身变形曲线

同时，基坑边坡悬臂桩通过冠梁连接协调变形，由于悬臂桩变形较大，冠梁承受较大剪力，导致冠梁多处产生宽 1～2mm 的贯通裂缝，基坑边坡始端冠梁也出现 100mm 的裂缝（图 3）。

（2）基坑边坡变形破坏

在 10 月初连续降雨的影响下，基坑边坡整体也出现了一系列的破坏现象（图 4）。10 月 5 日，基坑边坡后缘开始出现多条宽 3mm 的贯通裂缝，其后裂隙以 4mm/d 左右的速率持续扩张，10 月 12 日，后缘裂隙宽达 30mm，最近裂缝距基坑边坡 2m，最远 8m。

图 3　冠梁裂缝　　　　　　　　　图 4　基坑边坡破坏现象

由上述对该基坑边坡的变形破坏过程分析可知，膨胀土基坑边坡自开挖后，并未产生较大变形。在连续降雨的影响下，降雨沿膨胀土裂隙持续入渗，支护结构出现较大变形及破坏，且结构锚固段锚固效果不足甚至失效，最终导致基坑边坡出现较大的变形破坏。

2　膨胀土基坑边坡失稳机理分析

为了进一步分析基坑边坡失稳机理，本文以悬臂桩桩间距为 1.0m、1.4m 的膨胀土基坑边坡为原型设计了一组离心试验，模型全尺寸为 60cm（长）×40cm（宽）×40cm（高），模型示意图如图 2.1 所示，模型相似比为 40。

试验过程中，先降雨让边坡膨胀效应充分作用，然后将膨胀作用后的模型进行离心试验。这一过程分解了降雨条件下膨胀作用和降雨条件下土体强度衰减作用对边坡变形的影响。试验最终结果以及变形测试结果如图 5、图 6 所示。

图 5　试验模型图　　　　　　　　图 6　模型试验结果

最终平均变形达到了 2.5mm，通过相似比转换为 100mm，与现场情况类似，考虑模型采用密实的重塑黏土，试验结果稍大于现场监测结果。因此，离心试验基坑边坡模型在降雨条件下也发生了较大的整体变形。

综合基坑边坡破坏的现场观察、监测资料及离心试验，对该膨胀土基坑边坡的失稳机理分析如下：

(1) 土体膨胀效应对边坡的影响

室内离心试验变形结果（图7）表明，开挖卸荷引起的边坡变形量较小；模拟降雨过后，边坡变形增大，平均桩顶位移达到1.5mm左右。现场测试以及模型试验测试结果表明，在降雨条件下，基坑边坡表层含水率由天然含水率20％增加到28％，且含水率变化区域达到2m左右。根据室内膨胀试验初始含水率与膨胀力的关系曲线（图8），可计算含水率变化时产生的膨胀力，这部分膨胀力将以附加荷载的形式作用下支护结构上，因此，雨水沿裂隙入渗，膨胀土体含水率增加产生附加的膨胀力，影响基坑边坡的稳定性。

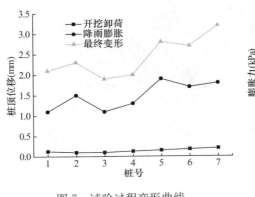

图7　试验过程变形曲线　　　　图8　初始含水率与膨胀力的关系曲线

(2) 土体强度衰减对边坡的影响

计算结果表明，在降雨条件下，基坑边坡强度参数出现了大幅度的衰减。根据经典土压力理论，基坑边坡土体强度参数降低导致主动土压力增大以及被动土压力减小；基坑边坡潜在滑动面的强度参数同时降低，引起边坡失稳。

(3) 锚固段局部失效对边坡的影响

在降雨条件下，由于场地防排水措施不足，该基坑底部土体达到饱和状态后形成隔水层，造成边坡坡脚位置积水；离心模型取样试验结果表明，坡脚土体也进入软塑状态。结合现场桩身变形曲线（图2）分析，连续降雨后基坑底部位移达到30mm，说明支护结构局部锚固段失效；锚固点下移，支护结构提供的锚固抗力不足，最终导致基坑边坡失稳。

3　关于膨胀土基坑边坡设计的建议

(1) 本文认为膨胀土含水量变化是附加膨胀力计算的依据。建议在勘察阶段，对膨胀土相关参数随含水率的变化规律进行系统的试验。

(2) 建议在设计过程中，结合勘察资料，强度参数按照强度与含水率变化的关系进行取值；同时，还应考虑膨胀荷载在设计计算中的具体应用。

(3) 建议设计时，预留地基抗力不足的安全储备，比如加深锚固段长度。在施工阶段加强坑底，特别是支护坡脚的防排水措施。

4　结论

(1) 通过基坑边坡破坏现象的调查分析、现场监测和离心试验，分析该膨胀土基坑边坡的变形失稳机理：①降雨条件下，边坡土体含水率变化区域产生膨胀力，膨胀力以附加荷载的形式作用在支护结构上，影响边坡的稳定性；②降雨条件下，边坡土体含水率变化区域强度降低，导致边坡失稳；③降雨条件下，基坑边坡坡脚土体积水软化，导致局部锚固段失效，影响支护结构的支护效果。

（2）从勘察、设计以及施工三个方面提出了膨胀土相关参数随含水率变化的测试与取值，以及地基抗力的安全储备等改进建议，对膨胀土基坑工程具有参考价值。

成果3：膨胀性黏土不稳定斜坡变形成因机制及防治措施

出版源：全国工程地质大会，2012.

　　该文以此膨胀土不稳定斜坡为对象进行研究，通过坡体地质环境、物质特性及稳定性验算，分析其变形成因机制，为后续斜坡治理和工程建设提供必要的参考依据及建议。

　　某实验中学南侧不稳定性斜坡主要以具有膨胀性的黏土为主，建筑施工过程中，由于在开挖坡脚前没能采取有效的支护措施，同时在坡顶大面积堆置施工弃土，造成斜坡体上部出现地表开裂及盛水池、输水管拉裂等，坡前缘正在建造的建筑地基不同的鼓裂和基础变形等不良现象（图1、图2）。一旦遇有持续降雨使其失稳，将严重毁坏其上部的正在使用配套用房，威胁斜坡前缘正在施工的建（构）筑物生产安全以及影响规划用地建设的适宜性等。

图1　斜坡变形产生的裂隙　　　　　图2　斜坡变形引起基础弯曲

1　工程地质条件概况

　　不稳定斜坡位于某市涪城区蒋家沟南侧。根据场地勘察报告，该斜坡地处浅丘丘状斜坡及中部丘间洼地，属丘间洼地与浅丘丘状斜坡地貌类型。斜坡体后缘基岩露头陡坎，东西两侧以冲沟为界。发生变形破坏时，前缘已存在人工开挖直立边坡，高度8.0m～10.0m，形成较陡的临空面。发生变形破坏的不稳定斜坡纵向长200.0m，横向长约600.0m，总面积约为0.12km²；斜坡变形体平均厚度为5.0m，其上部多为梯形叠瓦状旱地，总体积约$60 \times 10^4 m^3$，属于中型不稳定斜坡。斜坡主滑方向地面坡度为28°。不稳定斜坡形状、范围、分区及勘察剖面布置见图3。

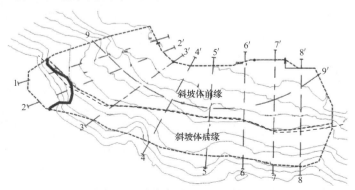

图3　不稳定斜坡工程地质平面

通过钻探揭露，该斜坡地层从上至下依次由第四系全新统人工填土层（Q_4^{ml}）、第四系中下更新统冰水沉积层（Q_{1+2}^{fgl}）和下伏侏罗系七曲寺组泥岩（J_{3q}）构成。

2　斜坡体变形特征和膨胀土特性及影响因素

2.1　变形特征

根据斜坡的变形形态和变形特征，为便于进行表述和有针对性地分析，在垂直变形方向上划分成 I_1、I_2 和 I_3 三个大区域，在沿变形方向上将斜坡大区划分成的基础上由分类成 II_{i1}、II_{i2} 二个亚区域（图4）。局部最大下挫高度为15cm（图1），由于该区位移较大，造成上部新修的配套用房基础发生弯曲破坏（图2）。

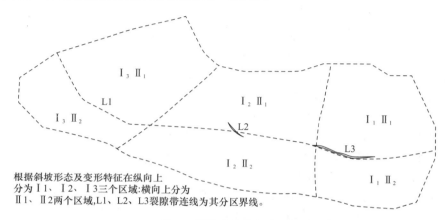

根据斜坡形态及变形特征在纵向上
分为 I_1、I_2、I_3 三个区域;横向上分为
II_1、II_2 两个区域,L1、L2、L3裂隙带连线为其分区界线。

图 4　斜坡破坏特征分区

I_2 区域位于不稳定斜坡中部，该区域变形相对较小，仅发育1条裂隙，延伸长度为5.2m，裂隙张开度为 10mm～20mm（图5、图6）。

图 5　I_2 区变形产生的裂隙　　图 6　I_2 区变形产生的裂隙

I_3 区域位于不稳定斜坡西侧，该区域由于变形较大，上部输水管道被拉裂（图7、图8）。根据在 II_{i1} 区内的变形监测数据反映，其每天的变形量在 20mm/d 左右。

在垂直变形方向上，根据裂隙的发育位置及延伸状态和区域划分。II_{i1} 区位于不稳定斜坡北部，长约 100.0m，宽约 500.0m，面积约 0.07km²，其内裂隙大量发育，房屋变形、水管拉裂等均出现在该区域，为不稳定斜坡强变形区；II_{i2} 区位于不稳定斜坡南侧，长约 80.0m，宽约 600.0m，面积约 0.05km²，内裂隙发育少，斜坡变形位移较小，为不稳定斜坡的弱变形区域。

图 7　I_3 区变形产生的裂隙　　　　图 8　I_3 区变形引起水管拉裂

综合上述，该斜坡变形特征主要表现为两侧大中间小；前部大、后部小的特征。总体上呈现两侧拖曳中部，前部牵引后部的变形趋势。

2.2　膨胀特性

该黏土层天然含水率较高，液限和塑限及塑限性指数均较大，且具有典型膨胀性黏土的特征。通过胀缩性分析统计可知，该黏性土膨胀力最大为 72.80kPa，自由膨胀率最大为 52%，最小为 45%，平均值为 48%，具弱膨胀潜势。

不稳定斜坡坡体为膨胀土，促使其变形为内因和外因联合作用的结果。变形内因主要为土体的胀缩性、地表水下渗改变土体形状（软化）等；变形外因主要为坡前无治理措施和不合理的人工切坡形成临空面和坡顶大量堆土附加荷载。其中水的作用因素又是影响外因素的关键，对膨胀土斜坡稳定性起主要控制作用。

3　不稳定斜坡变形成因机制分析及状态判定

3.1　坡脚临空应力松弛及坡顶超载成因机制

由于斜坡坡体主要为覆盖与顶板一定坡度泥岩上的具有膨胀性的黏性土，在坡体前缘开挖造成临空面时，由于坡体下部卸荷、土体纵向松弛、崩裂等原因，在土体发育较多裂隙的浅层形成应力释放区，坡体土体崩塌松散，坡顶超载更加剧了土体侧胀和土体内裂隙发展；而深部土体则侧胀不明显，因此，在深浅交界处裂隙卸荷带产生较大水平剪应力而形成潜在滑带，并逐渐随着裂缝的发展深入至泥岩层，斜坡体形成沿基覆界面发生滑移变形。下部土体滑动后，上部土体所受的侧向阻力消失，形成了与下部土体相同的应力状态和空间条件，便再次产生向后缘延伸的拖曳中部及牵引后部滑移。在平缓宽阔的边坡上，上部土体有可能和下部土体的再滑移同时产生，形成多级滑移。

3.2　坡体岩性成因机制

由于斜坡坡体主要为膨胀性土，坡体下部卸荷、土体纵向松弛、崩裂、干湿交替等原因，在应力释放和崩塌时，使土体原已浅部存在较多的裂隙更加发育，并逐渐发展深入至泥岩层，透水性随深度由强变弱。大气降雨后，由于坡体坡度较缓，地表径流较慢，增加了雨水的下渗量。浅部土体在遇水后迅速膨胀，形成更明显的应力释放区，坡体土体崩解、松散，而深部土体则膨胀不明显，因此，在卸荷裂隙不显著的深浅交界处带形成潜在滑移面。由于泥岩的弱透水性（隔水层），地下水渗入后，膨胀土体在水作用下崩解、软化，则形成基覆界面上的滑移带。下部土体滑动后，上部土体所受的侧向阻力消失，便产生进一步滑动。在平缓宽阔的边坡上，上部土体有可能和下部土体再滑动同时产生，形成多级滑动。

3.3　滑移渐变成因机制

在应力松弛和坡体岩性成因机制基础上，伴随着坡体后缘自坡面向深部发展的拉裂缝的发育和发展，引发斜坡体向坡前临空方向发生不同发展状态过程的剪切蠕变滑移的加剧，最终形成大范围的变形破坏。分为表层蠕动变形阶段、后缘拉裂变形阶段、蠕滑破坏阶段。

3.4　各区域状态判定

根据上述分析，该不稳定斜坡体纵向上 I_1 区域由于斜坡体人为堆载及边坡开挖，斜坡变形量较大；I_2 区域虽然其前缘开挖高度较大，但因其土层厚度较小，且坡面坡度较为平缓，其变形量也较小；I_3 区域由于膨胀土厚度大，且坡度相对较陡，前缘开挖高度较大，变形量也较大。纵向上由于 II_{i1} 区域内膨胀土厚度较大，加上前缘大量开挖坡脚和坡体上部堆载，使得该区域内变形位移较大；II_{i2} 区域由于膨胀土层较薄，加上 II_{i1} 区域尚未形成滑动，其牵引力较小，变形也不明显，处于表层蠕动阶段。

4　斜坡稳定性计算及防治措施及建议

4.1　稳定性计算

目前 II_{i1} 区斜坡处于欠稳定状态，边坡安全储备较低；II_{i2} 区斜坡目前处于基本稳定状态，当 II_{i1} 区变形加大，带动 II_{i2} 区变形，则可能转向欠稳定甚至不稳定状态，其安全储备不大。

4.2　边坡防治措施建议

对该不稳定斜坡的治理应依据膨胀土的特性、坡体前缘开挖形成临空面和膨胀土坡体以及在降雨等因素作用等诱因和机制，可采取综合治理措施：

（1）对该斜坡体上裂缝进行封填，并转离坡体上部的堆载弃土，减少地表水下渗和超载作用；

（2）在斜坡体后缘和中部修筑截水沟和排水沟，形成有效的地表排水系统；

（3）针对建（构）筑物与不稳定斜坡的相互位置关系，在开挖坡体前缘修筑抗滑柱或挡土墙等进行支挡和防护。通过后期的监测资料来证实，治理效果明显，达到了预期的治理目标。

5　结论

通过对膨胀土斜坡的物质组成、变形特征及成因等分析，可以得到以下结论：

（1）由富含蒙脱石的黏土夹卵石等物质组成的膨胀土斜坡，具有裂隙发育、亲水性强、遇水后抗剪强度弱化，是变形体变形的内在因素；大气降雨入渗和变形体前缘边坡开挖形成的临空条件是诱发和促成该变形体变形的主要外在因素。

（2）膨胀土斜坡的稳定性分析，应结合地形、地貌和变形形态及特征，采取分区分段的进行。

（3）膨胀土不稳定斜坡的变形主要是以蠕动、拉裂变形为主，且前部蠕滑牵引后部变形的渐进破坏模式。

（4）膨胀土不稳定斜坡，应针对变形体内外影响因素，采用"转离弃土、裂缝封填、修建截水沟、抗滑支挡"等切实有效的综合治理措施。

成果4：柔性支护黏性土基坑非极限被动土压力研究

出版源：工程地质学报，2018，26（4）：898～904.

该文在前人研究的基础上考虑边坡土拱效应以及非极限位移状态下内摩擦角、黏聚力的发挥值与边坡位移的关系，应用微层分析法、应力摩尔圆分析边坡土体应力状态、迭代计算搜索边坡潜在滑动面，推导研究在柔性变形模式下，黏性土基坑非极限被动土压力计算式。

1 非极限状态下强度参数的发挥值

当柔性支护面向土体移动而处于中间被动状态时，土的内摩擦角没有全部发挥，而是处于初始值和极限值之间的某个值。徐日庆等（2013）利用黏性土应力摩尔圆以及卸荷应力路径的三轴试验类比墙后土体的侧向变形过程，建立了主动区非极限状态下土体内摩擦角发挥值与位移比的关系，本文利用其思路推导了被动区非极限状态下土体内摩擦角发挥值 φ_m 与位移比 η 的关系。

$$\sin\varphi_m = \frac{\eta\sin\varphi_w(1+K_0)+\eta(1-K_0)-(1-R_f+\eta R_f)(1-K_0)(1-\sin\varphi)}{\eta\sin\varphi_w(1+K_0)+\eta(1-K_0)+(1-R_f+\eta R_f)(1+K_0)(1-\sin\varphi)} \quad (1)$$

对于墙土之间的外摩擦角 δ_{qm}，在考虑复杂位移模式下的土压力问题时，采用龚慈等（2006）提出的公式：

$$\tan\delta_{qm} = \tan\delta_0 + \frac{4}{\pi}\arctan\eta(\tan\delta-\tan\delta_0) \quad (2)$$

同时，假设支护结构与土体之间黏聚力发挥值 c_{qm} 和土的黏聚力发挥值 c_m 随位移具有相同的变化规律。支护结构与土体之间的黏聚力 $c_q = 2c/3$，黏聚力发挥值可根据应力莫尔圆的几何关系得到：

$$c_m = \frac{\tan\varphi_m}{\tan\varphi}c, \quad c_{qm} = \frac{\tan\varphi_m}{\tan\varphi}c_q \quad (3)$$

2 柔性支护黏性土基坑应力状态分析

基坑边坡在变形过程中，边坡被动区土体形成一条水平倾角由上向下逐渐减小的滑裂面，如图1所示的BC面。取边坡被动区滑动土体某一层土条 i 进行力学行为分析（图2），土条受到下部土体和支护结构的双重约束，下部土体阻止其水平移动，支护结构阻止其竖向移动。双重约束共同作用下，边坡土体产生土拱效应，出现剪应力和剪切变形，且两个方向的剪应力大小相等，方向相反。若支护结构光滑时，边坡土体便不出现剪应力作用，

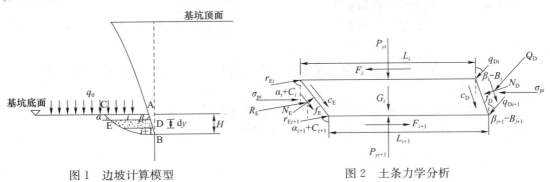

图1 边坡计算模型   图2 土条力学分析

与朗肯土压力理论一致。因此，考虑支护结构与土体之间摩擦的作用下边坡滑动土体的水平土条间一定存在剪应力作用。

（1）对滑裂面土体 E 点进行应力状态分析（图 3），土体受竖向和水平正应力、剪应力作用，主应力发生偏转。

（2）对桩前土体 D 点进行应力状态分析（图 4），土体受竖向和水平正应力、剪应力作用，主应力发生偏转。

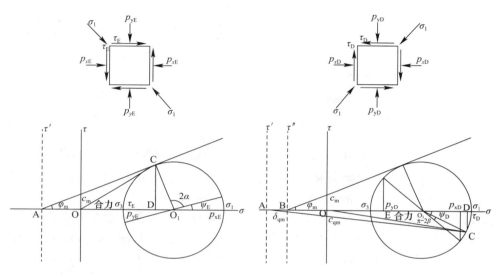

图 3　滑裂面土体应力状态　　　　　图 4　桩前土体应力状态

3　柔性支护非极限被动土压力计算公式推导

基于静力平衡等式关系，假定边坡顶面滑裂面长度 L_0 以及滑裂角 α_0，进行逐层计算。通过逐层计算解得墙脚附近的土层长度 L_n，若 L_n 不为 0 则需调整 L_0，重新计算直至 L_n 基本接近 0 为止，完成滑动面搜索。同时求解柔性支护非极限被动土压力计算公式：

$$p_{yi} = \frac{p_{yDi} + p_{yEi} + 2c_{mi}\cot\varphi_{mi}}{2} = \frac{(k_{pi}-1)(\sigma_{3i} + c_{mi}\cot\varphi_{mi})(2 - \cos\psi_{Di}\sin\varphi_{mi} - \cos\psi_{Ei}\sin\varphi_{mi})}{4\sin\varphi_{mi}}$$

（4）

柔性支护基坑被动土压力即为正压力、正压力产生的摩擦力以及支护结构与土体之间的黏聚力的合力。被动土压力及作用角表达式为：

$$E_{pi} = \sqrt{(p_{yi}K_i - c_{mi}\cot\varphi_{mi})^2 + [(p_{yi}K_i - c_{mi}\cot\varphi_{mi})\tan\delta_{qmi} + c_{qmi}]^2}$$

（5）

$$\theta = \arctan\left[\frac{(p_{yi}K_i - c_{mi}\cot\varphi_{mi})\tan\delta_{qmi} + c_{qmi}}{p_{yi}K_i - c_{mi}\cot\varphi_{mi}}\right]$$

（6）

经验证，与经典 Rankine 黏性土的被动土压力计算公式一致，说明以上推导过程是正确的。

4　柔性支护非极限被动土压力计算结果比较

成都某黏性土基坑边坡深 6m，长 300m，采用柔性桩支护，桩长 11m，桩径 1m，桩间距 2m。黏性土土性参数如下：重度 $\gamma = 22\text{kN} \cdot \text{m}^{-3}$，强度参数 $c = 25\text{kPa}$，$\varphi = 15°$。桩土之间强度参数不明，可取 $c_q = 2c/3 = 16.67\text{kPa}$，$\delta_q = 2\varphi/3 = 10°$。

根据以上几何、土性参数以及边坡位移条件，采用本文的理论推导过程进行柔性桩黏性土非极限被动土压力求解，同时与杨泰华计算理论、经典 Rankine 计算理论进行对比分析，本文计算理论潜在滑动面曲线和杨泰华计算理论、经典 Rankine 计算理论滑动面曲线（图 5）。土压力计算结果（图 6）。

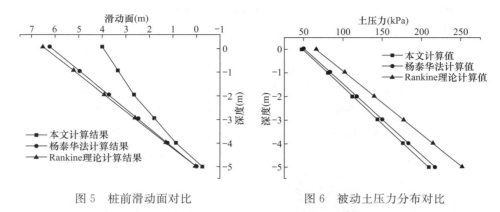

图 5　桩前滑动面对比　　　　　　图 6　被动土压力分布对比

本文的计算值与杨泰华法和 Rankine 理论计算值相比，非极限被动土压力合力分别小 4％和 19％，合力作用位置距桩底距离分别小 0.5％和 1.5％。

朗肯经典土压力理论假设桩前土体达到极限平衡状态，抗剪强度发挥至最大值，因此求得的滑裂面范围和土压力均偏大；杨泰华理论在朗肯理论的基础上，假定土体的抗剪强度与位移存在非线性关系，将位移对土压力的影响考虑至土压力计算式中，但未对土层之间剪应力影响产生的土拱效应进行分析，因此，求得的滑裂面和土压力虽小于经典理论，但仍偏大；本文理论通过应力莫尔圆给出了抗剪强度发挥值的计算公式，同时在土层受力分析时考虑了土拱效应的影响，计算得到的土压力和滑裂面范围更适用于柔性支护黏性土基坑非极限被动土压力计算。

5　结论

（1）考虑极限状态下被动区土体强度参数的发挥值、主应力偏转、水平土层剪应力作用和柔性变形、滑动面倾角变化的影响，分析研究了在柔性变形模式下黏性土基坑被动区土体应力状态。

（2）通过微层力学分析、静力平衡、摩尔强度理论等方法搜索了非极限柔性变形模式下黏性土基坑边坡被动区潜在滑动面，同时推导了柔性支护黏性土基坑非极限被动土压力的计算式。

（3）计算理论与经典理论的实例计算结果表明，本文计算理论得到的被动土压力小于经典理论计算值，合力作用位置低于经典理论值，计算得到的潜在滑动面为一水平倾角随深度逐渐减小的曲面，范围明显小于极限条件下滑动面。

（4）通过应力摩尔圆给出了抗剪强度发挥值的计算公式，同时在土层受力分析时考虑了土拱效应的影响，计算得到的土压力和滑裂面范围更适用于柔性支护黏性土基坑非极限被动土压力计算。

成果 5：基于摩尔-库仑准则的膨胀土弹塑性本构模型及其数值实现

出版源： 土木建筑与环境工程，2017（2）：92～99.

该文旨在提出一个以湿度应力场理论为基础，具有工程实用价值的膨胀土弹塑性本构模型，简化目前膨胀土弹塑性本构研究中的塑性准则，在摩尔-库仑准则的基础上，结合室内试验得到的含水量变化与变形、强度和膨胀参数变化之间的关系，提出基于摩尔-库仑准则的膨胀土弹塑性本构模型，并通过 FLAC3D 软件所提供的二次开发程序接口实现自定义本构计算；并以成都东郊某膨胀土基坑边坡为实例，通过室内试验、渗流计算得到含水量变化与变形、强度和膨胀参数变化之间的关系以及湿度场分布，采用该本构模型进行数值计算，计算结果与现场监测结果相吻合，验证了该本构模型的正确性。

1　基于摩尔-库仑准则的膨胀土弹塑性本构模型的建立

1993 年缪协兴受温度应力场理论的启发，提出了一种弹性湿度应力场理论。膨胀土在无约束条件下吸水会产生自由膨胀，给定含水量的变化 $w(x, t)$，在弹性范围内的总应变为：

$$\varepsilon_{ij}^{'} = \alpha \delta_{ij} \omega \tag{1}$$

在有约束条件下膨胀土吸水时，$\varepsilon_{ij}^{'}$ 不能自由发生，因此会产生膨胀应力，膨胀应力也要产生附加应变。因此，总应变变化为

$$\varepsilon_{ij} = \varepsilon_{ij}^{''} + \varepsilon_{ij}^{'} \tag{2}$$

同时可写成总应力形式：

$$\sigma_{ij} = \frac{\upsilon E}{(1+\upsilon)(1-2\upsilon)} \delta_{ij} \varepsilon_{kk} + \frac{E}{1+\upsilon} \varepsilon_{ij} - \alpha \frac{E}{1-2\upsilon} \delta_{ij} \omega \tag{3}$$

式（3）即为弹性状态下的总应力表达式，等式右边前两项即为用 $E\text{-}\mu$ 型模型表达的弹性模型，最后一项 $\alpha \frac{E}{1-2\upsilon} \delta_{ij} \omega$ 即为膨胀效应产生的膨胀应力附加项，其中，$\frac{E}{1-2\upsilon}$ 可认为是膨胀效应时膨胀模量，是弹性模量、泊松比函数。

结合在 M-C 模型中，当应力超过剪切、拉伸屈服准则，则进行塑形修正，其中剪切、拉伸屈服准则与膨胀土的强度参数有关，均为含水量的函数，可通过试验获得相关关系曲线：

$$f^s = \sigma_1 - \sigma_3 N_\phi + 2c \sqrt{N_\phi} \tag{4}$$

$$N_\varphi = \frac{1 + \sin(\varphi)}{1 - \sin(\varphi)} \tag{5}$$

$$f_t = \sigma_3 - \sigma^t \tag{6}$$

$$\sigma_{max}^t = \frac{c}{\tan\varphi} \tag{7}$$

1.1　变形参数

本文通过三轴试验对成都膨胀土进行变形参数试验研究，试验结果如图1、图2。

根据不同含水量下泊松比、弹性模量与体积应力的变化曲线，进行数据拟合，回归方程为：

$$\upsilon = 0.0015 \times P + 0.5 + \frac{0.15 - 0.5}{1 + e^{\frac{\omega - 0.205}{0.435}}} \tag{8}$$

$$E = (0.63w + 0.05) \times P - 587.21\omega + 166.26 \qquad (9)$$

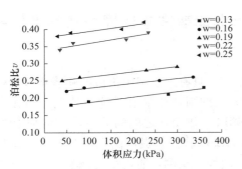

图 1　不同含水量下泊松比与
体积应力的关系

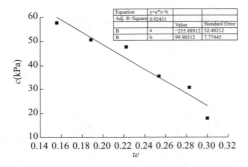

图 2　不同含水量下弹性模量与
体积应力的关系

1.2　强度参数

通过不同含水量条件下成都膨胀土直剪试验，研究成都膨胀土强度参数随含水量的变化关系，试验结果见图 3、图 4。

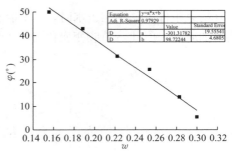

图 3　不同初始含水率下 c 值的变化规律　　图 4　不同初始含水率下 φ 值的变化规律

由图可知，强度参数 c、φ 随含水量的增加而降低，回归方程为：

$$c = -255.9w + 99.9 \qquad (10)$$

$$\varphi = -301.3w + 98.7 \qquad (11)$$

1.3　膨胀参数

本文按照丁振洲提出的等同样试验方法对成都膨胀土进行膨胀率随含水量变化的试验研究，测得试验曲线如图 5 所示。

由图可知，不同初始含水量条件下，土样自然膨胀力的增长趋势相近，对曲线形态进行近似拟合见式（12），即为膨胀土弹塑性本构模型中膨胀应变的表达式。

$$\varepsilon_{\rm p} = 0.004\omega_0^{-1.8636}\ln\frac{e(w - w_0) + (0.32 - w)}{0.32 - w_0}$$

$$(12)$$

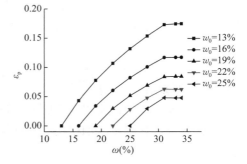

图 5　膨胀率随过程含水量变化曲线

2 膨胀土本构模型的二次开发

2.1 FLAC3D 的二次开发及程序流程图

根据 FLAC3D 中摩尔-库仑本构模型的编写过程，考虑基于摩尔-库仑准则的膨胀土弹塑性本构模型程序流程图见图 6。

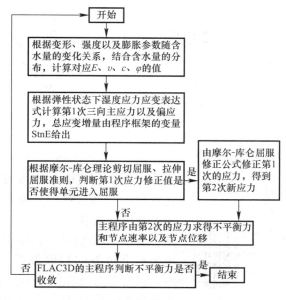

图 6 膨胀土本构模型程序流程图

2.2 二次开发的实现

采用 Visual Studio 2005 编程软件实现上述文件修改后，即可创建一个动态链接库文件。在数值计算过程中，通过主程序调用此动态链接库文件，即可实现自定义本构模型的计算。

3 算例验证

所选算例为成都东郊某膨胀土基坑边坡，所在区域为著名的成都黏土（膨胀土）的分布区域。基坑边坡土体主要以弱-中等膨胀性的黏土层为主，黏土层天然含水率 18%。所选边坡支护工程为单排桩，基坑长 50m，开挖深度 6m，锚固深度 5m；悬臂桩桩长 11m，桩径 1m；现场桩身变形测试点共 3 个，分别为 1 号、2 号和 3 号。通过现场量测桩间距，建立 FLAC3D 基坑边坡数值计算模型如图 7 所示。

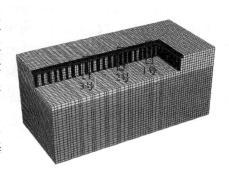

图 7 基坑数值计算模型

3.1 边坡含水量分布

现场监测结果表明，24h 持续大雨后，基坑边坡变形显著增加，以 3 号变形测试点为例，测试结果如图 8 所示。

结合在成都膨胀土地区裂隙统计调查结果，确定影响降雨入渗的裂隙深度为 1m 左右。

3.2 数值计算结果及分析

在进行降雨影响下数值计算之前，进行天然工况下的模拟计算，验证计算模型的正确性。提取数值模型变形测试点计算结果，与现场测试结果对比如图 9 所示，由图可知，数值计算结果与现场变形相近。

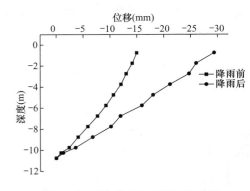

图 8　降雨前后边坡变形监测曲线

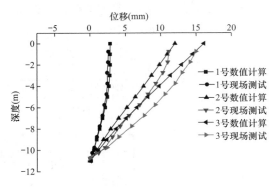

图 9　降雨前变形测试点变形对比曲线

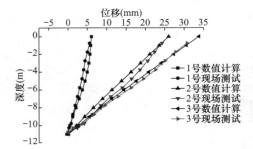

图 10　降雨后变形监测点变形对比曲线

根据 3.1 节中基坑边坡渗流计算结果，提取含水量的分布，赋值至基坑边坡数值计算模型，即为基坑边坡在大雨 24h 后的湿度场，结合本文基于摩尔-库伦模型的膨胀土本构模型便可进行降雨影响下边坡的数值分析，计算结果如图 10 所示，由变形对比曲线可知，计算模型和现场边坡在降雨 24h 后均产生了较大的变形，两者变形曲线相近，验证了基于摩尔-库仑模型的膨胀土本构模型的正确性。

4　结论

（1）在湿度应力场理论基础上，考虑含水量变化与变形、强度和膨胀参数变化之间的关系，提出了基于摩尔-库仑准则的膨胀土弹塑性本构模型。

（2）依据 FLAC3D 所提供的二次开发程序，结合基于摩尔-库仑准则的膨胀土弹塑性本构模型，研究了数值软件二次开发程序运行的基本原理，给出了自定义本构模型的程序框图和代码编写中的几个关键技术。

（3）通过算例验证了二次开发的基于摩尔-库仑模型的膨胀土本构模型程序的正确性与合理性。二次开发的研究成果更趋向于工程实用，对于膨胀土本构模型的程序研制具有一定的参考价值。

成果 6：玄武岩纤维复合筋材在岩土工程中的应用研究

出版源：四川建筑，2015，36（5）：85～87.

该文以成都绿地东村 8 号地块工程建设为依托，开展了玄武岩纤维复合筋材在岩土边坡支护工程中的应用研究。在正确掌握玄武岩纤维复合筋材各项物理力学特性的基础上，利用玄武岩纤维复合筋材替换一般钢筋对基坑边坡岩土进行锚喷支护，并对边坡支护效果进行了长期观测，验证了玄武岩纤维复合筋材在岩土工程中作为锚杆及网筋的可行性。本次应用研究成果可以为今后玄武岩纤维复合筋材在工程建设中的推广应用提供可借鉴的工程经验。

1　玄武岩纤维筋材物理力学特性

在将玄武岩纤维复合筋材作为岩土边坡锚杆和面网之前，首先对玄武岩纤维复合筋材的物理力学特性进行了室内测试试验，测试内容包括材料的抗拉强度、弹性模量、抗腐蚀性以及与砂浆黏结性能等。

根据室内试验测试结果可知，玄武岩纤维复合筋材密度约 $1.9g/cm^3$～$2.1g/cm^3$。不同直径玄武岩纤维筋材抗拉强度平均值约 916.7MPa～1139.4MPa，拉伸弹性模量平均值约 46.3GPa～54.3GPa。实测耐碱强度保留率平均值为 96％，耐酸强度保留率平均值为 92.6％。对于常用尺寸的工程锚杆（10mm 以上），玄武岩纤维复合筋材与 M20、M30 砂浆黏结强度约为 5MPa，与 C30 混凝土黏结强度约为 8MPa，试验筋材直径越大则黏结强度越小。玄武岩纤维复合筋材与普通钢筋物理力学特性对比可以看出玄武岩纤维复合筋材抗拉强度、黏结强度和耐腐蚀性均优于普通钢筋。

2　现场应用试验方案

在掌握玄武岩纤维筋材的物理力学特性后选取适合的工程进行玄武岩纤维筋材现场应用研究。成都绿地中心 8 号地块基坑工程南侧行车通道边坡采用三道 HRB335 钢筋锚杆＋挂网喷浆支护，锚杆采用 25mm 钢筋，间距 1.5m，面网采用 8mm 钢筋，间距 150mm。边坡上部两排锚杆长度为 9m，坡脚最下部锚杆长度为 8m。该边坡的原支护设计方案非常适合采用玄武岩纤维筋材替换钢筋，同时该边坡稳定性对基坑安全影响也较小，因此在考虑到安全性和不修改原边坡支护方案的前提下选取了该边坡为玄武岩筋材锚杆试验边坡。

由于玄武岩复合筋材还没有可参考的相关设计规范，因此在设计中引用了普通钢筋锚杆的设计理论，按照等强度原则使用玄武岩筋材替换钢筋，然后再对玄武岩筋材的黏结强度进行验算，同时保证满足锚杆自身强度和锚固力的要求。根据上述设计原则，最终采用 14mm 的玄武岩筋材替换原设计中 25mm 的钢筋锚杆，采用 4mm 的玄武岩筋材替换 8mm 的面网钢筋。

为了对比分析玄武岩纤维筋材和普通钢筋在边坡支护中的差异性，在试验边坡中还留出了 20m 边坡采用原有的钢筋锚杆支护方案进行施工。

3　玄武岩纤维筋材锚杆施工方法

在本次应用试验施工中则采用了钢筒管＋黏接剂的方式实现了筋材相互间的连接问题。加工的锚具由钢筒管和四根"L"形钢筋对称焊接而成，锚具与玄武岩纤维筋材则通过黏结剂固定，加工完成带锚具的玄武岩筋材锚杆如图 1 所示。

图 1　加工完成的玄武岩纤维筋材锚杆

为了对比玄武岩筋材锚杆和钢筋锚杆的受力特征，在玄武岩筋材锚杆和钢筋锚杆中分别安装了应力测试元件，测试元件间距 2m，如图 2 所示。

玄武岩筋材锚杆安装完成后，锚具上的"L"形钢筋将裸露并卡在孔口外侧。将锚具上的"L"形钢筋与面网筋材绑扎黏结固定，最后在坡面喷射混凝土硬化表面，完成边坡支护施工。玄武岩筋材锚杆锚具与面网连接如图 3 所示。

玄武岩筋材锚杆现场试验边坡现场施工期间和施工完成后的照片如图 4、图 5 所示。

图 2　应力测试元件安装

图 3　玄武岩筋材锚杆锚具

图 4　试验边坡施工

图 5　试验边坡完成后

4　锚杆受力及边坡变形特征

在试验边坡使用期间对边坡中玄武岩筋材锚杆和钢筋锚杆拉力进行了长期监测，两种锚杆不同位置处的拉力随时间变化曲线如图 6、图 7 所示。从图中可以看出，两种锚杆在使用初期拉力都比较小，但锚杆拉力随时间的增加而增大，其中钢筋锚杆最大拉力约为 14.8kN，玄武岩筋材锚杆最大拉力约为 13.4kN。在边坡使用期间，两种锚杆的拉力均小于设计值，处于安全范围，但拉力大小并未变化趋于稳定。

在现场试验边坡中埋设测斜管，并在边坡使用期间对边坡变形进行了长期测量，两边坡的变形曲线如图 8、图 9 所示。从图中可以看出，钢筋锚杆边坡最大变形约为 1.7mm，玄武岩筋材锚杆边坡最大变形约为 1.2mm，不同类型锚杆支护的边坡变形量总体都较小，处于安全范围内。

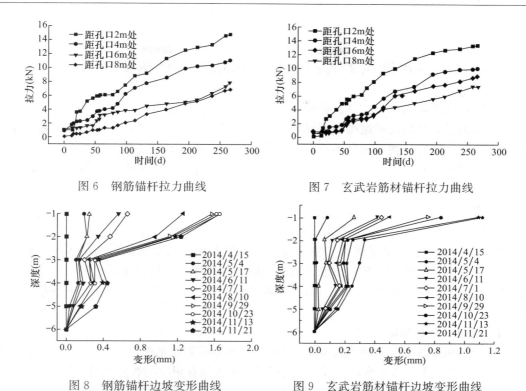

图 6   钢筋锚杆拉力曲线   图 7   玄武岩筋材锚杆拉力曲线

图 8   钢筋锚杆边坡变形曲线   图 9   玄武岩筋材锚杆边坡变形曲线

5   结论

根据玄武岩纤维筋材锚杆现场应用及锚杆受力监测结果可以得出以下结论：

（1）采用玄武岩筋材替换现有普通钢筋，对岩土边坡进行锚喷支护是可行的，玄武岩筋材锚杆同样能够有效保证边坡安全。

（2）钢筋锚杆和玄武岩筋材锚杆拉力测试结果表明，两种锚杆的受力变化特征基本一致，且锚杆拉力都比较小，远低于锚杆设计强度，边坡处于稳定状态，但锚杆拉力仍未稳定。

成果 7：基于灰色理论的膨胀土场地基坑支护结构变形预测

出版源：四川建筑，2012，32（4）：195～197.

多数情况下，基坑支护结构的变形属于单调递增，这种变形系统由于影响因素尚不清晰和复杂多变，因此可视为灰色系统。该文结合膨胀土场地基坑工程的变形监测结果，利用灰色系统理论的 GM（1，1）预测模型，对基坑变形进行总体预测，以指导类似工程的安全控制。

在成都市市区以东，洛带以西，金堂以南，新店子以北地区三级阶地上，大面积连续分布的膨胀土最为典型。该地区膨胀土往往裂隙密集，裂隙强度只有土体强度的 $1/4 \sim 1/3$。近几年，随着城市的扩展，工程建设规模的扩大和高层及超高层的增多，一般都涉及基坑工程。由于基坑的开挖，改变了膨胀土原覆存的环境，其含水量、吸力、重度等参数随之变化，必然引起土体的强度衰减，导致基坑变形加剧，以致影响膨胀土场地基坑的稳定性。

1 GM（1，1）灰色预测模型

根据灰色预测理论将观测到的基坑支护结构变形数据看作是在一定幅区、一定时区变化的灰色过程，并把无规则的原始数据序列进行累加生成为有规律的数据序列，然后进行建模预测，从而实现对系统演化规律的正确描述、评估和有效监控。其建模预测步骤如下：

（1）原始数据的处理。根据式（1）对原始数据进行一次累加生成处理；

（2）构造矩阵 B 与 y_N。根据具体模型构造；

（3）用最小二乘法进行计算计算 GM（1，1）预测模型中参数列 β；

（4）建立时间响应函数。建立时间响应函数就是求自动化形式微分方程的解。其方程是将求得的参数列 β 的各个分量代入所构造的微分动态方程，进而求得时间响应函数。

2 工程应用

成都市东郊某深基坑位于锦江区建材路与迎晖路交汇处东北角，场地地貌为岷江水系 Ⅱ级阶地，场地分布的膨胀性黏土自由膨胀率在 $42\% \sim 54\%$，平均值为 49%，胀缩等级为 Ⅰ级。基坑为地下室 2 层。项目 ± 0.00m 相当于绝对标高 516.00m，基础底标高为 504.60m，现场地自然标高为 518.32m～519.49m，基坑开挖深度最深达 14.90m。基坑支护采用排桩＋斜撑＋桩顶土钉墙的支护结构形式。

该项目施工期正逢雨季，由于膨胀土富含有强亲水性的蒙脱石、伊利石黏土矿物，当水分进入土体时，颗粒吸附大量的水分在自身周围形成水膜，使颗粒周围的结合水膜增厚，颗粒间的距离增大，土体中的原始孔隙度增大，颗粒间的联结力减小，导致土体的变形和强度明显变化。为确保基坑支护结构及周围建筑物的安全，实现信息化施工。基坑施工时对基坑壁土体位移及周边建筑物、道路等变形采用了全站仪进行观测，开挖期间监测每 2d 观测一次。本文选用具有代表性的基坑开挖最深区域压顶冠梁变形监测 10 号点的原始数据利用 GM（1，1）模型对基坑变形进行预测。

利用建立的模型，对本实例工程的基坑支护结构后期数据进行预测，并与后期观测结果进行对比，得实测值与预测值比较曲线见图 1。

由图 1 可以发现，预测时间间隔越久，预测值与实际观测值的偏差逐渐增大，这与 GM（1，1）模型建立所采用观测数据的时间段较短以及模型本身的特点有关。随着时间的推移，系统受干扰的因素不断变化，干扰因素的影响，造成了数据的发散，因此系统状态也在不断变化。

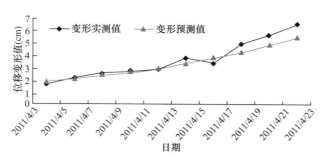

图 1　实测值与预测值比较

3　结束语

（1）基坑开挖初期监测数据贫乏，后期影响因素复杂多变，但其变形单调递增，近似满足灰指数规律，用灰色理论模型预测方法进行基坑变形预测体现灰色理论模型的优越性；

（2）灰色理论用于成都膨胀土地区基坑支护结构变形预测是建立在严格的数学计算基础之上的，具有较高的预测精度，并通过实际基坑工程的预测计算检验和实测变形观测结果对比，表明此理论方法是可行的；

（3）由于灰色理论模型预测是基于前期数据的预测，因此在应用时要不断结合新的变化情况和数据建立动态的 GM（1，1）模型，每预测一步，参数作一次修正，使预测模型不断优化、更新，获取的预测结果更符合实际状态，以提高预测精度和预警效果。

成果 8：基坑支护加固装置

申请公布号： CN104153373A；

发明人： 王成；颜光辉；符征营；代东涛；兰丁柯；章学良；康景文

1 技术背景

随着城市用地的日趋紧张，地下室的建设的步伐也在日趋加快，基坑支护成为地下结构基坑开挖的一个重要环节。目前，在基坑施工中广泛采用支护桩作为基坑支护结构，以防止基坑周边环境变形和基坑垮塌，确保工程建设的顺利进行以及施工安全。在一些基坑施工过程中，由于基坑周边环境的变化，或者因项目需要，需要将即将施工完成的基坑加深，此时，原基坑支护结构已经成型，无法变更，加深后的基坑支护结构整体刚度和抗倾覆能力变弱。因此，如何提高加深后的基坑支护结构整体刚度和抗倾覆能力，是本领域技术人员目前需要解决的技术问题。

2 发明内容

本发明公开了一种基坑支护加固装置，包括劲性旋喷桩及用于与支护桩一侧贴合的旋喷加固土体，劲性旋喷桩设置于所述旋喷加固土体内，劲性旋喷桩包括劲性体及与所述劲性体外表面贴合的旋喷体。通过在支护桩一侧设置旋喷加固土体和劲性旋喷桩，增强基坑底部土体抗力，有效地避免了支护桩在工作过程中变形的情况，提高加深后的基坑支护结构的整体刚度和抗倾覆能力。并且相对于其他加固桩体，劲性旋喷桩施工工期较短，实现了基坑支护加固装置快速、有效完成。

劲性旋喷桩为多个。多个所述劲性旋喷桩轴线形成的面与多个所述支护桩轴线形成的面平行。相邻两个所述劲性旋喷桩之间的距离相等。劲性旋喷桩通过桩顶连梁固定连接，还包括多根锚索，锚索包括锚杆及固定于锚杆端部的锚头，锚杆头部和所述锚头均与所述桩顶连梁锚固连接，锚杆尾部固定于相邻两个支护桩之间，锚杆轴线与水平面之间的夹角范围为 10°～30°。劲性旋喷桩与多个支护桩一对一对应。

通过上述描述可知，在本发明提供的基坑支护加固装置中，通过在支护桩一侧设置旋喷加固土体和劲性旋喷桩，增强基坑底部土体抗力，有效地避免了支护桩在工作过程中变形的情况，提高加深后的基坑支护结构的整体刚度和抗倾覆能力。相对于其他桩体，劲性旋喷桩施工工期较短，实现了基坑支护加固装置快速、有效完成。

3 说明

为了更清楚地说明本发明实施例或现有技术中的技术方案，图件仅仅是本发明的一些实施例，还可以根据这些附图获得其他的附图。图1为本发明提供的基坑支护加固装置的结构示意图；图2为图1所示基坑支护加固装置的俯视图。图中1—旋喷加固土体；2—锚头；3—锚杆；4—劲性旋喷桩；4-1—旋喷体；4-2—劲性体；5—支护桩；6—桩顶连梁；7—加深后基坑底线；8—加深前基坑底线。

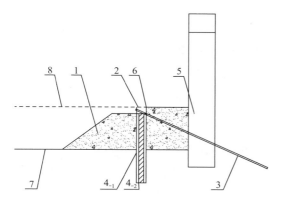

图 1　基坑支护加固装置的结构示意图

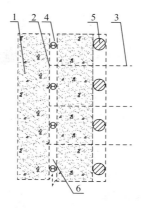

图 2　基坑支护加固装置的俯视图

成果 9：一种锚拉内支撑组合基坑支护结构

授权公告号： CN206052733U；

发明人： 许凡；郭兆明；刘智超；李可一；兰丁克；季德志；王岩；铁富强；聂俊；康景文

1 技术背景

随着城市建设的不断发展，地下空间的开发与建设也即是大势所趋。基坑支护就成为地下结构施工的一个重要环节。目前基坑施工中广泛采用单独的支护桩支护结构、锚拉桩支护结构作为基坑支护结构，以防止基坑周边环形变形和基坑垮塌，确保工程建设施工的顺利进行。单独的支护桩支护结构、锚拉桩支护结构整体刚度较差，由于基坑周边环境变化，地面排水、降雨等影响，容易造成支护结构受力增加或支护体系效力减弱，从而造成基坑支护体系变形过大，甚至导致基坑支护体系失效，严重威胁到建筑施工安全。通常，为避免上述情况的发生，会选用排桩＋内支撑或锚拉桩甚至双排桩等支护方式来达到更好的支护效果，但同时也增加了施工难度和工程造价。

2 发明内容

本实用新型公开了一种锚拉内支撑组合基坑支护结构，属于基坑支护领域，包括支护桩、内支撑及其立柱，以及锚索，支护桩沿基坑壁设置，立柱与内支撑对应设置于基坑内，立柱与支护桩之间连接有至少一道形成固定支撑体系的内支撑，支护桩和基坑壁之间还连接有至少一道锚索，锚索一端埋入基坑侧壁，另一端锚固于支护桩上。本实用新型是一种减少支护桩桩身弯矩和配筋量，有效控制变形，节约工程造价的锚拉内支撑组合基坑支护结构。

一种锚拉内支撑组合基坑支护结构，包括支护桩、内支撑及其立柱，以及锚索，支护桩沿基坑壁设置，立柱与内支撑相应设置于基坑内，立柱与支护桩之间连接有至少一道形成固定支撑体系的内支撑，支护桩和基坑壁之间还连接有至少一道锚索，锚索一端埋入基坑侧壁，另一端锚固于支护桩上。

相邻两根支护桩的间距相等。内支撑设置于支护桩和立柱之间，且其一端分别与支护桩和立柱通过预埋件固定连接，另一端连接与固定支撑体系上。支护桩和立柱嵌入基坑底土体内。锚索以 15°～35° 置入基坑壁土体中，端头通过锚板与支护桩锚固连接。

3 说明

图 1 是本实用新型实施例 1 的立面结构示意图；图 2 是本实用新型实施例 2 的立面结构示意图；图中，1—支护桩，2—内支撑，3—立柱，4—锚索，5—基坑壁，6—基坑底。

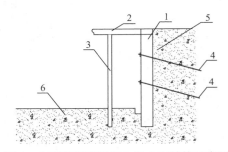 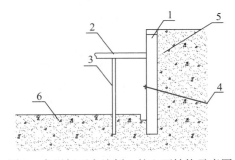

图 1　实用新型实施例 1 的立面结构示意图　　　　图 2　实用新型实施例 2 的立面结构示意图

成果 10：一种玄武复合筋材基坑支护桩

授权公告号：CN206693244U；

发明人：康景文；陈云；胡熠；陈春霞；钟静；杜超；纪智超

1　技术背景

随着社会的发展，时代的进步，越来越多的建筑开始向地下开拓空间，随之而来的基坑支护特别是深基坑支护也就成为地下空间拓展所面临的必须解决的关键问题之一。目前，较经济适用的深基坑支护体系一般采用钢筋混凝土支护桩支护体系或者钢筋混凝土支护桩＋锚索的锚拉桩支护体系，在部分地层较软弱，周边环境受限的场地，也会采用造价相对较高的内支撑或者地下连续墙支护体系。对于普通的钢筋混凝土支护桩，一般由钢筋骨架和混凝土组成。在实际施工中，作为主筋的纵向钢筋一般在出厂时都是固定长度，要达到设计桩长，就需要现场焊接，据规范规定，一定长度范围内不允许有多个焊接口，这样就势必造成部分截断钢筋的利用率大打折扣，且作为箍筋的盘筋进场后需要进行调直，工序繁多，直接导致了施工成本提高。另外，钢筋的现场堆放，也要选择合适的场地，注意防水防锈，在一定的土质以及水质的影响下容易发生腐蚀，从而影响其工作性能及其耐久性，甚至影响整个支护体系的安全度。

2　实用新型发明内容

一种玄武岩复合筋材基坑支护桩，其特征在于：包括设于地基中的竖直桩孔，设于桩孔内的钢筋固定支架，以及填充于桩孔之中的混凝土，钢筋固定支架上沿周向布置有若干根竖向的玄武岩复合筋材的竖筋，各玄武岩复合筋材的竖筋外环向设置有玄武岩复合筋材的箍筋，钢筋固定支架和玄武岩复合筋材的竖筋顶部出露于桩孔外预留有用于与桩顶冠梁连接的部分。

作为选择，钢筋固定支架由上下平行间隔设置的若干钢筋定型圈，以及设置于钢筋定型圈外周的若干根纵向钢筋组成；钢筋固定支架的纵向钢筋与玄武岩复合筋材的竖筋竖向等长平行设置；玄武岩复合筋材的竖筋在钢筋定型圈外周上均匀布置并通过扎丝绑扎固定；玄武岩复合筋材的箍筋等间距环绕分布在玄武岩复合筋材的竖筋外侧并通过扎丝绑扎固定；玄武岩复合筋材的竖筋为表面光滑或带有螺旋花纹的圆柱体筋材。

3　说明

本实用新型主方案及其进一步选择方案可以自由组合以形成多个方案，均为本实用新型可采用并要求保护的方案；并且本实用新型（非冲突选择）选择之间以及和其他选择之间也可以自由组合。本领域技术人员在了解本发明方案后根据现有技术和公知常识可明了有多种组合，均为本实用新型所要保护的技术方案，在此不做穷举。

图 1 是本实用新型实施例的立面结构示意图；图 2 是图 1 的 A-A 剖视图；图 3 是本实用钢筋固定支架大样图；图 4 是图 3 的 A-A 剖视图；图中，1—纵向钢筋，2—钢筋定型圈，3—竖筋，4—箍筋，5—混凝土。

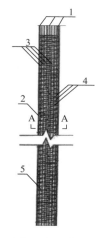

图 1　新型实施例的立面结构示意图

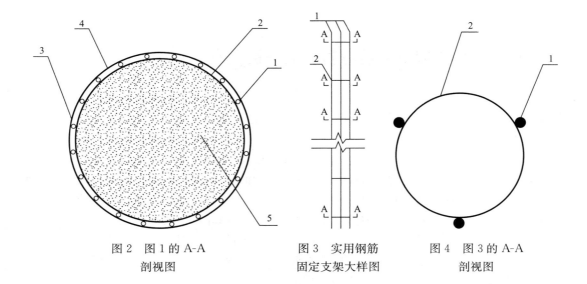

图 2　图 1 的 A-A　　　图 3　实用钢筋　　　图 4　图 3 的 A-A
剖视图　　　　　　　固定支架大样图　　　剖视图

成果 11：一种玄武岩复合筋材锚杆格构梁支挡结构

授权公告号：CN206503150U；

发明人：颜光辉；黎鸿；章学良；陈海东；符征营；贾鹏；代东涛；徐建；铁富强；康景文

1　技术背景

目前在建筑施工领域广泛采用土钉墙或锚杆挡土墙等支挡结构对边坡进行支挡，以确保边坡稳定性和限制其变形及进行边坡防护。土钉墙或锚杆挡土墙主要运用于地下水不丰富、周边环境较简单的边坡，然而土钉墙或锚杆挡土墙支挡最大的缺点就是支挡高度有限，因其使用大量钢筋而容易随钢筋变形而边坡变形过大或稳定性降低，从而给环境安全带了一定的威胁甚至风险。同时，锚杆、格构梁作为锚杆挡土墙支护结构的主要构件和用钢材的部位，钢筋易腐蚀且变形性能随受力时间而衰减，对特殊地层适用性受限，且钢筋连接施工工序烦琐，不利于简化施工和节约成本。

2　实用新型内容

（1）一种玄武岩复合筋材锚杆格构梁支挡结构，其特征在于：包括铺设于边坡坡面的混凝土面板、格构梁以及固定于边坡内的若干排 BFB 锚杆，BFB 锚杆出露于边坡坡面并与格构梁锚定，混凝土面板设于由格构梁组成的网格内；

（2）如权利要求 1 所述的玄武岩复合筋材锚杆格构梁支挡结构，其特征在于：BFB 锚杆与格构梁通过可使锚固钢筋和 BFB 筋材伸入其中且可黏接的钢弯管或带有锚固板、BFB 筋材可伸入其中且可黏结的钢管进行锚固；

（3）如权利要求 1 所述的玄武岩复合筋材锚杆格构梁支挡结构，其特征在于：混凝土面板由 BFB 筋材网片或钢筋网片及其可包裹网片的喷射混凝土形成；

（4）如权利要求 1 所述的玄武岩复合筋材锚杆格构梁支挡结构，其特征在于：格构梁由 BFB 筋材骨架或钢筋骨架及浇筑混凝土形成；

（5）如权利要求 1 所述的玄武岩复合筋材锚杆格构梁支挡结构，其特征在于：混凝土面板与格构梁通过预埋件固定连接或混凝土面板与格构梁整体浇筑混凝土形成。

3　说明

图 1 是本实用新型实施例的断面结构示意图；图 2 是图 1 的局部放大图；图 3 是实用新型实施例的平面结构示意图；图中，1—坡底，2—边体，3—混凝土面板，4—BFB 锚杆，5—钢管，6—锚固钢筋，7—锚板，8—格构梁。

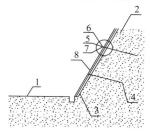
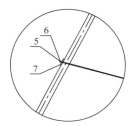
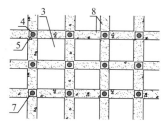

图 1　实用新型实施例的　　　　图 2　局部放大图　　　　图 3　实用新型实施例的
　　　断面结构示意图　　　　　　　　　　　　　　　　　　　　平面结构示意图

成果 12：疏墩增强型土钉墙基坑支护结构

授权公告号： CN205999901U

发明人： 郭婷婷；田川；周祥；杨致远；陈曦；张芬；邵钦；王宁；王岩；康景文

1 技术背景

目前在建筑基坑工程领域广泛采用支护桩或土钉墙对基坑边坡进行支护，以保护基坑作业安全。土钉墙主要运用于地下水位以上、基坑周边环境较简单的基坑，然而土钉墙支护最大的缺点就是，支护深度有限、自稳性不强、容易变形，从而给施工安全带了一定的风险。

2 实用新型内容

本实用新型的目的在于克服现有土钉墙支护技术的缺点，提供一种减小土钉墙变形、加强基坑侧壁土体自稳能力、加速基坑开挖进度的疏墩增强型土钉墙基坑支护结构。

本实用新型的目的通过以下技术方案来实现：疏墩增强型土钉墙基坑支护结构，它包括基坑、支护疏墩和土钉墙，基坑的边缘设置有多组支护疏墩，所述的基坑的侧壁上且位于支护疏墩之间设置有土钉墙，土钉墙由多排土钉和混凝土面板组成，土钉与水平面之间的夹角为 30°～35°，混凝土面板由与土钉连接的钢筋网及在钢筋网上喷射混凝土形成。

所述的支护疏墩由多个支护桩构成；支护桩顶部设置有连系梁；支护疏墩整体呈矩形状或三角形状；土钉水平面之间的夹角为 35°。

本实用新型具有以下优点：

（1）本实用新型支护疏墩克服了土钉墙整体稳定性不足、支护深度有限、变形大的缺陷。

（2）本实用新型利用支护疏墩的土拱效应减少了土钉墙所承受的侧向压力。

（3）支护疏墩的设置有效减短土钉长度，控制土钉墙的变形。

（4）支护疏墩的支撑效用加速了基坑开挖进度。

3 说明

图 1 为本实用新型的结构示意图；图 2 为图 1 的 A-A 剖视图；图 3 为本实用新型的施工流程图；图中，1—基坑，2—支护疏墩，3—土钉墙，4—支护桩，5—土钉，6—混凝土面板，7—连系梁。

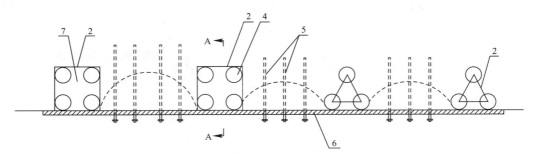

图 1　实用新型的结构示意图

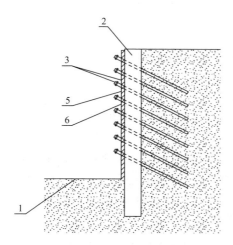

图 2　A-A 剖视图

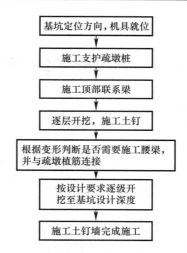

图 3　实用新型的施工流程图

299

成果 13：微型锚拉桩与土钉墙联合支挡结构

授权公告号：CN203795438U；

发明人：唐建东；王平；郭伟；卢华峰；扬万金；李建勇；康景文

1　背景技术

在建筑施工过程中，通常采用边坡支护装置对边坡进行支护，以保证边坡的稳定性，确保作业安全。目前，采用的边坡支护装置大多为土钉墙，在土钉墙施工过程中，对进行逐层开挖，逐层支护。将土层开挖到设定位置，通过钻孔机钻孔，将土钉设置于孔内，并向孔内灌浆，以达到稳定边坡的效果；在开挖土层的坡面上设置面板，使土钉与面板固定，进而通过面板支护坡面的作用。但是，土钉墙主要运用于周边有足够的放坡空间，需要进行较大量的土方开挖，从而导致了对边坡进行支护的施工成本较高，施工期限较长。

因此，如何确保支护效果，降低施工期限及施工成本，是本技术领域人员亟待解决的问题。

2　实用新型内容

本实用新型公开了一种微型锚拉桩与土钉墙联合支挡结构，包括土钉墙及支护桩；土钉墙包括土钉墙混凝土面板（4）及设置于所述土钉墙混凝土面板（4）上的土钉（3）；支护桩包括灌注桩（1）及固定设置于所述灌注桩（1）上的锚杆（2）；灌注桩（1）设置于所述土钉墙混凝土面板（4）的一端。本实用新型提供的微型锚拉桩与土钉墙联合支挡结构，利用土钉墙施工速度快、造价低的特点，支护土性较好的土层边坡；利用支护桩中灌注桩成孔简捷、施工速度快和易于控制桩身质量及减少施工难度等特点，支护软弱土层边坡。通过土钉墙及支护桩相配合形成组合支挡体系，对边坡形成良好的支护体系，确保支护效果的同时，提高施工效率，降低施工期限及施工成本。本实用新型涉及建筑施工设备技术领域，特别涉及一种微型锚拉桩与土钉墙联合支挡结构。

3　说明

为了更清楚地说明本实用新型实施例或现有技术中的技术方案，描述中的附图仅仅是本实用新型的一些实施例，还可以根据这些附图获得其他的附图。

图 1 为本实用新型实施例提供的微型锚拉桩与土钉墙联合支挡结构的第一种结构示意图；图 2 为本实用新型实施例提供的微型锚拉桩与土钉墙联合支挡结构的第二种结构示意图。图中，1—灌注桩，2—锚杆，3—土钉，4—土钉墙混凝土面板，5—锚固端头，6—冠梁。

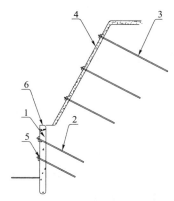

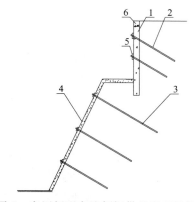

图 1　实用新型实施例提供的微型锚拉桩
与土钉墙联合支挡结构的第一种结构示意图

图 2　实用新型实施例提供的微型锚拉桩
与土钉墙联合支挡结构的第二种结构示意图

成果 14：一种应力释放型钢筋箍笼砂井基坑降水装置

授权公告号： CN206157748U；

发明人： 符征营；刘智超；陈海东；季德志；郭兆明；许凡；张军新；兰丁克；贾踊；康景文

1 技术背景

随着城市建设的不断发展，地下空间的开发与建设也即是大势所趋。且随着地下结构埋置深度的增加，不可避免地存在地下水影响的问题。地下水不仅给地下结构基坑支护的施工带来困难，且容易造成支护结构受力增加或支护体系效力减弱，从而造成基坑支护体系变形过大，甚至导致基坑支护体系失效，严重威胁到建筑施工安全，尤其在侧壁土体具有膨胀性区域的基坑工程。通常，基坑支护降水采用管井降水或止水帷幕，两者均存在施工周期长、环境影响大、难度大的缺点，且无法按照工程实际需要进行灵活机动设置，以便有效节约施工成本。

2 实用新型内容

本实用新型公开了一种应力释放型箍笼砂井基坑降水装置，涉及建筑基坑工程施工降水领域，包括井孔、钢筋或 BFB 筋材箍笼和砂石滤料，基坑顶部沿基坑周边布置有若干竖直深于基坑的井孔，井孔内沿孔壁设置对孔壁稳定有一定支撑作用的钢筋或 BFB 筋材箍笼，箍笼内填充有砂石滤料。本实用新型利用砂井可压缩变形的性能释放基坑侧壁中井孔周边围力，有效减少土体因含水量变化产生的侧向膨胀力对支护结构的附加荷载，施工方便，采用 BFB 筋材时节约钢筋，降水设置成本更低。

本实用新型涉及建筑基坑工程施工降水领域，特别是基坑支护降水装置。

3 说明

图 1 是本实用新型实施例的俯视示意图；图 2 是本实用新型实施例的剖视示意图；图中，1—井孔，2—钢筋箍笼，3—砂石滤料，4—潜水泵，5—出水管。

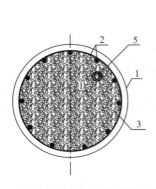 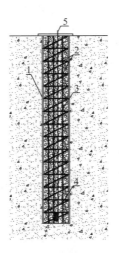

图 1　实用新型实施例的俯视示意图　　图 2　实用新型实施例的剖视示意图

参 考 文 献

[1] 中华人民共和国国家标准. 水利水电工程地质勘察规范 GB 50487—2008 [S]. 北京：中国计划出版社，2009.

[2] 中华人民共和国国家标准. 建筑基坑工程监测技术规范 GB 50497—2009 [S]. 北京：中国计划出版社，2009.

[3] 中华人民共和国国家标准. 建筑地基基础设计规范 GB 50007—2011 [S]. 北京：中国建筑工业出版社，2011.

[4] 中华人民共和国国家标准. 膨胀土地区建筑技术规范 GB 50112—2013 [S]. 北京：中国建筑工业出版社，2012.

[5] 中华人民共和国国家标准. 岩土工程勘察规范 GB 50021—2011（2009 年版）[S]. 北京：中国建筑工业出版社，2009.

[6] 中华人民共和国行业标准. JTG C—2011 公路工程地质勘察规范 [S]. 北京：人民交通出版社，2011.

[7] 中华人民共和国行业标准. JGJ 120—2012 建筑基坑支护技术规程 [S]. 北京：中国建筑工业出版社，2012.

[8] 中华人民共和国行业标准. J 1408—2012 铁路特殊岩土工程勘察规范 [S]. 北京：中国铁道出版社，2012.

[9] 中华人民共和国行业标准. JGJ 79—2012 建筑地基处理技术规范 [S]. 北京：中国建筑工业出版社，2013.

[10] 广西壮族自治区地方标准. DB45T 396—2007 广西膨胀土地区建筑勘察设计施工技术规程 [S]，2007.

[11] 云南省地方标准. DBJ53T 83—2017 云南膨胀土地区建筑技术规程 [S]. 昆明：云南科技出版社，2017.

[12] Avsar E，Ulusay R，Sonmez H. Assessments of swelling anisotropy of Ankara clay [J]. Engineering Geology，2009，105（1）：24-31.

[13] Bishop A W，Alpan I，Blight G E，et al. Factors controlling the shear strength of partly saturated cohesive soils. ASCE Research Conference on Shear Strength of Cohesive Soils，1960.

[14] Bjerrum，Eide. Stability of strutted excavation in clay [J]. Geotechnique，1956（1）：32-47.

[15] Baker R，Kassiff G. Mathematical analysis of swell pressure with time for partly saturated clays [J]. Canadian Geotechnical Journal，1968，5（4）：216-224.

[16] Cui Y J，Yahia-Aissa M，Delage P. A model for the volume change behavior of heavily compacted swelling clays [J]. Engineering Geology，2002，64：233-250.

[17] Fredlund D G，Morgenstern N R，Widger R A. The shear strength of unsaturated soils [J]. Canadian Geotechnical Journal，1978，15（3）：313-321.

[18] Franklin J. A ring swell test for measuring swelling and shrinkage characteristics [J]. International Journal of Rock Mechanics and Mining Sciences，1984，21（3）：113-121.

[19] Faheem. H，Cai F. U，Gai．K. Two-dimensional base stability of excavations in soft soils using FEM [J]．Computers and Geotechnics，2003，11（30）：141-163.

[20] Terzaghi K. Soil mechanics in engineering practice [M]. John Wiley & Sons，1996.

[21] Zhiqing li，Chuan Tang. Research on model fitting and strength characteristics of critical state for expansive soil [J]，2013. 19（1）：9-15.

[22] 工程地质手册编委会. 工程地质手册（第五版）[M]. 北京：中国建筑工业出版社，2018.

[23] 刘国彬，王卫东. 基坑工程手册（第二版）[M]. 北京：中国建筑工业出版社，2018.

[24] 龚晓南，侯伟生. 深基坑工程设计施工手册（第二版）[M]. 北京：中国建筑工业出版社，2018.

[25] 杨果林，胡敏，申权等. 膨胀土高边坡支挡结构设计方法与加固技术 [M]. 北京：科学出版社，2017.

[26] 程展林，龚壁卫. 膨胀土边坡 [M]. 北京：科学出版社，2015.

[27] 李广信. 高等土力学 [M]. 北京：清华大学出版社，2012.

[28] 赵其华，彭社琴. 岩土支挡与锚固工程 [M]. 成都：四川大学出版社，2008.

[29] 陈育民，徐鼎平. FLAC/FLAC3D基础与工程实例（第二版）[M]. 北京：中国水利水电出版社，2017.

[30] 中国建筑西南勘察设计研究院. 深基坑土钉墙支护结构现场测试研究 [R]，1998.

[31] 中国建筑西南勘察设计研究院有限公司. 岩土工程系列问题研究—膨胀土与软弱地基专题研究 [R]，2012.

[32] 中国建筑西南勘察设计研究院有限公司. 绿地中心蜀峰468超高层城市综合体绿色岩土关键技术研究 [R]，2016.

[33] 中国建筑西南勘察设计研究院有限公司. 锦江城市花园二期基坑变形分析 [R]，2008.

[34] 中国建筑西南勘察设计研究院有限公司. 蓝光上城4号地基坑复合土钉墙试验 [R]，2008.

[35] 中国建筑西南勘察设计研究院有限公司. 白鹤小区B区6♯楼东侧边坡变形治理工程勘察 [R]，2012.

[36] 中国建筑西南勘察设计研究院有限公司. 玄武岩纤维复合筋材岩土锚固性能及应用技术研究 [R]，2018.

[37] 颜光辉. 成都地区膨胀土力学特性试验研究 [D]. 西南交通大学，2013.

[38] 谢琨. 成都市某膨胀土深基坑支护设计研究 [D]. 成都理工大学，2014.

[39] 章李坚. 膨胀土膨胀性与收缩性的对比试验研究 [D] 成都：西南交通大学，2014.

[40] 梁作显. 悬臂排桩支护膨胀土基坑边坡优化设计 [D]. 西南交通大学，2015.

[41] 龙飞. 成都裂隙性黏土基坑土压力计算方法研究 [D]. 西南交通大学，2015.

[42] 韦国耀. 成都膨胀土基坑稳定性控制因素研究 [D]. 西南交通大学，2015.

[43] 周根郊. 成都膨胀土基坑边坡降雨条件与支护结构内力关系的数值模拟研究 [D]. 西南交通大学，2016.

[44] 刘康. 某膨胀土基坑边坡支护结构的变形影响因素分析 [D]. 西南交通大学，2016.

[45] 孙跃进. 桩锚支护膨胀土深基坑边坡变形规律研究 [D]. 西南交通大学，2016.

[46] 杨玉堂. 不同基坑支护结构下膨胀土基坑边坡变形响应分析 [D]. 西南交通大学，2016.

[47] 陈伟乐. 膨胀土膨胀性与强度衰减关系的研究 [D]. 西南交通大学，2016.

[48] 贺建军. 膨胀土深基坑开挖对临近地铁建筑变形控制的研究 [D]. 西南交通大学，2016.

[49] 纪智超. 成都地区膨胀土基坑悬臂桩支护设计理论及设计方法研究 [D]. 长安大学. 2016.

[50] 全国首届膨胀土科学研讨会论文集 [C]. 成都：西南交通大学额出版社，1990.

[51] 陶太江，王志建，张家善. 膨胀土的工程特性对开挖边坡稳定性的影响 [J]. 工程勘察，1994（2）：18-22.

[52] 徐永福，吴正根，刘传新. 膨胀土的击实条件与膨胀变形的相关性研究 [J]. 河海大学学报，1997，25（3）：57-60.

[53] 姚海林，郑少河，李文斌，陈守义. 降雨入渗对非饱和膨胀土边坡稳定性影响的参数研究 [J]. 岩石力学与工程学报，2002，21（7）：1034-1039.

[54] 沈珠江，米占宽. 膨胀土渠道边坡降雨入渗和变形耦合分析 [J] 水利水运工程学报，2004（3）：

7-11.

[55] 严国全，许仁安，何兆益. 成都龙泉驿地区膨胀土特性及处治研究 [J]. 重庆交通学院学报，2004，02：102-106.

[56] 杨果林等. 膨胀土路基含水量在不同气候条件下的变化规律模型试验研究 [J]. 岩石力学与工程学报，2005，24（24）：4524-2533.

[57] 刘洋，王国强，周健. 降雨条件下膨胀土基坑边坡稳定性分析 [J]. 地下空间与工程学报，2005，02：296-299.

[58] 彭社琴，赵其华. 超深基坑土压力监测成果分析 [J]. 岩土力学，2006，27（4）：657-661.

[59] 吴礼舟，黄润秋. 锚杆框架梁加固膨胀土边坡的数值模拟及优化 [J]. 岩土力学，2006，27（4）：605-608.

[60] 陈铁林，邓刚，陈生水，沈珠江. 裂隙对非饱和土边坡稳定性的影响 [J]. 岩土工程学报，2006，28（2），210-215.

[61] 丁振洲，郑颖人，李利晟. 膨胀力变化规律试验研究 [J]. 岩土力学，2007（07）：1328-1332.

[62] 赵翔，康景文，蒋进等. 膨胀土地区某滑坡滑带土强度指标确定方法的研究 [C]//全国岩土与工程学术大会，2009.

[63] 张治国，张孟喜，王卫东. 基坑开挖对临近地铁隧道影响的两阶段分析方法 [J]. 岩土力学，2011，07：2085-2092.

[64] 黎鸿，颜光辉，崔同建等. 基于灰色理论的膨胀土场地基坑支护结构变形预测 [J]. 四川建筑，2012，32（4）：195-197.

[65] 王志远，康景文，颜光辉等. 膨胀性黏土不稳定斜坡变形成因机制及防治措施 [C]//全国工程地质大会，2012.

[66] 周德贤. 成都地区膨胀土物理力学性质分析探讨 [J]. 四川建筑，2012，32（4）：110-112.

[67] 赵克俭，易春艳. 双排桩支护在膨胀土地区的运用 [J]. 四川建筑，2013，3（4）：68-69.

[68] 李朝阳，谢强，康景文，渠孟飞，郭永春. 成都某膨胀土基坑边坡失稳机理分析 [J] 建筑科学，2015，31（9）：8-11.

[69] 邓安，彭涛. 成都某膨胀土深基坑支护事故分析 [J]. 四川地质学报，2015，35（1）：126-130.

编　后　话

目前，膨胀土基坑工程的支护结构主要是在一般黏性土的基础上，依据勘察报告提供的性能指标及参数结合工程经验进行设计，但设计结果往往与工程实际有一定的差距。

本书通过对膨胀土基坑边坡失效失稳案例的经验总结，从基坑支护结构受力以及边坡变形情况的实际状态出发，基于典型膨胀土基坑工程的变形监测结果的反分析，对膨胀土土-水理论、坡体湿度场计算理论、强度衰减特征、浸水湿度场应力分布、膨胀土土压力计算理论等核心内容进行系统研究，提出了膨胀土基坑边坡的设计理论和计算方法，并经过工程实践验证形成的设计方法具有可靠性和可行性，深化和完善了膨胀土基坑支护设计理论方法。

第2章对16处失稳的膨胀土基坑调查表明，膨胀土基坑变形破坏主要可分为坡体的变形破坏、支护结构的变形破坏及其对周围建筑物的安全影响三个方面；基坑变形破坏的影响因素主要有基坑的土质特性、涉水因素、设计考虑不足及施工措施不当等。并认为，膨胀土基坑的支护设计是在一般黏性土的基础上，依据勘察提供的性能指标和参数结合工程经验进行设计膨胀土基坑失效或支护结构"过剩"现象的主要原因。不同服役环境下的膨胀土基坑的变形破坏特征的归纳与总结表明，对膨胀土基坑支护设计理论展开深入探讨具有实际的工程价值。

第3章通过对膨胀土基坑的不同类型支护结构（主要有悬臂桩支护结构、锚拉支护结构、土钉支护结构等）的现行设计计算方法分析，并提出尚未有关注到降雨入渗深度对土体强度影响问题、膨胀土侧向膨胀力取值计算问题、膨胀土基坑开挖面的防护深度等问题，这也造成了目前膨胀土基坑失效或支护结构"过剩"的缺陷，为此开展膨胀土力学特性试验、基于降雨入渗深度的膨胀土力分布试验、不同支护结构的工程实践等研究，为提出基于膨胀土基坑支护设计方法提供理论依据。

第4章基于现行工程实践和膨胀土膨胀性试验方法均不能满足基坑膨胀力计算所需参数的要求，在反复试制基础上，研制了专用装置和改制常规土三轴仪为设备及单土样含水率连续变化的膨胀参数试验方法。利用自行设计研制的膨胀土单土样持续/阶段吸水条件下获取含水率-膨胀力（率）全过程膨胀曲线的专用试验装置，通过膨胀力以及膨胀率试验结果分析，得到了膨胀率与过程含水率间的方程：$\delta = 5.57 e^{0.049 w_0} \ln(w/w_0)$ 并提出了膨胀力的简明计算公式：$P = \alpha w$。采用瞬时剖面法制作了一套非饱和渗流试验装置对成都黏土的土-水特征曲线与非饱和渗透系数试验结果表明，土-水特征曲线可呈幂函数关系：$y = A x^B$，非饱和渗流系数采用 VG 模型进行拟合，拟合参数 $\alpha = 0.048\text{kPa}^{-1}$，$n = 1.79$，$m = 0.48$。不同初始含水率条件下的强度参数试验结果表明，膨胀土内摩擦角、黏聚力随着含水率的增加而降低，试验结果拟合曲线：$c = 140.61 e^{-0.058 w}$，$\varphi = -0.06 w^2 + 1.095 w + 20$。

第5章通过模型试验、现场试验和数值模拟方法研究成都膨胀土基坑在不同降雨条件下的入渗深度，并将三者得到的结果进行相互对比分析，总结成都膨胀土基坑降雨入渗深度的计算方法，并进一步推导出基于膨胀土基坑降雨入渗深度的膨胀力的分布规律和简化计算方法。

第 6 本章结合室内试验确定的岩土工程参数、数值分析和理论分析等手段，通过极限平衡状态、非极限状态应力摩尔圆分析，推导了非极限位移条件下抗剪强度参数的计算公式。结合微层力学分析、静力平衡、摩尔强度理论等方法完成膨胀力作用下的基坑滑动面的搜索，推导了非极限位移条件下膨胀土基坑主动、被动土压力计算公式。通过膨胀土基坑非极限土压力理论实例分析，对比分析了非极限位移条件下膨胀土基坑主动、被动土压力计算公式与朗肯土压力理论的不同，分别计算非极限位移土压力理论与数值分析膨胀力场影响下的边坡位移形态与现场测试结果对比，计算结果验证非极限位移土压力理论的正确性；考虑工程设计的实用性，采用数值分析的膨胀力分布进行基坑设计也是可行的，计算结果偏于安全。

第 7 章详细介绍了膨胀土基坑支护设计方法，包括膨胀土基坑的处理原则、膨胀土场地勘察方法、膨胀土基坑设计参数的试验手段和方法、膨胀土膨胀力的计算以及支护结构设计方法五个方面，全面涵盖了膨胀土基坑支护设计的全过程，对膨胀土基坑支护设计具有一定的指导和借鉴的意义。

第 8 章以成都市某一深基坑土钉支护为例，现场监测结合数值模拟，分析土钉支护基坑的支护效果。基坑的边坡开挖坡率 $1:1 \sim 1:0.5$ 情况下，若不进行支护边坡将失稳，采用设计的土钉支护体系可有效加固边坡。在实际施工过程中，采用土钉支护可以保证基坑的整体稳定性。

第 9 章的研究表明双排桩＋斜撑造价最高，次为双排桩、排桩＋锚索＋斜撑，排桩＋锚索支护效果通过现场监测和数值模拟两种方法进行综合分析，得出不同的支护方法均满足《建筑基坑工程监测技术规范》GB 50497—2009 中一级基坑桩顶水平位移报警值要求，但就经济性而言，排桩＋锚索最为经济，斜撑造价高昂且占用空间较大，施工复杂，影响基坑开挖及地下室施工。

第 10 章通过理论分析、数值计算、现场监测等方法，对膨胀土超深基坑分层开挖对既有地铁设施变形控制的效果进行了分析研究。基坑实际的变形值比设计值大且超出预警值，地铁及其附属结构也出现了一定的变形，但均稳定在可控范围内，表明目前的支护体系对边坡变形以及既有地铁设施变形控制较为明显。同时，由于紧邻地铁，膨胀土基坑开挖对临近地铁存在一定影响，但地铁轨道沉降变形较小，表明支护结构对地铁轨道的变形控制较为明显。

第 11 章针对膨胀土基坑支护结构开展了一系列的改进实践研究，认为玄武岩纤维复合筋材岩土锚固技术、高压旋喷扩大头锚索技术在膨胀土基坑中具有较好的应用效果。而在采用常规支护措施进行膨胀土基坑设计时，需要考虑支护结构几何尺寸、降雨情况、施工动荷载等因素对其支护效果的影响，施工工作时应依据场地条件，科学合理的施工，做到信息化施工和科学施工。

尽管如此，对膨胀土基坑支护设计方法的研究仍存在不同程度的缺陷。如：膨胀土中软弱结构面多数是后期各种风化营力对原生结构面的改造结果，从工程角度考虑，主要体现在结构面中的裂隙和软弱层面的特征及力学效应，基坑的稳定直接取决于结构面的组合形式和结构特性，结构面的倾向与边坡同向关系以及软弱结构面对产生变形或失稳的影响程度需要进一步研究，又如，膨胀土长期强度确定及影响问题，膨胀土在外部荷载作用下，强度随时间的增长而降低的程度如何，连续流动变形时间效应削弱土的强度可能更加突出，随时间的延长其强度降低的程度会逐渐减弱而达到某一极限值。再如，残余强度测定及影响问题。残余强度是反映坡体滑移后滑动面上的强度，开挖基坑的长期稳定分析中，应采用残余强度参数作为计算参数。因此，土体或结构面残余强度的测定及其对稳定性影响应该予以足够的重视。如此等等问题，还需要通过进行大量的工作进行深入的研究。土力学理论的不完善，土层条件的不确定性，参数选取的复杂性以及测试手段的局限性是目前岩土工程的主要特点。如何活用理论、化繁为简和重视实践是我们每一位岩土人的职责所在。需要不断发展的岩土工程原位测试技术，将岩土工程问题从实验室转移至现场，以期更加充分地认识和理解土体力学特性，为岩土工程的理论发展和工程实践提供强有力的支持。

正如沈小克勘察大师所言："天然形成的岩土材料，以及当今岩土工程师必须面对和处理、随机变异性更大和随机堆放的材料，一是材料成分和空间分布（边界）的控制难度更大，其尺度远远大于由钢筋混凝土或钢结构组成的工程结构体；二是这些非人为预设制作、组分复杂的材料存在更大的动态变异特性，会因气候条件、含水量、地下水等条件变化和场地的应力历史的不同而不同。从这个角度，岩土工程师通常需要面对和为客户承担更大的风险，需要综合运用地质学、工程地质学、水文学、水文地质学、材料力学、土力学、结构力学以及地球物理化学等多学科、跨专业的理论知识，借助岩土工程的分析方法和所积累的地域工程实践经验，为建设开发项目提供正确、恰当的解决方案，并选用适用的检测、监测方法加以验证，以规避在多种动态变化的不确定性因素下的工程风险损失。这是岩土工程师们为客户创造的最首要和最基本的价值，并且随着建成环境的日益复杂和社会对可持续发展要求的不断强化，岩土工程师还要特别注意规避对建成环境产生次生灾害和对自然环境质量造成破坏的风险。"

由于作者水平有限，本书编写过程中虽竭尽努力，未必能体现出研究成果的全部内容和创新点，且难免有错漏之处，恳请同行专家和广大读者批评指正。

作者

2018 年 12 月于成都龙潭